Kennzahlen in der IT

Dr. Martin Kütz ist geschäftsführender Gesellschafter der TESYCON GMBH und Fachberater für IT-Controlling und Projektmanagement. Er verfügt über langjährige Erfahrungen im IT-Management bei Anwenderunternehmen sowie im Management- und IT-Consulting. Seine Erfahrungen gibt er nicht nur in Beratungsprojekten, sondern auch in Veröffentlichungen, Vorträgen und Seminaren weiter. Er ist Sprecher der Fachgruppe 5.7 IV-Controlling der Gesellschaft für Informatik e.V.

Fachliche Beratung und Herausgabe von dpunkt.büchern
im Bereich Wirtschaftsinformatik:
Prof. Dr. Heidi Heilmann
Heidi.Heilmann@t-online.de

Martin Kütz (Hrsg.)

Kennzahlen in der IT

Werkzeuge für Controlling und Management

dpunkt.verlag

Dr. Martin Kütz
kuetz.martin@tesycon.de
www.tesycon.com

Lektorat: Christa Preisendanz
Copy-Editing: Susanne Rudi, Heidelberg
Herstellung: Birgit Bäuerlein
Umschlaggestaltung: Helmut Kraus, Düsseldorf
Druck und Bindung: Koninklijke Wöhrmann B.V., Zutphen, Niederlande

Bibliografische Information Der Deutschen Bibliothek
Die Deutsche Bibliothek verzeichnet diese Publikation in der Deutschen Nationalbibliografie; detaillierte bibliografische Daten sind im Internet über <http://dnb.ddb.de> abrufbar.

ISBN 3-89864-225-9

1. Auflage 2003

Ringstraße 19 B
D-69115 Heidelberg

5 4 3 2 1 0

Vorwort des Herausgebers

In wirtschaftlich schwierigen Zeiten werden Kosten, Leistungen und Wirtschaftlichkeit auch in der Informationstechnologie (IT) wieder stärker beachtet. Damit erlebt das IT-Controlling eine stille, aber nachhaltige Renaissance. Die Partnerschaft zwischen IT-Management und IT-Controlling wird neu belebt. IT-Manager müssen Entscheidungen besser absichern. IT-Controller unterstützen dabei als Berater und Navigatoren.

Die »Atome« des IT-Controllings sind Kennzahlen. Daraus werden die Controllinginstrumente, nämlich Kennzahlensysteme, »gebaut«, mit denen komplexe Systeme (z. B. IT-Organisationen, IT-Projekte, IT-Prozesse) in Regelkreisen gesteuert werden. Ohne Kennzahlen gibt es kein Controlling! Gleichgültig, ob man Budgets überwacht, Projekte steuert, Service-Level-Agreements erstellt, Benchmarking oder Performance-Management betreibt, letztlich geht es immer um Kennzahlen.

Diesem unscheinbaren »Urstoff« des IT-Controllings ist dieses Buch gewidmet. Die Idee dazu entstand in der Fachgruppe 5.7 IV-Controlling der Gesellschaft für Informatik e. V. Hier kommen seit Jahren Anwender, Berater und Wissenschaftler zusammen, um ihre Erfahrungen und Kenntnisse auszutauschen, neue Ideen vorzutragen und kritisch zu reflektieren. Immer wieder musste die Fachgruppe in ihren Diskussionen feststellen, dass zwar jeder IT-Controller Kennzahlen braucht, es jedoch keine in der Fachwelt allgemein eingeführten und akzeptierten Systematiken, Standards oder Referenzmodelle gibt. Zwar gibt es etliche Versuche und Vorschläge (einige davon haben wir in diesem Buch zusammengetragen), aber ein allgemein anerkannter und bewährter Kanon hat sich daraus bisher nicht entwickelt. »Ältere« IT-Fachleute erinnern sich noch an das Diebold-Kennzahlensystem. Dies war jedoch aus dem Großrechner-Umfeld heraus entstanden und hat die technologischen Umbrüche der vergangenen Jahre nicht überlebt.

Unser Buch will die Diskussion um IT-Kennzahlen wieder aufnehmen. Die Autoren – fast alle aktive Mitglieder der Fachgruppe 5.7 IV-Controlling – haben ihr Wissen über und ihre Erfahrungen mit Kennzahlen eingebracht. Natürlich können auch wir nicht »das« IT-Kennzahlensystem definieren: Das Thema ist und bleibt offen. Unsere Hoffnung ist es aber, dass wir insbesondere den Praktikern unter unseren Lesern Hinweise und Ideen für ihre konkreten Steuerungsaufgaben vermitteln können. Die wissenschaftliche Welt möchten wir anregen, sich wieder und intensiv mit dem eigentlich faszinierenden Thema IT-Kennzahlen zu beschäftigen. In diesem Sinne möchten wir unser Buch hiermit an die Leser übergeben.

In meiner Rolle als Herausgeber danke ich allen Koautoren, die sich neben ihrem beruflichen Engagement die Zeit genommen haben, aktiv zu diesem Buch beizutragen. Zwar wurden ihre Beiträge bei der Integration in das Buch redaktionell meistens stark verändert und sind als Einzelbeiträge nicht mehr erkennbar, aber das erfolgte im Interesse der Sache und schmälert nicht die Leistung der Beitragenden. Ob unser Anspruch an ein in sich schlüssiges Werk erfüllt werden konnte, mag und muss der Leser beurteilen.

Ein großer Dank geht ebenfalls an den Verlag, der dieses Buchprojekt angenommen hat, sowie an die fachliche Betreuerin, Frau Prof. Dr. Heidi Heilmann, die unser Projekt offensiv, kritisch und konstruktiv begleitet hat.

Martin Kütz

Im Juli 2003
Kelkheim (Taunus)

Inhalt

1 IT-Steuerung mit Kennzahlen

Nichts ist praktischer als eine gute Theorie. Wer Kennzahlen generieren möchte, sollte das auf einem guten Fundament tun. In diesem Kapitel diskutieren wir die Grundlagen, nämlich wie wir IT-Controlling verstehen, welche Rolle der Controlling-Regelkreis in unseren Betrachtungen spielt, wie Kennzahlen und Regelkreise zusammenhängen und warum wir Benchmarking als integralen Bestandteil des Controllings betrachten.

1.1 IT-Controlling und Kennzahlen

Controlling und Management

Aktuelles Controlling-Verständnis

In arbeitsteiligen Gesellschaften müssen komplexe Systeme geführt und gesteuert werden. Dabei spielt Controlling eine zentrale Rolle. In der Praxis hat sich ein allgemein akzeptiertes Controlling-Verständnis herausgebildet. Von den einschlägigen Standesorganisationen (International Group of Controlling (IGC), Controller Verein e. V.) wird es wie in Abb. 1-1 artikuliert (vgl. [Controller-Leitbild 2002]).

Rollenverteilung Controller/Manager

Zwischen Controllern und Managern (Entscheidungsträgern) gibt es also eine enge Zusammenarbeit. Beide tragen zur zielorientierten Steuerung »ihrer« Systeme bei – jedoch mit unterschiedlichen Rollen. Manager haben die Führungs- und Entscheidungsverantwortung; die Controller sorgen dafür, dass die Manager die »richtigen« Entscheidungen treffen können. Sie sichern und optimieren die Informationsversorgung der Manager. Neben der Beschaffung und Aufbereitung der entscheidungsrelevanten Daten klären und präzisieren sie, wo Entscheidungen nicht mehr durch Fakten abgesichert werden können und welche Risiken die Entscheidungsträger eingehen (müssen). Da jede Entscheidung unter Unsicherheit erfolgt (denn sonst wäre es keine Entscheidung), ist es zentrale Aufgabe der Controller, diese Unsicherheit

Abb. 1–1 *Controller-Leitbild*

> **Das Controller-Leitbild**
>
> Controller gestalten und begleiten den Managementprozess der Zielfindung, Planung und Steuerung und tragen damit Mitverantwortung für die Zielerreichung.
>
> Das heißt:
>
> - Controller sorgen für Strategie-, Ergebnis-, Finanz-, Prozesstransparenz und tragen somit zu höherer Wirtschaftlichkeit bei.
> - Controller koordinieren Teilziele und Teilpläne ganzheitlich und organisieren unternehmensübergreifend das zukunftsorientierte Berichtswesen.
> - Controller moderieren und gestalten den Managementprozess der Zielfindung, der Planung und der Steuerung so, dass jeder Entscheidungsträger zielorientiert handeln kann.
> - Controller leisten den dazu erforderlichen Service der betriebswirtschaftlichen Daten- und Informationsversorgung.
> - Controller gestalten und pflegen die Controlling-Systeme.

so weit wie möglich einzugrenzen und bewusst zu machen. Controller haben Transparenzverantwortung; sie sichern die Rationalität der Führung (vgl. [Weber/Schäffer 2000, S. 190]).

Controlling-Regelkreise

Die zu steuernden Systeme sind unterschiedlichster Art. In der Informationstechnologie (IT) kann es sich z. B. um Projekte, Infrastrukturen, Anwendungen, Prozesse oder ganze IT-Organisationen handeln (vgl. 1.2). Die Steuerung dieser Systeme erfolgt stets nach einem Grundmuster: dem Controlling-Regelkreis.

Steuerungsobjekt und Ziele

Was bedeutet das? Zunächst werden das zu steuernde System und der für dieses System verantwortliche Manager festgelegt. Dann werden der aktuelle Istzustand und der angestrebte Zielzustand dieses Systems beschrieben. Diese können identisch oder voneinander verschieden sein. Soll der aktuelle Systemzustand erhalten werden, so sprechen wir vom Regelkreis Typ 1. Soll der aktuelle Systemzustand gezielt verändert werden, so sprechen wir vom Regelkreis Typ 2. Hier wird festgelegt, in welcher Zeit und auf welchem Weg das System vom aktuellen Istzustand in den geplanten Zielzustand überführt werden soll.

Abweichungsanalyse und Maßnahmen

Während das System arbeitet, muss zu den definierten Prüfpunkten ermittelt werden, in welchem Zustand sich das System jeweils befindet und wie stark das System von dem für diesen Zeitpunkt geplanten Sollzustand abweicht. Diese Abweichungen müssen erklärt werden. Falls aufgrund der Abweichungen erwartet werden muss, dass der Zielzustand nicht oder nicht zum geplanten Zeitpunkt erreicht werden kann, werden Korrekturmaßnahmen eingeleitet, um das System wieder in den Korridor der zulässigen Zustände zu bringen (vgl. Abb. 1-2).

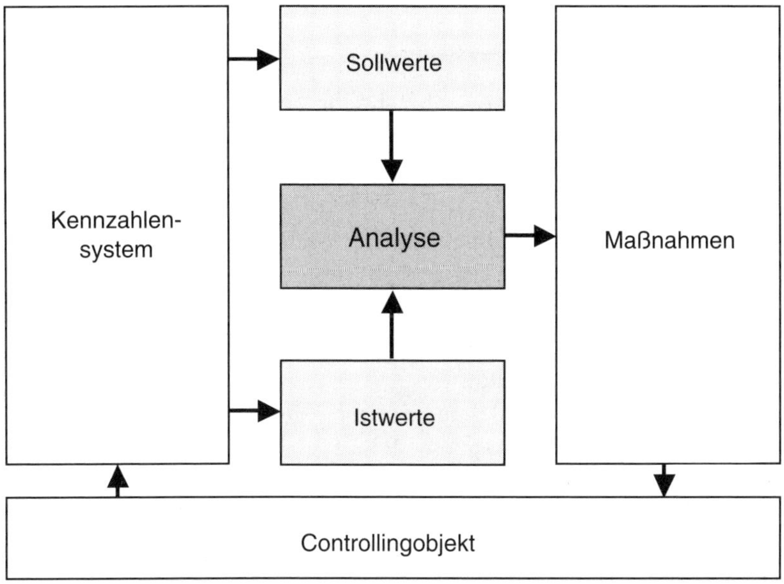

Abb. 1–2
Grundform des Controlling-Regelkreises

Rahmenbedingungen für Controlling

Diese abstrakte Beschreibung eines Controlling-Regelkreises zeigt die wichtigsten Rahmenbedingungen eines erfolgreichen Controllings:

- Das zu steuernde System muss klar definiert und von seiner Umwelt abgegrenzt werden können.
- Für das zu steuernde System muss es einen klar definierten verantwortlichen Manager geben – nicht zuletzt als Ansprechpartner für den Controller.
- Das Systemverhalten und sein Controlling erfolgen in der Zeit. Daher müssen Sollzustände für jeden Zeitpunkt des Steuerungszeitraums definiert werden und Istzustände in jedem Zeitpunkt des Steuerungszeitraums feststellbar sein.
- Ist- und Sollzustände des Systems müssen zu jedem Zeitpunkt beschrieben werden können. Diese Beschreibungen müssen untereinander und mit dem angestrebten Zielzustand unmittelbar vergleichbar sein.
- Management und Controlling müssen eine (gemeinsame) Vorstellung haben, wie auf das System eingewirkt werden kann, um Sollzustände und Zielzustand herzustellen.

Nur wenn diese Rahmenbedingungen erfüllt sind, lassen sich auch die erforderlichen Regelkreise aufbauen. In der Praxis werden diese Anforderungen jedoch in vielen Fällen nicht beachtet. Vor allem die Abgrenzungen von Systemen, die Zuordnung verantwortlicher Personen und die Berücksichtigung der zeitlichen Dimension des Controllings werden vernachlässigt.

Kennzahlen und Kennzahlensysteme

Kennzahlen als Abbild der Realität

Um die Zustände eines Systems beschreiben zu können, müssen wir es vermessen. Dazu bilden wir Kennzahlen. Das sind – wie es in der wissenschaftlichen Literatur lapidar heißt – Zahlen, die quantitativ erfassbare Sachverhalte in konzentrierter Form erfassen (vgl. 2.1). Jede Kennzahl erfasst aber nur einen engen Ausschnitt der komplexen Realität und stellt demzufolge ein grobes Abbild dieser Realität dar. Eine »gute« Kennzahl zeichnet sich dadurch aus, dass sie die Realität holzschnittartig abbildet. Sie vergröbert, vermittelt aber einen charakteristischen Eindruck der Realität.

Kennzahlen im Controlling-Regelkreis

Kennzahlen sind das Handwerkszeug des Controllers. Mit ihrer Hilfe bildet er komplexe Systeme ab und beschreibt ihre Ist- und Sollzustände. Das bedeutet, dass man im Controlling-Regelkreis für eine dort genutzte Kennzahl die jeweiligen Istwerte ermitteln und den Kennzahlenwert für jeden geplanten Sollzustand nennen können muss. Darüber hinaus muss man Vorstellungen entwickeln können, wie weit Istwerte von Kennzahlen vom jeweiligen Sollwert abweichen dürfen, ohne Handlungsbedarf auszulösen.

Modellbildung mit Kennzahlen

Sind Kennzahlen erst einmal definiert, so lassen sich diese Fragen in der Praxis letztlich beantworten. Zuvor muss aber – und das ist eine der schwierigsten Aufgaben des Controllers – sichergestellt werden, dass die gewählte Kennzahl tatsächlich die Effekte misst, die für die Systemsteuerung relevant sind. Mit Kennzahlen modellieren wir nämlich die Realität, und ob das Modell brauchbar ist, zeigt sich erst im praktischen Einsatz. Man will zwar messen, was man steuern muss, aber bei unkritischem Einsatz von Kennzahlen kann es durchaus passieren, dass man nur das steuert, was man misst. Da es in der Praxis üblicherweise hinreichend viele Kennzahlen gibt, besteht die Gefahr, dass Controlling und Management unkritisch auf Vorhandenes zurückgreifen, aber eigentlich nicht das Instrumentarium haben, das sie für ihre konkrete Steuerungsaufgabe benötigen. Daher muss die Auswahl von Kennzahlen stets mit großer Sorgfalt und kritischer Distanz erfolgen.

Modellbildung mit Kennzahlensystemen

Wie es die vorhergehenden Erörterungen vermuten lassen, wird man für die Steuerung eines Systems nicht nur eine, sondern stets mehrere Kennzahlen benutzen. So schafft man mit einer Gruppe von Kennzahlen ein mehrdimensionales Abbild des zu steuernden Systems, das in der Holzschnitt-Analogie charakteristisch und insofern vollständig ist. In der Fachliteratur heißt es dazu lakonisch: »Ein Kennzahlensystem ist eine geordnete Gesamtheit von Kennzahlen, die in einer Beziehung zueinander stehen und so als Gesamtheit über einen Sachverhalt vollständig informieren« (vgl. 2.1).

Minimalität von Kennzahlensystemen

Eine wesentliche Aufgabe des Controllers bei der Gestaltung von Controllingsystemen besteht darin, Kennzahlensysteme zu konstruieren, die die zu steuernden Systeme hinreichend genau beschreiben und eine aktive Steuerung ermöglichen. Dabei sollen diese Kennzahlensysteme in dem Sinne minimal sein, dass sie nur solche Kennzahlen umfassen, die man wirklich benötigt. Dass man möglichst wenige Kennzahlen nutzt, ergibt sich aus dem Wirtschaftlichkeitsgebot, das natürlich auch für das Controlling gilt.

Kennzahlensysteme als Vektoren

Mathematisch gesehen beschreibt das Kennzahlensystem ein Objekt mit dem aus den Kennzahlen gebildeten Zustandsvektor. Die tatsächlichen Systemzustände werden mit Vektoren beschrieben, die aus den zu einem Zeitpunkt gemessenen Istwerten der Kennzahlen gebildet werden. Die Sollzustände werden dementsprechend mit Vektoren beschrieben, die aus den Sollwerten der einzelnen Kennzahlen gebildet werden (vgl. Abb. 1-3). Diese Sollwerte müssen so ausgeprägt sein, dass sie einem »sinnvollen« Systemzustand entsprechen. Sie müs-

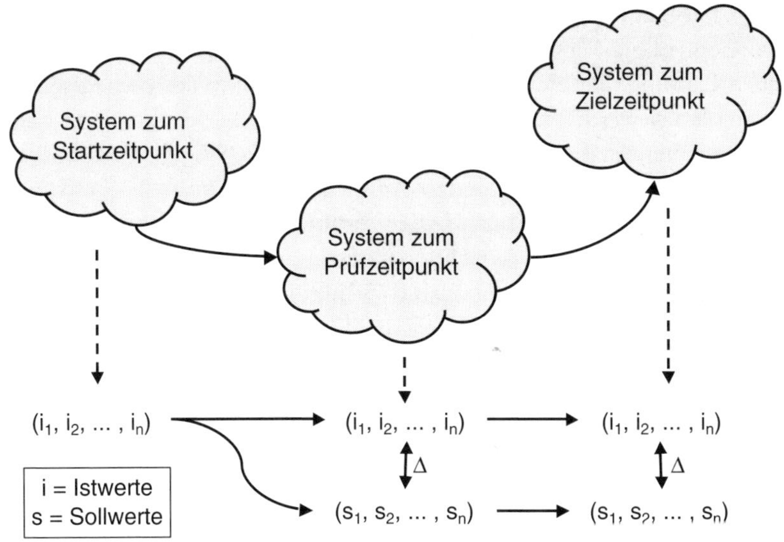

Abb. 1-3
Abbildung von Steuerungsobjekten auf Kennzahlenvektoren

sen in einem ausgewogenen Verhältnis zueinander stehen. Was das im konkreten Fall bedeutet, müssen Controlling und Management gemeinsam für den spezifischen Fall und den konkreten Zeitpunkt erarbeiten.

Zusammenfassung

Fasst man die bisherigen Erörterungen zusammen, so führt das zu folgendem Ergebnis:

- In der Praxis werden komplexe Systeme über Kennzahlensysteme in Form von Zustandsvektoren beschrieben und gesteuert.
- Diese Zustandsvektoren sind die Instrumente des zugehörigen Controlling-Regelkreises. Sie beschreiben Istzustände und Sollzustände und erlauben die Messung von Abweichungen.
- Jedes System benötigt zur Steuerung einen Controlling-Regelkreis und jeder Controlling-Regelkreis benötigt ein Kennzahlensystem.
- Wesentliche Aufgabe des Controllers ist die Definition von Systemen, die Schaffung entsprechender Regelkreise für die Steuerung und die Konstruktion von geeigneten Kennzahlensystemen.

Operatives und strategisches Controlling

Operatives Controlling

Bei der Diskussion von Regelkreisen geht man in der Regel davon aus, dass das zu steuernde System in einen definierten Zielzustand überführt werden soll. Dabei wird (implizit) angenommen, dass dieser Zielzustand während des betrachteten Zeitraums unverändert gilt und es »nur« darum geht, ihn in der geplanten Weise zu erreichen. Es handelt sich um das »normale«, das operative Controlling.

Strategisches Controlling

Dem gegenüber steht das strategische Controlling, das in einschlägigen Publikationen als »konzeptionelle, meist langfristig ausgerichtete Controlling-Perspektive mit einem Schwerpunkt bei der strategischen Planung« bezeichnet wird. Als Schwerpunkte des strategischen Controllings werden dann z. B. Umwelt-, Markt-, Konkurrenz- und Unternehmensanalysen genannt (vgl. [Witt 1997, S. 354–358]). Bekannt dürfte der gerne genutzte Aphorismus sein, strategisches Controlling bedeute, die richtigen Dinge zu tun, hingegen operatives Controlling bedeute, die Dinge richtig zu tun.

Unterscheidung von operativem und strategischem Controlling

Viele dieser Definitionen sind wenig konkret und befriedigen nicht. Als Hilfsgröße für die Unterscheidung von operativer und strategischer Ebene wird immer wieder die zeitliche Dimension verwandt. Dabei muss dann aber festgelegt sein, welche Zeiträume als strategisch angesehen werden. Die Grenzen sind jedoch fließend.

Statische und variable Steuerungsziele

Um strategisches Controlling zu betreiben, muss der Begriff hinreichend klar definiert sein. Da es auch im strategischen Controlling um die Steuerung von Systemen geht und es damit Regelkreise geben muss, liefert das Konzept des Regelkreises einen geeigneten Ansatz zur Operationalisierung. Wenn man sich vom statischen Zielbegriff löst und auch den Zielzustand des zu steuernden Systems als variabel ansieht, dann hat man eine passende Beschreibung des strategischen Controllings (vgl. Abb. 1-4, die sich aus Abb.1-2 durch die zusätzlichen, gestrichelten Pfeile ergibt). Sie macht zudem klar, dass die Grenzen zwischen operativem und strategischem Controlling eher fließend sind und sich beides nicht voneinander trennen lässt. Strategien müssen operativ umgesetzt werden.

Veränderung von Kennzahlensystemen

Die Variabilisierung des Zielzustands kann sogar so weit gehen, dass das Modell des zu steuernden Systems verändert wird, d. h. für die weitere Steuerung das Kennzahlensystem selbst geändert wird. Das ist logisch, denn wenn sich die zu steuernde Realität substanziell ändert, muss auch das Controllingsystem angepasst werden.

Abb. 1–4
Operatives und strategisches Controlling

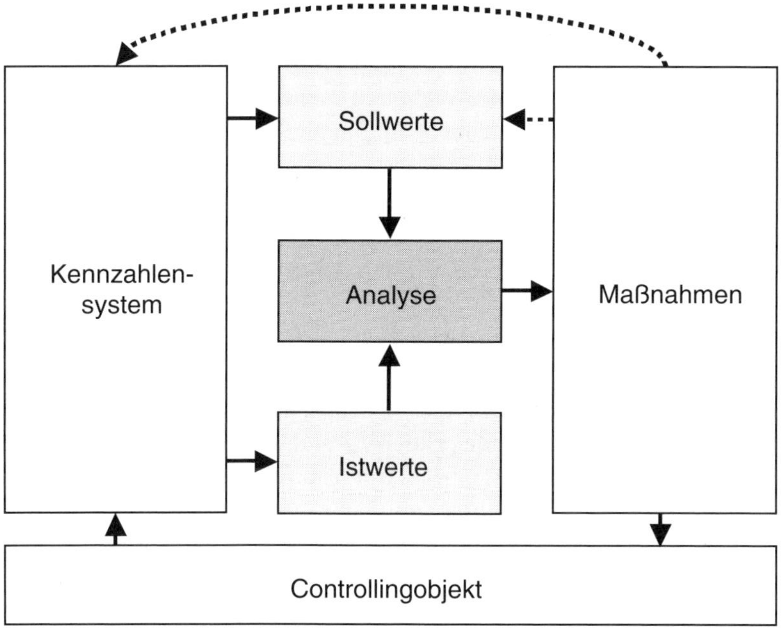

1.2 Objekte des IT-Controllings

Wie in 1.1 dargestellt wurde, vollzieht sich Controlling in Regelkreisen. Damit wird je nach Regelkreis-Typ die Zustandserhaltung eines komplexen Systems oder seine Transformation von einem Istzustand in einen Zielzustand überwacht und gesteuert. In diesem Kapitel werden die wesentlichen Objekte des IT-Controllings diskutiert. Es handelt sich um

- Projekte
- Produkte und Leistungen
- Prozesse
- Ressourcen
- Organisationen

Jedes dieser Objekte hat besondere Anforderungen an das Controlling und benötigt daher spezifische Kennzahlensysteme für die Steuerung.

Projekte

Besonderheiten der Projektarbeit

Ein Projekt ist nach DIN 69901 »ein Vorhaben, das im wesentlichen durch die Einmaligkeit der Bedingungen in ihrer Gesamtheit gekennzeichnet ist, wie z. B. Zielvorgabe, zeitliche, finanzielle, personelle und andere Begrenzungen, Abgrenzung gegenüber anderen Vorhaben, projektspezifische Organisation« (vgl. [Stickel/Groffmann/Rau 1997, S. 566]). Das bedeutet vor allem:

- Projekte müssen konsequent ergebnisorientiert sein. Nur wenn das geplante Ergebnis unter mehreren Randbedingungen (z. B. Zeit- und Kostenrahmen, fachliche und methodische Randbedingungen) realisiert wird, sind sie erfolgreich.
- Projekte sind temporäre Organisationsformen. Sie werden im Hinblick auf das geplante Ergebnis spezifisch aufgebaut und nach Übernahme des Ergebnisses durch den Auftraggeber wieder aufgelöst.
- Projekte stehen »quer« zur Regelorganisation. Die Ergebnisorientierung erfordert die Kombination von Ressourcen (insbesondere Menschen) aus unterschiedlichen Bereichen und Fachdisziplinen. Die normalen Über- oder Unterordnungsbeziehungen müssen aufgehoben werden. Das führt naturgemäß zu Spannungen, oftmals sogar zu Konflikten zwischen Projekt- und Regelorganisation.

Vorgehensmodelle

Üblicherweise werden Projekte nach allgemeinen Regeln – so genannten Vorgehensmodellen – durchgeführt. Gleichwohl müssen diese Vorgehensmodelle ergebnis- und projektspezifisch angepasst werden, denn jedes Projekt ist einmalig. Da sich der Projekterfolg über das Ergebnis definiert, wird sich der Projektleiter im Zweifelsfall über alle ihn behindernden Regelungen hinwegsetzen. Trotzdem bewähren sich Vorgehensmodelle in der Praxis, denn sie bieten den Projektleitern wesentliche Organisations- und Arbeitshilfen. Sie müssen jedoch so angelegt sein, dass sie (mittels »Tayloring«) an Inhalt und Größe der Projekte angepasst werden können.

Projektkategorien

Organisationen unterscheiden Projekte nach verschiedenen Kriterien. Üblich sind einerseits die Projektgröße, gemessen in Projektkosten oder Mitarbeiter-Einsatztagen, und andererseits inhaltliche Kategorien wie z. B. Softwareentwicklung, Auf- und Ausbau von IT-Infrastruktur, Wartung von Softwaresystemen.

Projektinhalte

Oftmals wird – jedenfalls in der entsprechenden Fachliteratur – davon ausgegangen, dass IT-Projekte meistens mit der Entwicklung von Software zu tun haben. Das trifft für Organisationen, die IT anwenden, allerdings kaum noch zu. Die Projektinhalte haben sich in den vergangenen Jahren stark verändert. Insbesondere im Softwarebereich werden komplette Systeme gekauft (Standardsoftware) und in das vorhandene Systemportfolio integriert. Oder es werden Komponenten erworben und in der eigenen Organisation zu funktionsfähigen Systemen montiert. Der Schwerpunkt der IT-Projekte bei Anwendern hat sich vom Software Engineering zu Montage, Roll-Out und Produktivsetzung von komplexen IT-Systemen verlagert.

Projektübergreifende Steuerung

Da in Organisationen normalerweise diverse Projekte gleichzeitig durchgeführt werden, sei an dieser Stelle auf zwei relevante Themen hingewiesen:

- Multiprojektmanagement
- Programm-Management

Multiprojekt-management

Beim Multiprojektmanagement muss ein vorhandener Ressourcenbestand möglichst optimal auf unterschiedliche Projekte verteilt werden. Die Aufgabenstellung entspricht der Maschinenbelegung in der Fertigung.

Konflikte zwischen Projektleitern und Ressourcen-verantwortlichen

Zwischen den Projektleitern und dem Verantwortlichen für den Ressourcenbestand gibt es einen natürlichen Konflikt. Der Projektleiter will den optimalen Projektfortschritt und den Einsatz der benötigten Ressourcen genau dann, wenn es geplant oder erforderlich ist. Der Ressourcenverantwortliche will die optimale Auslastung der einzelnen Ressourcen – möglichst ohne Unterbrechungen.

Abhängigkeiten zwischen Projekten

Über den Einsatz derselben Ressource, z. B. eines Mitarbeiters mit bestimmten Kenntnissen, werden verschiedene Projekte miteinander vernetzt, auch wenn sie inhaltlich nichts miteinander zu tun haben. Verschieben sich die Einsatzzeiten einer Ressource in einem Projekt, so strahlt dies als Dominoeffekt auf alle anderen Projekte aus, die diese Ressource ebenfalls einsetzen wollen.

Programm-Management

Beim Programm-Management geht es darum, ein übergeordnetes (unternehmerisches) Ziel mit einer Gruppe von Projekten, dem Projektprogramm, zu realisieren (vgl. [Brabandt 2000]). Jedes einzelne Projekt liefert ein Teilergebnis. Zwischen den Projekten eines Programms kann es Abhängigkeiten geben; in vielen Fällen sind sie jedoch autonom. Projektprogramme lassen sich bildhaft mit Bebauungsplänen vergleichen. Das Gesamtergebnis ist z. B. ein neues Stadtviertel. Die einzelnen Bauprojekte können in vielen Fällen unabhängig voneinander durchgeführt werden.

Projektprogramme in Organisationen werden z. B. durchgeführt, um Organisationen nach einer Unternehmensübernahme zu konsolidieren (Post-Merger-Integration). IT-Projekte sind dann einzelne Teile des übergeordneten Projektprogramms. Projektprogramme innerhalb der IT in dem hier definierten Sinne sind eher selten.

Aspekte des Projektcontrollings

Das Controlling von Projekten konzentriert sich typischerweise auf Termin- und Budgeteinhaltung. Das sind wichtige Aspekte des Projektcontrollings, jedoch nur Teilausschnitte. Ein Projekt ist nur dann erfolgreich, wenn das geplante Ergebnis im geplanten Termin- und Kostenrahmen erstellt werden konnte. Das Ergebnis ist dann erstellt, wenn es das leistet, was gefordert war (Funktionalität), und es auch so leistet, wie es gefordert war (Qualität). Da jedes Projekt einmalig ist, erfolgt die Durchführung unter Risiken: Ein Projekt ist nicht zwingend erfolgreich, es kann auch scheitern. Daraus ergeben sich folgende Dimensionen des Projektcontrollings:

- Funktionalität (Leistungsumfang)
- Qualität (Leistungsausprägung)
- Zeit
- Aufwand
- Risiko

Kennzahlensysteme für Projekte

Kennzahlensysteme für Projekte müssen diese Dimensionen aufweisen. Projektprogramme kann man aus Sicht des IT-Controllings wie sehr große Projekte mit untergeordneten Teilprojekten auffassen. Ihre Kennzahlensysteme müssen daher vergleichbare Strukturen haben. Im Multiprojektmanagement geht es nicht um Inhalte, sondern um die Steuerung des Ressourceneinsatzes. Daher sind hier Zeit, Aufwand und Risiko die relevanten Dimensionen. Bei der Steuerung von Mitarbeitern kommt die Problematik hinzu, dass Kenntnisse und Qualifikationen individuell ausgeprägt sind und stark variieren.

Wirtschaftlichkeitsrechnung

Die oftmals im IT-Controlling angesiedelte Nutzenbestimmung oder Wirtschaftlichkeitsrechnung für Projekte gehört eigentlich nicht zum IT-Controlling, jedenfalls dann nicht, wenn der IT-Bereich als Dienstleister positioniert wurde und im Wettbewerb zu externen Anbietern steht. Denn die Darstellung und Rechtfertigung des Kapitaleinsatzes in einem IT-Projekt obliegt dem Auftraggeber. Der Projektleiter kann allenfalls einen Preis für das angefragte Projekt kalkulieren und anbieten. Natürlich sollte er (als Dienstleister) den Auftraggeber bei Erstellung seiner Wirtschaftlichkeitsrechnung unterstützen (können).

Veränderung von Projektzielen

Abschließend sei bemerkt, dass das Projektcontrolling etliche Merkmale des strategischen Controllings aufweist. Denn die Aufgabenstellung von IT-Projekten verändert sich in der Regel während der Projektlaufzeit. Das mag an schlechter Projektvorbereitung liegen (z. B. unvollständiges Lastenheft), ist aber oftmals darin begründet, dass sich das Umfeld des Projektauftraggebers so dynamisch verändert, dass noch während des laufenden Projekts neue oder geänderte Anforderungen auftreten und in das Projekt übernommen werden müssen. Wie professionell ein Projektcontrolling ist, erkennt man nicht zuletzt daran, wie sicher es mit diesen »beweglichen Zielen« umgeht.

Produkte und Leistungen

Leistungen von IT-Organisationen

IT-Organisationen definieren sich aus Sicht ihrer Umwelt (Kunden, Leistungsnehmer, Fachbereiche) über die gelieferten Produkte und erbrachten Dienstleistungen. Produkte (im Gegensatz zur Dienstleistung auch als Sachleistung bezeichnet) sind IT-Systeme unterschiedlichster Art und bestehen vor allem aus Hardware- und Softwarekomponenten. Typische Dienstleistungen im IT-Bereich sind Beratung, Betrieb von IT-Systemen, Wartung und Reparatur dieser Systeme sowie Schulungen.

Sachleistungen und Dienstleistungen

Zwischen Sachleistungen und Dienstleistungen bestehen grundlegende Unterschiede. Dienstleistungen unterscheiden sich von Sachleistungen durch

- Immaterialität der Leistungserstellung
- Unmöglichkeit der Vorrats- oder Lagerproduktion, da die Dienstleistung während der Produktion auch verbraucht wird
- Unmittelbaren Kontakt zwischen Leistungserbringer und Leistungsnehmer

Service-Level-Agreements

Die Erbringung von Dienstleistungen wird typischerweise in Service-Level-Agreements (SLA) geregelt. Sie werden für bestimmte Zeiträume – zum Teil mehrere Jahre – abgeschlossen. Service-Level-Agreements definieren Leistungen und deren Ausprägungen. Über definierte Kennzahlen wird regelmäßig gemessen und berichtet, ob und wie die vereinbarten Leistungen erbracht wurden. Werden die festgelegten Leistungsmengen und Leistungsausprägungen (Service-Levels) nicht erbracht, muss der Dienstleister entweder nachbessern, seine Preise reduzieren, Schadenersatz leisten oder Strafen zahlen. Beispiele für SLA-Kennzahlen sind:

- Geschäftsprozess-Transaktionen pro Stunde
- Durchsatz von Netzwerkpaketen
- Anzahl angenommener »Problem Calls« pro Tag und Mitarbeiter
- Durchschnittliche Lösungszeit für Probleme
- Abrechenbare Personentage pro Jahr

Weitere Beispiele finden sich in den Praxisberichten (siehe Kapitel 3).

Leistungsmerkmale

Für das Controlling von Produkten und Dienstleistungen gibt es nur wenige allgemeine Vorgaben, denn die Leistungsmerkmale hängen vom konkreten Fall ab und können je nach Kunde für die gleiche Leistung unterschiedlich definiert sein. Typisch sind jedoch

- Leistungsmengen
- Leistungsausprägung (Qualität)
- Erlöse (Umsätze)
- Kosten

Markt, Wettbewerb, Lebenszyklus

Natürlich muss sich eine IT-Organisation in diesem Bereich auch mit Fragen des Markts und Wettbewerbs sowie des Lebenszyklus ihrer Leistungen befassen. Das gilt nicht nur bei externen Kunden, sondern auch dann, wenn Leistungen ausschließlich an interne Organisationseinheiten abgegeben werden. Denn zum einen handelt es sich auch bei den Fachbereichen um einen (wenngleich stark regulierten) Markt. Und zum anderen steht jede IT-Organisation mehr oder weniger direkt im Wettbewerb zu anderen (externen) IT-Dienstleistern. Die IT-Organisation muss ihre Leistungen zu Preisen abgeben, wie sie am freien Markt üblich sind. Sind ihre Preise höher, so muss sie nachweisen, dass sie auch eine höhere Leistung erbringt. Wirtschaftliches Handeln wird durch den (potenziellen) externen Wettbewerb erzwungen. Folgende Fragen müssen beantwortet werden:

- Wer ist die Zielgruppe (Markt) für einzelne Produkte/Dienstleistungen?
- Welches sind innerhalb der Zielgruppe die relevanten Kunden?
- Werden die richtigen Leistungen angeboten?
- Muss das Leistungsportfolio ausgeweitet oder eingeschränkt werden?
- Stimmen Quantität und Qualität der Leistungen?
- Wie hoch sind die Kosten für die einzelnen Produkte/Dienstleistungen?
- Wie hoch sind die erzielbaren Erlöse für die einzelnen Produkte/Dienstleistungen?

- Welche Vorleistungen wurden vor Aufnahme in das Leistungsportfolio erbracht und müssen über Erlöse wieder ausgeglichen werden?
- Wie werden sie finanziert, wie können sie künftig finanziert werden?
- Wo befinden sich die angebotenen Produkte und Dienstleistungen im Lebenszyklus?
- Kann der Lebenszyklus beeinflusst werden, z. B. durch Überarbeitung der Produkte und Dienstleistungen?
- Welche Produkte und Dienstleistungen sollen selbst erstellt, welche von anderen Organisationen/Unternehmen zugekauft werden?
- Welche Abhängigkeiten gibt es zwischen unterschiedlichen Produkten und Dienstleistungen, z. B. bei der Erstellung eines Softwaresystems und nachfolgender Wartung oder bei der Bündelung von Einzelleistungen in Servicepaketen?

Preise für IT-Leistungen

Besonders wichtig sind funktionierende Controlling-Regelkreise dann, wenn die definierten Produkte und Dienstleistungen zu festen Preisen abgegeben werden. Preise werden so kalkuliert, dass sie die Kosten der Erstellung vollständig decken und aus dem Erlös nach Abzug der Kosten ein Überschuss erwirtschaftet wird.

Preiskalkulation bei hohem Fixkostenanteil

Da die bei der Leistungserstellung in der IT entstehenden Kosten überwiegend Fixkosten sind und der Anteil variabler, also leistungsmengenabhängiger Kosten in der Regel gering ist, spielen die geplanten Leistungsmengen eine zentrale Rolle. Verändern sich die Leistungsmengen gegenüber der Planung, so verändern sich die Umsätze proportional zu den Mengen, während der Fixkostenblock unverändert bleibt. Das verändert die Erlössituation der IT-Organisation massiv. Vergleichbare Effekte ergeben sich, wenn sich zwar die Leistungsmengen wie geplant entwickeln, sich aber der Fixkostenbereich verändert. Diese Veränderungen müssen daher möglichst früh erkannt werden, um Gegenmaßnahmen einleiten zu können.

Prozesse

Definition von Prozessen

»Ein Prozess ist die inhaltlich abgeschlossene zeitliche und sachlogische Folge von Aktivitäten, die zur Bearbeitung eines prozessprägenden betriebswirtschaftlichen Objektes notwendig sind« (vgl. [Becker/Schütte 1996, S. 53]).

Die elementaren Bestandteile eines Prozesses sind die Aktivitäten. Aufgrund von Verzweigungen kann ein Prozess mehrere Aktivitätenfolgen umfassen. Diese sind jedoch vorgegeben und werden mehrfach in immer wieder gleicher Folge durchlaufen – anderenfalls sprechen wir von einem Projekt. Prozessprägende Objekte in der IT sind z. B. die definierten Produkte und Dienstleistungen.

Kernprozesse und Supportprozesse

Die Prozesse einer Organisation unterteilt man in Kernprozesse und Supportprozesse. Alle Aktivitäten, die an der Leistungserstellung der Organisation für externe Leistungsnehmer beteiligt sind, gehören zu den Kernprozessen. Die übrigen Aktivitäten ordnet man den Supportprozessen zu. Dies bedeutet aber nicht, dass Supportprozesse gegenüber Kernprozessen einen niedrigeren Stellenwert besitzen. Meist sind sie notwendig, um die Kernprozesse überhaupt ausführen zu können. Von innen betrachtet sind Consulting, Entwicklung und Betrieb von Systemen und Infrastrukturen typische Kernprozesse einer IT-Organisation. Personalwirtschaft, Controlling, Service-Level-Management sind typische Supportprozesse. Betrachtet man die IT-Organisation eines Anwenders aus Sicht der Unternehmensleitung, so zählt sie in ihrer Gesamtheit zu den Supportprozessen.

Stabilität und Flexibilität von Organisationen

Die (heute übliche) Fokussierung der Organisationsgestaltung auf Prozesse birgt die Gefahr in sich, sämtliche Abläufe bis ins Kleinste regeln zu wollen. Eine solche mechanische Perfektion des Prozess-»Uhrwerks« ist jedoch gefährlich, denn Organisationen verlieren dadurch an Flexibilität. Zwar brauchen sie Stabilität und Ordnung, weil das Sicherheit verschafft und Ressourcen spart. Aber wenn Organisationen auf Dauer erfolgreich bestehen wollen, müssen sie sich permanent verändern, neue Strukturen erproben und damit Risiken eingehen. Mit zunehmender Umweltdynamik gewinnt die organisatorische Flexibilität an Bedeutung und wird strategischer Erfolgsfaktor.

Fehler in der Organisationsgestaltung

Organisationen können an zu viel oder zu wenig Organisation leiden. Große, ältere Organisationen einerseits und kleine, jüngere Organisationen andererseits weisen in dieser Hinsicht typische Unterschiede auf.

Insbesondere Großorganisationen entwickeln Immunsysteme gegen Veränderungen und versuchen, alles bis ins kleinste Detail zu regeln. Unzählige Mitarbeiter sind damit beschäftigt, Ordnungen zu entwerfen und ihre Einhaltung zu überwachen. Doch mit solchen Regelwerken lassen sich nur wiederkehrende, bekannte Probleme lösen. Junge, kleine Organisationen operieren oft im anderen Extrem. Sie improvisieren und scheuen jede feste Regelung.

Überspitzt könnte man sagen, dass die Mitarbeiter kleinerer Organisationen »Ordnung nicht ertragen« können, während die Mitarbeiter in Großorganisationen »Angst vor Unordnung« haben. Stabilisierung von Bewährtem und Konstanz einerseits, Flexibilität und Kreativität andererseits lassen sich aber nur durch eine ausgeglichene Balance zwischen Ordnung und Veränderung erreichen.

Optimaler Regelungsgrad

Diese Balance zu schaffen ist wesentliche Anforderung an die Prozessgestaltung. Der Regelungsgrad sollte nur so hoch wie erforderlich, aber so niedrig wie möglich liegen. Notwendige Prozessveränderungen müssen möglich bleiben – mit erträglichem Aufwand.

Probleme der Prozessmodellierung

Prozesse müssen vom Ergebnis (Output) und vom Prozesskunden her definiert werden. Ein Prozess, für dessen Ergebnis es keinen Abnehmer gibt, ist überflüssig. Und ein Prozess, der kein klar erkennbares Ergebnis liefert, muss ebenfalls in Frage gestellt werden. Im IT-Umfeld ist die Prozessgestaltung und -beschreibung schwierig, da die meisten Prozesse Dienstleistungen »produzieren« und daher von Durchführung zu Durchführung aufgrund der Interaktion zwischen Leistungsnehmer und Leistungserbringer variieren (müssen). Dienstleistungsprozesse sind daher von Natur aus unschärfer und schwieriger zu modellieren als Prozesse, deren Ergebnisse Sachleistungen sind. Das müssen auch die jeweiligen Controlling-Regelkreise und Kennzahlensysteme berücksichtigen.

Prozesscontrolling

Prozesscontrolling geht (zunächst) davon aus, dass das zu erzeugende Produkt definiert ist. Dann gilt es, den Prozess zu optimieren. Das Ergebnis soll möglichst wirtschaftlich erstellt werden. Es sind folgende Fragen zu beantworten:

- Kann die Anzahl der Prozessbeteiligten minimiert werden?
- Kann die Anzahl der Prozessschritte minimiert werden?
- Werden die benötigten Ressourcen optimal genutzt?
- Kann die Prozesszeit verkürzt werden, z. B. durch Eliminierung von Wartezeiten, schnellere Bearbeitung und/oder Parallelisierung von Aktivitäten?
- Kann die Ergebnis- und/oder die Prozessqualität verbessert werden?

Steuerungsproblem bei Prozessen

Auch hier sind Controlling und Management mit einem mehrdimensionalen Steuerungsproblem konfrontiert. Wenn z. B. die Prozesskosten gesenkt werden können, verlängert sich in vielen Fällen die Durchlaufzeit des Prozesses. Es muss dann geklärt werden, ob die »Kunden« des Prozesses längere Lieferzeiten akzeptieren. Typischerweise führt eine konsequente Ressourcenoptimierung dazu, dass vor der Einsatzstelle der Ressourcen Warteschlangen entstehen.

Simulationen und Referenzmodelle

Gestaltung und Optimierung von Prozessen werden durch Simulationen und die Nutzung erprobter Referenzmodelle unterstützt. Die Simulation von Prozessen ist schwierig. Zwar gibt es leistungsfähige Computerprogramme für diesen Zweck, aber das entscheidende Problem ist die Bereitstellung der benötigten Daten für die konkrete Modellierung. Bei der Übernahme von erprobten Prozessmodellen nutzt man die Erfahrungen anderer Organisationen. Das minimiert das eigene Risiko.

Prozessmodelle in der IT

Leider gibt es für den Praktiker in der IT nicht viel Unterstützung. Die meisten Prozessmodelle sind zu grob und abstrakt (vgl. [Brogli

1996, S. 23]). Jedoch gibt es im Bereich des IT-Service-Managements, dem Betrieb von IT-Systemen, hoffnungsvolle Ansätze. Mit ITIL (IT Infrastructure Library) hat sich auf dem Hintergrund praktischer Erfahrungen vieler IT-Dienstleister und IT-Anwender ein Prozesskanon herausgebildet, der beste Chancen hat, zu einem allgemein anerkannten Standard zu werden. Dann wird es früher oder später auch Rahmenwerke für entsprechende Kennzahlensysteme geben, die der einzelne Anwender gezielt auf seine Situation anpassen kann. Dieses Buch orientiert sich im Bereich der Prozesskennzahlen an diesem Rahmen (vgl. 5.4).

Prozesskennzahlen

Kennzahlen für Prozesse müssen so definiert werden, dass sie den Zustand des Prozesses hinreichend genau beschreiben und eine gezielte Steuerung ermöglichen. Aus der Vielzahl der möglichen Messpunkte müssen diejenigen ausgewählt werden, die relevant sind und auf bekannte Schwachstellen/Engpässe fokussieren. Eventuell muss man sich auf wenige kritische Prozessschritte beschränken. Wenn das z. B. für ein UHD (User Help Desk) bedeutet, dass 95 % aller eingehenden Anrufe in höchstens 60 Sekunden angenommen werden, so sollten die Kennzahlen »eingehende und abgebrochene Anrufe« und »Zeitdauer bis zum Abbruch« ermittelt werden. Die »durchschnittliche Gesprächsdauer« ist in diesem Zusammenhang nicht von Interesse.

Input und Output sowie die Kosten eines Prozesses sind meistens relativ leicht zu ermitteln. »Natürliche« Kennzahlen sind dann Leistungsmenge und Ressourcenverbrauch sowie Herstellungs- oder Bereitstellungskosten. Laufen Prozesse IT-gestützt ab, können diese Kennzahlen in der Regel automatisch ermittelt werden.

Warteschlangen

Typisch für Dienstleistungsprozesse sind Warteschlangenprobleme. Eine Serviceinstanz, z. B. ein UHD, hält Kapazitäten vor, um zufällig eingehende Leistungsanfragen zu bearbeiten. Die wesentliche Herausforderung der Verantwortlichen ist es, die bereitgehaltenen Kapazitäten optimal an die Leistungsanfragen anzupassen. Hat man zu viel Kapazität, so wird diese nicht ausgelastet, die Kosten sind zu hoch. Hat man zu wenig Kapazität, so entstehen Wartezeiten auf der Kundenseite, die Service-Levels werden nicht eingehalten.

Ressourcen

Ressourcenauslastung

Wie bereits ausgeführt, verhalten sich Prozess- und Ressourceneffizienz oftmals gegenläufig – insbesondere im Servicebereich. Organisationen versuchen daher, teure Ressourcen maximal auszulasten und stets einen Auftragsbestand zu generieren, so dass für die Ressourcen keine Leerlaufzeiten entstehen. Das heißt aber, dass Aufträge warten müssen, und dies wiederum führt zu höheren Durchlaufzeiten der Prozesse.

Kategorien von IT-Ressourcen

Im IT-Bereich werden überwiegend folgende Ressourcen betrachtet:

- Personal
- Rechnerkapazitäten (Speicher, Prozessor usw.)
- Netzwerkkapazitäten (Bandbreite)

Preise für Ressourcenverbräuche

Anhand der Kosten bzw. des Budgets für die Vorhaltung dieser Kapazitäten und der geplanten Leistungsmenge ergeben sich Preise pro Leistungseinheit. Im Personalbereich variieren diese Preise mit den unterschiedlichen Qualifikationen der Mitarbeiter (z. B. Entwickler, Berater, Seniorberater). Liegt der kalkulierte Preis über dem Marktpreis, d. h. über dem Preis, den die Leistungsnehmer zu zahlen bereit sind, gibt es drei Möglichkeiten, um die Preise je abgegebene Leistungseinheit zu reduzieren:

- Die Leistungsmenge wird erhöht.
- Die Kapazitäten werden reduziert.
- Die Kosten (pro Kapazitätseinheit) werden verringert.

Erhöhung der Leistungsmengen

Die Leistungsmenge kann nur dann erhöht werden, wenn man bei vorhandenen Kunden mehr Leistung absetzen oder für die Leistung neue Kunden gewinnen kann. Das ist oftmals nicht möglich – insbesondere bei internen IT-Organisationen – oder erfordert entsprechende Maßnahmen (z. B. vertriebliche Aktivitäten) und Zeit, bis diese Maßnahmen Wirkung zeigen.

Abbau von Kapazitäten

Ein Abbau von Leer- oder Überkapazitäten ist kurzfristig nur dann möglich, wenn man die zur Disposition stehenden Ressourcen auf andere Prozesse verlagern kann. Ist das nicht möglich, erfordert der Kapazitätsabbau in vielen Fällen Vertragsaufhebungen. Auch hier entstehen Kosten und es vergeht Zeit, bis die Maßnahmen Wirkung zeigen.

Restrukturierung von Prozessen

Die Senkung der Kosten pro Kapazitätseinheit kann bei Fremdbezug der Ressource durch Änderung der Beschaffungskonditionen erfolgen. Eine dauerhafte (Stück-)Kostensenkung ist oftmals jedoch nur möglich, indem der Ressourcenverbrauch pro erzeugte Leistungseinheit reduziert wird. Das erfordert häufig eine grundlegende Restrukturierung der Prozesse (Reengineering).

Monitoring der Ressourcenauslastung

Stets ist es wichtig, die aktuelle Auslastung der Ressourcen zu kennen. Während Mitarbeiter – zumindest kurzfristig – überlastet werden können (Überstunden!), kann man bei technischen Komponenten die Lastgrenzen in der Regel nicht überschreiten. Hier darf nicht nur die durchschnittliche Auslastung, sondern es müssen vor allem der zeitliche Verlauf der Auslastung und Auslastungsspitzen beachtet werden.

Besonderheiten der Ressource »Mensch«

Eine zentrale Rolle im Ressourcenmanagement spielt die Ressource »Mensch«. Das liegt zunächst daran, dass sie von den Kosten her die in IT-Organisationen dominierende Ressource ist, denn erfahrungsgemäß sind 40–60 % der Gesamtkosten einer IT-Organisation Personalkosten. Hinzu kommt, dass sie einerseits eine sehr flexible, andererseits aber auch eine sehr schwierige Ressource ist.

Flexibilität von Mitarbeitern

Die Flexibilität von Mitarbeitern äußert sich darin, dass sie elastische Leistungsgrenzen haben und zumindest kurzfristig über das normale Maß hinaus belastbar sind. Außerdem sind sie für verschiedene Aufgaben einsetzbar. Das erleichtert die Ressourcensteuerung. Viele Organisationen versuchen daher, die Qualifikationsbreite ihrer Mitarbeiter systematisch zu vergrößern. Problematisch sind Mitarbeiter deswegen, weil jeder einzelne Mensch ein individuelles Leistungsprofil aufweist, das sich zudem im Zeitverlauf – kurzfristig wie langfristig – verändert. Das erschwert die Ressourcensteuerung.

Leistungsfähigkeit von Mitarbeitern

Für die Verantwortlichen ist es daher sehr wichtig, die Leistungsfähigkeit ihrer Mitarbeiter richtig einschätzen zu können. Hat man z. B. für ein Softwareprojekt Entwickler unterschiedlicher Qualifikation und Erfahrung, muss dies in der Kalkulation und Projektplanung berücksichtigt werden. Für Tätigkeiten auf dem kritischen Pfad sollten stets die »besseren« Mitarbeiter eingesetzt werden. Regelmäßige Nachkalkulationen von Projekten und Prozessen sind ein Muss, denn nur so lernt die Organisation, ihre Mitarbeiter optimal und damit wirtschaftlich einzusetzen.

Organisationen

Bildung von Organisationen

Organisationen sind Konglomerate aus ihren Produkten und Leistungen, Prozessen und Projekten sowie den verfügbaren Ressourcen, insbesondere den in ihnen tätigen Mitarbeitern. Organisationen sollten mehr sein als die Summe ihrer Teile.

Arbeitsteilung

Der Hauptgrund für die Bildung von Organisationen ist die Leistungssteigerung durch Spezialisierung oder Arbeitsteilung. Traditionell hat dies zur Funktionsspezialisierung geführt, die kostspielige Ressourcen (insbesondere Maschinen) optimal auslasten will. Das führt, wie schon bei den Prozessen diskutiert, zu Warteschlangen an den Arbeitsstationen.

Prozessorientierung

Diese Wartezeit-Probleme haben dazu geführt, dass die Funktionsspezialisierung in Verruf geraten ist und heute von Organisationen eher eine Prozessorientierung gefordert wird. Sie soll zu minimalen

Bearbeitungs- und Lieferzeiten führen und die Komplexität der Organisationen spürbar reduzieren. Der »Preis« der Prozessorientierung ist, dass Ressourcen nicht mehr maximal ausgenutzt werden und in vielen Fällen redundant vorgehalten werden müssen.

Synergien durch Organisationsbildung

Maximale Ressourcennutzung und minimale Bearbeitungszeiten schließen einander (in der Regel) aus, so dass Organisationen zwischen diesen Extremzielen eine tragfähige Balance finden müssen. Sie müssen in jedem Falle einen erheblichen Aufwand treiben, um die Folgen der Arbeitsteilung (sei sie funktions- oder prozessorientiert) zu überwinden und die durch Organisationsbildung erwarteten Synergien zu realisieren.

Vorteile der Prozessorientierung

Reine Prozessorganisationen sind nicht grundsätzlich besser und erfolgreicher als andere Organisationsformen. Gleichwohl spricht viel dafür, den Prozessgedanken für die Organisationsgestaltung in den Vordergrund zu stellen. Damit wird nämlich die Organisation vom Produkt, von der Leistung her definiert. Sie wird nur das tun, was letztlich von der vermarktbaren Leistung her erforderlich ist. In dieser Konzentration auf das Notwendige liegt der eigentliche Vorteil des Prozessansatzes. Überflüssige Aktivitäten werden eliminiert. Dass solchermaßen konstruierte Organisationen ihre Leistungen schneller, flexibler und letztlich auch preiswerter erbringen können als traditionell konzipierte Organisationen, ist logisch.

Ableitung der Aufbauorganisation

Wie kommt man von der Prozesssicht zu einer optimalen Aufbauorganisation? Die prozessorientierte Organisation will eine optimale Ausführung der Prozesse ermöglichen. Bei der herkömmlichen Vorgehensweise wird zunächst die Aufbauorganisation festgelegt, und die nachfolgende Ablauforganisation navigiert Prozesse durch die festgelegten Strukturen.

Minimierung von Schnittstellen

Bei einer Entwicklung der Aufbauorganisation aus den Sollprozessen heraus hängt die Qualität der Aufbauorganisation von der Qualität der Prozessmodellierung ab. Die Minimierung der aufbauorganisatorischen Schnittstellen führt erfahrungsgemäß zu »breiteren« Stellenbeschreibungen als bei einem funktionalen Ansatz. Es besteht allerdings auch die Gefahr überladener Aufgabenstellungen. Vorteil dieses »Job-Enlargements« ist eine höhere Motivation der Mitarbeiter. Gleichzeitig sind die Arbeitsergebnisse in vielen Fällen besser messbar. Werden zusätzlich noch Entscheidungen an die ausführenden Stellen delegiert, entfällt der Aufwand für den Informationsaustausch. Natürlich darf nicht nur der einzelne Prozess, sondern es muss die gesamte Prozessorganisation optimiert werden.

Vorgehen beim Aufbau einer Prozessorganisation

Wie geht man nun vor, um eine prozessorientierte Aufbauorganisation zu gestalten? Zunächst erfolgt die vollständige Modellierung der Prozesse und erst dann die Stellenbildung. Dabei definieren sich Prozesse aus ihren Ergebnissen und den zugehörigen Aktivitäten. Bevor man einzelne Prozesse neu modelliert, muss ein Ordnungsrahmen in Form eines Prozessmodells definiert sein. Das ist eine Darstellung, die die Aufgaben der Gesamtorganisation in einer bestimmten Art und Weise strukturiert und ihre Teilprozesse in einen Gesamtzusammenhang stellt. So wird eine Navigation durch die Prozesslandschaft möglich. Solche Prozessmodelle gibt es für verschiedene Wirtschaftszweige (vgl. Abb. 1-5 und [Becker/Schütte 1996, S. 420 ff.]).

Abb. 1–5
Prozessmodell für Handelsorganisationen

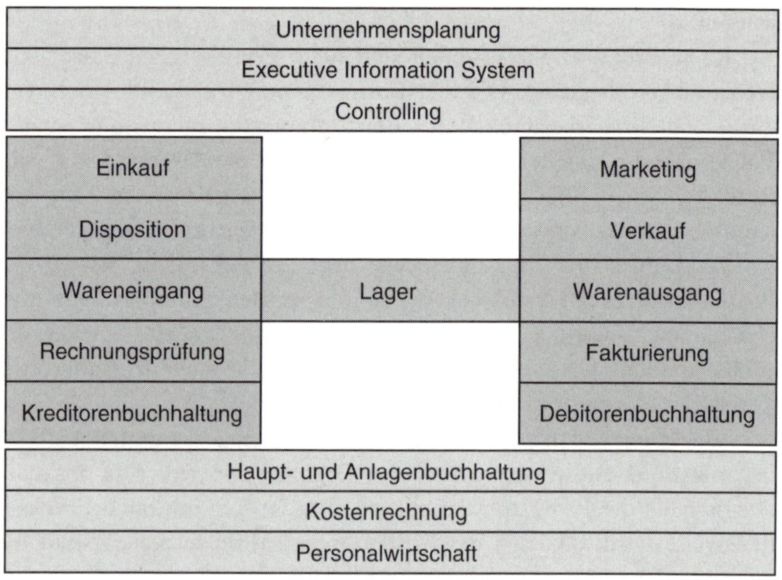

Prozessmodell für IT-Organisationen

Für IT-Organisationen, die in solchen Branchen tätig sind, können sie Grundlage der eigenen Prozessgestaltung werden. Ein allgemeines Prozessmodell für IT-Organisationen ist in Abb. 1-6 dargestellt.

Prozessmodell als Ordnungsrahmen

Ist der Ordnungsrahmen definiert, dient er als Kommunikationsplattform und Ausgangspunkt für die Bearbeitung der Teilprozesse. Mittels Ordnungsrahmen ist überprüfbar, ob strategische Vorgaben mit den Prozessen umgesetzt werden können. Ein Vorgehensmodell zur Gestaltung einer prozessorientierten Aufbauorganisation findet man z. B. bei [Becker/Kugeler/Rosemann 2001, S. 246].

Controlling der Prozessorganisation

Mit dem Aufbau einer Prozessorganisation muss auch das entsprechende Controllingsystem entwickelt werden, das über geeignete Kennzahlen(systeme) die Prozesse steuern kann. Die Hoffnung vieler Verantwortlicher, sich bei einer Prozessorientierung ihrer Organisation leichter mit Wettbewerbern vergleichen zu können, teilen wir nicht. Benchmarking setzt nämlich Vergleichbarkeit voraus, und gerade Pro-

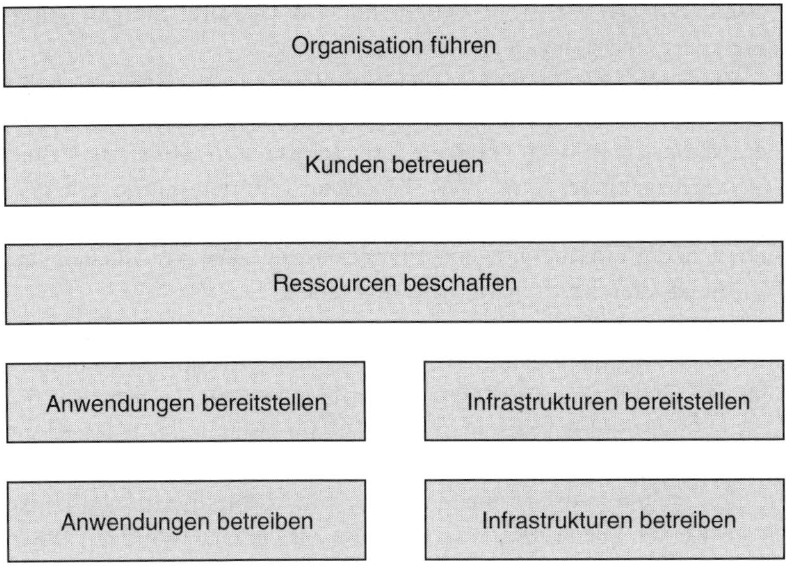

Abb. 1–6 *Allgemeines Prozessmodell für IT-Organisationen*

zesse fallen selbst in gleichartigen Organisationen oftmals sehr unterschiedlich und individuell aus (vgl. 1.3).

Prozessorientiertes Management

Der Erfolg von Organisationen hängt stets auch von ihren Führungssystemen ab. Prozessorientierte Organisationen benötigen ein prozessorientiertes Management. Die Prozessverantwortlichen (process owner) spielen dabei eine zentrale Rolle. Die klassische Organisatorenforderung nach Einheit von Aufgabe, Verantwortung und Kompetenz gilt ohne Einschränkung auch hier.

Controlling von IT-Organisationen

Welche Rolle spielt das Controlling bei der Steuerung von IT-Organisationen?

Probleme der reinen Kostenorientierung

Controllingbereiche sind traditionell finanzwirtschaftlich orientiert. Die Querschnittsbereiche ihrer Unternehmen betrachten sie vornehmlich unter Kostenaspekten. Wenn man aber auf Unternehmensebene nur den Anteil der IT-Kosten am Unternehmensumsatz betrachtet, besteht die Gefahr von Fehlentscheidungen. Das zeigt folgendes Beispiel:

Beim Vergleich zweier Handelsunternehmen stellte sich heraus, dass die IT-Kosten in Unternehmen A 0,8 % vom Umsatz betrugen, bei Unternehmen B waren es 1,2 % (Unterschiedsbetrag: EUR 50 Mio. pro Jahr). Daraus ergab sich bei B der Plan, die IT-Systeme von A zu übernehmen, zumal die Anwender mit diesen Systemen sehr zufrieden waren. Eine detaillierte Analyse ergab dann aber, dass es im Unternehmen A seit Jahren keine relevanten Weiterentwicklungen gab, sondern hauptsächlich Altsysteme gewartet wurden. Außerdem hatte eine falsche Abschreibungspolitik dazu geführt, dass 80 % der Kosten

Abschreibungen waren. Im Unternehmen B waren die Systeme »up to date«. Der Übernahmeplan wurde gestoppt.

Fehlentscheidungen bei Outsourcing

Die reine Kostensicht hat auch beim Outsourcing zu gravierenden Fehlentscheidungen geführt. In vielen Fällen stellte sich nachträglich heraus, dass man beim externen Anbieter nur standardisierte Grundleistungen gekauft hatte, aber die eigene IT-Organisation erheblich mehr geleistet hatte. Da die Leistungen nicht transparent waren, wurden sie in der Entscheidung nicht berücksichtigt. Die zusätzlichen Leistungen mussten jetzt separat bezahlt werden.

Notwendigkeit eines Prozesscontrollings

Insofern greift die herkömmliche finanzwirtschaftliche Sichtweise im Controlling nicht mehr. Das traditionelle Controlling muss mindestens um ein prozessorientiertes Controlling ergänzt werden. Auf diesem Hintergrund hat sich in einigen Organisationen das Prozesscontrolling als eigenständige Instanz entwickelt.

Profit-Center

Ein weiterer Ansatz zur Steuerung von IT-Organisationen ist das Profit-Center. Die IT-Organisation muss wie ein eigenständiges Unternehmen arbeiten und wird oftmals – gerade in großen Organisationen – in eine rechtlich eigenständige Unternehmung ausgegliedert. Damit können und müssen dann alle Instrumente des Unternehmenscontrollings genutzt werden. Allerdings muss die Umwandlung in ein Profit-Center oder sogar Ausgliederung in ein eigenes Unternehmen von der Mutterorganisation aktiv betreut und begleitet werden. Denn das Verhältnis zwischen der IT-Organisation und der ausgliedernden Organisation ändert sich grundlegend. Das Profit-Center kann nur noch solche Leistungen erbringen, die es profitabel erstellen kann. Daraus können erhebliche Konsequenzen für die Mutterorganisation entstehen. Arbeitet das Profit-Center zwei bis drei Jahre nach der Initiierung nicht profitabel, ist die Umwandlung in der Regel gescheitert.

Controllingobjekte und Kennzahlensysteme

Fasst man die vorangehenden Ausführungen zusammen, so ergeben sich für die unterschiedlichen Controllingobjekte der IT spezifische Controlling-Regelkreise und damit korrespondierende Kennzahlensysteme (vgl. Tab. 1-1).

Tab. 1–1
Controllingobjekte und Kennzahlenkategorien

	Input	Output	Zeit	Qualität	Kosten	Erlöse	Verfügbarkeit
Projekte	X	X	X	X	X		
Produkte/ Leistungen				X		X	X
Prozesse	X	X	X	X	X		
Ressourcen				X	X		
Organisation	X	X			X	X	

1.3 Benchmarking

IT-Benchmarking in der Praxis

Benchmarking ist eines der paradoxen Phänomene in der IT. In Literatur und Fachpresse, auf Kongressen und Seminaren wird das Thema immer wieder intensiv diskutiert. In der Praxis hingegen ist es vergleichsweise still um dieses Thema.

Entwicklung des IT-Benchmarkings

Dabei hat Benchmarking in der IT eine lange Tradition – jedenfalls im technischen Bereich. Schon immer gab es Leistungsmessungen und Leistungsvergleiche bei Rechnern und anderen technischen Komponenten. Dieses technisch orientierte Benchmarking gibt es nach wie vor. Für den Anwender, der nicht von extremen Benutzerzahlen, Transaktions- oder Datenvolumina betroffen ist, hat es jedoch kaum Bedeutung. Die technische Leistungsfähigkeit der IT-Systeme ist in aller Regel kein Engpassfaktor. In den Vordergrund rücken hingegen betriebswirtschaftliche Formen des Benchmarkings. Nicht zuletzt auf dem Hintergrund einer Fertigungstiefenoptimierung durch Outsourcing soll die Frage beantwortet werden, ob eine bestimmte Leistung mit geringerem Aufwand bereitgestellt oder bei gleichem Aufwand die erbrachte Leistung gesteigert werden kann.

Begriffliche Grundlagen

Lernen von den Besten

Grundlage jeder Diskussion über Benchmarking muss eine klare Begriffsdefinition sein. Im Allgemeinen wird Benchmarking als »Lernen von den Besten« verstanden. Das ist eine bedeutende Form des Benchmarkings, beschreibt aber nur eine bestimmte Variante. Zudem setzt diese Form des Benchmarkings erhebliche Erfahrung voraus und bietet dem »Benchmarking-Anfänger« kaum Hilfestellung.

Benchmarking-Definition des APQC

Wir folgen hier der Definition des American Productivity and Quality Center (APQC), die Benchmarking wie folgt umreißt: »... the process of identifying, understanding and adapting outstanding practices and processes from organisations anywhere in the world to help your organisation to improve its performance ...« (vgl. [Skelton 2003]). Das bedeutet Folgendes:

- Benchmarking ist ein Prozess.
- Dieser Prozess umfasst das Identifizieren/Erkennen, Verstehen und Übernehmen hervorragender Arbeitsweisen und Prozesse.
- Referenzobjekte sind beliebige Organisationen.
- Ziel ist es, die Leistung der eigenen Organisation zu steigern.

Benchmarking als Prozess

Diese Aussagen zeigen Chancen und Schwierigkeiten von Benchmarking sehr deutlich. Zunächst wird Benchmarking als ein auf Dauer angelegter Prozess angesehen und nicht als einmaliges Projekt. Bei einem Review – so sollte man »Benchmarking-Projekte« wohl zutreffender nennen – wird man zwar Verbesserungspotenziale finden, aber maximale Wirkung entfaltet Benchmarking nur als kontinuierliche Aktivität.

Objekte des Benchmarkings

Als Objekt des Benchmarkings werden Arbeitsweisen und Prozesse benannt. Es wird ausdrücklich nicht von den besten Arbeitsweisen und Prozessen gesprochen, denn die gibt es objektiv ja nicht. Außerdem löst sich dieser Ansatz aus der Fixierung auf die vermeintlich besten Vergleichsorganisationen. Es gibt nämlich viele Organisationen, die zwar auf Dauer nicht erfolgreich sind – aus den unterschiedlichsten Gründen –, aber solche hervorragenden Arbeitsweisen und Prozesse zumindest in Teilbereichen aufweisen. Oftmals findet man gerade hier unorthodoxe und revolutionäre Ansätze, wie man sie bei etablierten und risikoscheuen Organisationen nie entdecken wird.

Teilprozesse des Benchmarkings

Weitere Hinweise gibt die Aufzählung der Teilprozesse: Identifizieren, Verstehen, Übernehmen. Von zentraler Bedeutung ist das Verstehen. Da jede Organisation spezifische und individuelle Merkmale hat, führt eine unkritische Übernahme in der Regel nicht zu Leistungsverbesserungen. Verstehen muss man vor allem die Rand- und Rahmenbedingungen in der Referenzorganisation. Erst dann kann man Arbeitsweisen oder Prozesse, die übernommen werden sollen, bei der Übertragung optimal an die eigene Organisation anpassen. Benchmarking bedeutet also aktive Organisationsgestaltung.

Benchmarking und Organisationsentwicklung

Ziel des Benchmarkings ist es stets, Leistung und Leistungsfähigkeit der eigenen Organisation (weiter) zu steigern. Daher kann es beim Benchmarking auch keinen Abschluss geben. Selbst wenn man auf einer Vergleichsliste die Position 1 erreicht hat, muss man weiter versuchen, die eigene Leistung zu verbessern und dazu hervorragende Arbeitsweisen und Prozesse bei anderen Organisationen ausfindig machen. Wenn man nämlich mit den Anstrengungen nachlässt, wird man von der Position 1 bald verdrängt werden. Insofern ist Benchmarking weniger ein einfaches Übernehmen von Arbeitsweisen und Prozessen, sondern eine innovative und kreative Weiterentwicklung. Das wird spätestens dann klar, wenn man die Anregungen für die eigene Organisationsverbesserung nicht nur im engeren Umfeld der eigenen Branche und Wettbewerber sucht, sondern beliebige Organisationen beobachtet und analysiert. Bei diesem Out-of-the-Box-Benchmarking muss man Arbeitsweisen und Prozesse aus ihrem ursprünglichen Kontext lösen und in das eigene Umfeld transformieren.

Formen des Benchmarkings

Typische Benchmarking-Varianten

Es gibt keine standardisierten Formen des Benchmarkings. Das ist bei der hier zugrunde gelegten Definition auch nicht möglich. Allerdings gibt es typische Varianten, wie sie in Tab. 1-2 dargestellt sind (vgl. [Horváth/Reichmann 2003, S. 49]).

Tab. 1–2
Typische Benchmarking-Parameter

Benchmarking-Parameter	Ausprägung der Parameter
Leistungsobjekt	▪ Produkte ▪ Methoden ▪ Funktionen ▪ Prozesse ▪ Aufgaben ▪ Unternehmen ▪ Dienstleistungen ▪ Strategien
Leistungsdimension	▪ Kosten ▪ Qualität ▪ Zeit ▪ Kundenzufriedenheit ▪ Andere
Benchmarking-Partner	▪ Internes Benchmarking ▪ Konkurrenten ▪ Gleiche Branche ▪ Andere Branche
Erhebungsform	▪ Fremderhebung/neutrale Stelle ▪ Fremderhebung/Beteiligte ▪ Eigenerhebung
Erhebungsmethodik	▪ Interview/Vor-Ort-Analyse ▪ Indirekt/interne Unterlagen ▪ Indirekt/externe Unterlagen
Aufbereitungsform	▪ Offene Darstellung ▪ Verdeckte Darstellung ▪ Statistiken/Verbandsauswertungen

Problem der Vertraulichkeit

Ein wesentliches Problem bei jeder Form des Benchmarkings ist es, dass sich die beteiligten Organisationen den Benchmarking-Partnern gegenüber öffnen müssen. Man befürchtet den unkontrollierten Abfluss vertraulicher und wettbewerbskritischer Informationen. Grad und Umfang der Informationen, die man anderen verfügbar machen möchte oder darf, bestimmen also letztlich die Form des Benchmarkings, die man praktizieren kann. Benchmarking ist nur möglich, wenn alle Beteiligten davon einen Nutzen haben. Der Informationsaustausch muss symmetrisch sein. Dass es in der Praxis nur wenige Benchmarking-Initiativen gibt, dürfte seinen Grund in dieser Informationsproblematik haben. Dementsprechend findet man im IT-Umfeld eigentlich nur folgende Benchmarking-Praktiken:

Benchmarking als professionelle Dienstleistung

Ein Dienstleister entwickelt Systematiken für die Erhebung und Auswertung von Daten über (IT-)Organisationen. Die erhobenen Vergleichsdaten (Benchmarks) speichert er in Datenbanken. Der Kunde liefert seine Daten und erhält Vergleiche gegen die beim Dienstleister vorhandene Datenbasis. Die Referenzorganisationen bleiben für den einzelnen Kunden und wiederum seine Daten für die anderen Kunden des Dienstleisters anonym. Die Methodik der Datenstrukturierung und die – im Laufe der Zeit wachsende – Datenbasis sind das Kapital des Dienstleisters. Diesen Wert muss der Kunde bezahlen. Die Preise dieser Dienstleistungen haben in aller Regel eine Größenordnung der Art, dass sich nur größere Organisationen diese Dienstleistungen leisten können.

Benchmarking in Gruppen

Eine Variation dieser Benchmarking-Dienstleistung ist eine Gruppe von Organisationen, die sich zusammenschließen und ihre Daten an einen neutralen Dritten geben. Dieser wertet sie aus und spielt sie dann an die Teilnehmer zurück. Die Teilnehmer kennen sich also, erhalten jedoch nicht die spezifischen Daten der einzelnen anderen Teilnehmer. Der Moderator bringt das methodische Wissen ein. Dieses Benchmarking in geschlossenen Gruppen findet sich wiederholt bei Unternehmen, die in derselben Branche tätig sind, z. B. in der Automobilzulieferindustrie oder im Versicherungsbereich. Der beauftragte Moderator ist oftmals ein Berater, der einschlägige Branchenerfahrung hat. Auch hier müssen die teilnehmenden Organisationen für die Dienstleistung des Moderators bezahlen. Jedoch dürfte der Aufwand für die Teilnehmer in aller Regel niedriger liegen als bei einer Zusammenarbeit mit dem zuvor genannten Benchmarking-Dienstleister.

Auch für das soeben beschriebene Benchmarking in geschlossenen Gruppen gibt es verschiedene Varianten. So können die Teilnehmer untereinander ihre Daten wechselseitig offen kommunizieren. Aus einer solchen Benchmarking-Initiative stammen die Erfahrungsberichte in 3.3 bis 3.5. Daneben gibt es Branchenverbände, die entsprechende Arbeitskreise für ihre Mitglieder eingerichtet haben. Sofern Erfahrungen aus diesen Aktivitäten bekannt werden, weisen sie eine Gemeinsamkeit auf. Alle Beteiligten müssen verstehen, dass Benchmarking nur dann zustande kommt, wenn jeder einzelne Teilnehmer Daten aus seiner Organisation einbringt. Das entsprechende gegenseitige Vertrauen zu entwickeln und aufzubauen, benötigt Zeit – teilweise bis zu etwa zwei Jahren. Dieser zeitliche Vorlauf wird in der Regel beim Start solcher Initiativen unterschätzt.

Benchmarking und Controlling

Benchmarking-Prozess

Unabhängig davon, in welcher Form man Benchmarking betreibt, stets geht es darum, ein Benchmarking-Objekt zu definieren und dann Vergleichsobjekte in anderen Organisationen oder Organisationseinheiten zu finden. Die erhobenen Daten müssen analysiert werden und aus der Analyse ergibt sich dann, welche Arbeitsweisen und Prozesse übernommen und in die eigene Organisation transformiert werden sollen. APQC beschreibt diesen Benchmarking-Prozess in vier Schritten (vgl. [Benchmarking-Methodology 2003]):

- Planen
- Sammeln
- Analysieren
- Übernehmen

Benchmarking und Controlling-Regelkreis

Die Analogie zum Controlling-Regelkreis mag überraschend erscheinen, ist aber logisch. Denn während das klassische Controlling seine Steuerungsobjekte durch Eigenbeobachtung verbessern will und sich dabei innerhalb der eigenen Organisation bewegt, geht Benchmarking über die Grenzen der Organisation hinaus, um die Leistung der eigenen Steuerungsobjekte im Vergleich mit anderen zu verbessern. Controlling und Benchmarking sind keine isolierten Tätigkeitsfelder, sondern müssen in Kombination als integrierte Aufgabenstellung verstanden werden. Während Controlling herkömmlich nur eigene Soll- und Istdaten betrachtet, bezieht es durch Benchmarking auch die Soll- und Istdaten anderer Organisationen in den Steuerungsprozess mit ein. Das Spektrum der Vergleichs- und Analysemöglichkeiten weitet sich erheblich aus (vgl. Abb. 1-7).

Der wesentliche Nutzen von Benchmarking liegt darin, die eigene Leistung zu objektivieren und damit besser beurteilen zu können. Darüber hinaus liefert Benchmarking wichtige Impulse für eine anspruchsvolle Zielbildung. Wenn man nur die eigenen Leistungswerte kennt und fortschreibt, neigt man zu konservativer Zielbildung. Benchmarking zeigt, dass möglicherweise erhebliche Leistungssteigerungen möglich sind.

Abb. 1–7
Vom Controlling zum Benchmarking

		Solldaten	
		Eigene Daten	Fremde Daten
Istdaten	Eigene Daten	Controlling	Benchmarking
	Fremde Daten	Benchmarking	

Verfeinerung des Benchmarking-Prozesses

Das zuvor beschriebene »Basismodell« des Benchmarking-Prozesses wird vielfach variiert und verfeinert. Nachfolgend seien zwei Beispiele genannt. Zunächst das verfeinerte Benchmarking-Prozessmodell der APQC mit insgesamt 27 Prozessschritten (vgl. [Macdonald/Tanner 1997, S. 25]):

- Planung des Benchmarkings
  - Benchmarking-Team bilden/aktualisieren
  - Umfang des Benchmarkings festlegen
  - Aktuelle Ziele und Vorgehensweisen dokumentieren
  - Prozesse, Praktiken und Methoden feststellen, die sich als Objekt eines Benchmarkings eignen
  - Ergebnisse der Datenbeschaffung festlegen
- Datenbeschaffung
  - Vorgehensweise und Maßnahmen definieren
  - Benchmarking-Partner ansprechen
  - Datenbeschaffung vorbereiten
  - Datenbeschaffung beginnen
  - Datenbeschaffung optimieren
  - Datenversorgung der Partner vorbereiten
  - Daten an Partner liefern
- Analyse der Lücken
  - Daten zusammenstellen und dokumentieren
  - Daten für Vergleich aufbereiten
  - Datenvergleiche durchführen
  - Abweichungen analysieren
  - Die Merkmale der besten Methode identifizieren
  - Die »Enabler« (Aktivitäten, die die Einführung neuer Arbeitsweisen oder Prozesse erleichtern) herausfinden

- Anpassung der Verbesserungen
  - Die Anpassbarkeit der Enabler beurteilen
  - Die Ergebnisse allen Betroffenen und Mitwirkenden mitteilen
  - Ziele zum Schließen der Lücken setzen
  - Die Enabler anpassen
  - Eine Implementierungsstrategie entwickeln
  - Den Plan implementieren
  - Den Fortschritt überwachen und darüber berichten
  - Die Benchmarks neu festlegen
  - Neue Gelegenheiten für weitere Benchmarking-Aktivitäten identifizieren

Ähnlich, aber einfacher strukturiert ist das Modell von H. van der Zee (vgl. [van der Zee 1996, S. 270]) mit neun Prozessschritten, von denen der Autor sagt, sie seien »small enough to be manageable and large enough to be non-trivial«. Auch hier ist der hinter vielen Benchmarking-Aktivitäten stehende Projektansatz erkennbar (vgl. Abb. 1-8).

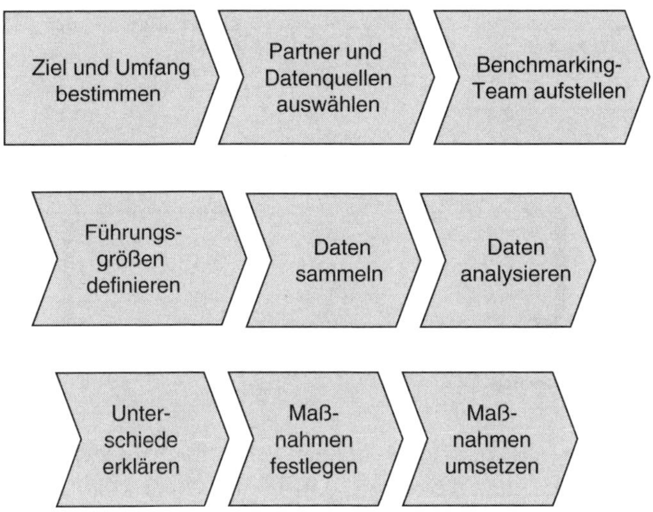

Abb. 1–8 *Benchmarkingprozess nach H. van der Zee*

Benchmarking und Kennzahlen

Vergleichbarkeit durch Kennzahlen

Benchmarking heißt Vergleichen. Vergleichen kann man aber nur, was (in welchem Sinne auch immer) vergleichbar ist. Die Vergleichbarkeit muss sichergestellt sein oder hergestellt werden können. An dieser Stelle kommen die Kennzahlen ins Spiel. Um nämlich die Vergleichbarkeit von zwei Objekten herzustellen, projizieren wir sie auf geeignete Listen von Messgrößen. Wenn diese Vektoren von Kennzahlen, d. h. Kennzahlensysteme, »gleich« sind, dann ist ein Vergleich der Objekte, also Benchmarking, möglich. Natürlich muss der Benchmarker sicherstellen, dass die Abbilder der Vergleichsobjekte nicht nur formal, sondern auch inhaltlich vergleichbar sind. Das muss von Fall zu Fall gezielt überprüft werden.

Grenzen der Vergleichbarkeit

Zwei Objekte sind also nur dann vergleichbar, wenn sie durch gleiche Kennzahlensysteme dargestellt werden können. Oftmals sind daher lediglich Teile dieser Objekte vergleichbar, weil ihre Kennzahlensysteme nur teilweise übereinstimmen oder nur für Teile vergleichbare Kennzahlensysteme dargestellt werden können (vgl. Abb. 1-9). In diesem Sinne wären zwei identische Objekte nicht vergleichbar, wenn ihre Kennzahlensysteme nicht vergleichbar wären. Auch wenn das abstrakt klingt, so hat es doch praktische Bedeutung. Wenn z. B. zwei IT-Organisationen nicht durch gleiche Kenngrößen dargestellt werden und andere – nämlich vergleichbare – Kenngrößen nicht zu ermitteln sind, dann ist zwischen diesen IT-Organisationen Benchmarking nicht möglich. Man denke hier etwa an unterschiedliche Kostenstellen- oder Kostenartenstrukturen.

Abb. 1–9
Benchmarking über Kennzahlensysteme

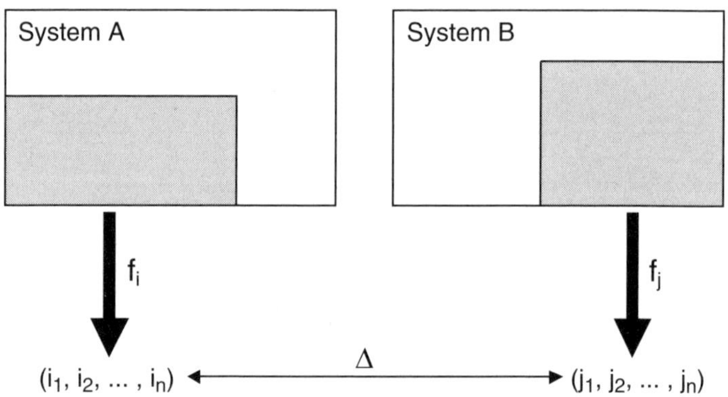

Benchmarking von Prozessen

Diskussionen und Veröffentlichungen gehen in der Regel – und meistens stillschweigend – davon aus, dass die Benchmarking-Objekte Prozesse sind. Das ist nahe liegend, denn es sollen ja Arbeitsweisen und Prozesse aus anderen Organisationen übernommen werden. Bei der Übertragung müssen diese Prozesse jedoch verändert und auf die eigene Organisation angepasst werden. Außerdem sind die interessierenden Prozesse oftmals selbst nicht direkt zugänglich. Der direkte Vergleich erfolgt ja auch nicht anhand dieser Prozesse, sondern über die definierten Messgrößen, nämlich Kennzahlen.

Black-Box-Ansatz

Insofern bewegt sich Benchmarking stets auf zwei Ebenen. Beim eigentlichen Vergleich betrachtet man das Benchmarking-Objekt als »black box«. Erst wenn man Unterschiede in den definierten Kenngrößen feststellt, forscht man in der Analysephase nach den Ursachen. Die Kenngrößen beziehen sich auf Ressourcenverbräuche und Leistungsmengen der betrachteten Prozesse oder Organisationseinheiten.

Leider ist es aber so, dass bei der Betrachtung von Input und Output der Prozesse die erwünschte Vergleichbarkeit nicht automatisch gegeben ist. Das wäre dann der Fall, wenn die Leistungen von IT-Organisationen genormt oder standardisiert wären. Dem ist aber nicht so und es erscheint aufgrund der Leistungsvielfalt und der Variationsbreite von IT-Organisationen auch schwierig, wenn nicht sogar unmöglich.

Vergleichbarkeit durch Standardisierung

Jedoch bilden sich im Laufe der Zeit gewisse Konventionen heraus, wenn das jeweilige Umfeld hinreichend stabil ist. Im Bereich der Softwareentwicklung gab es immer wieder Ansätze, geeignete Metriken zu entwickeln und darüber Software-Atome zu definieren, für die man dann z. B. den Aufwand für Erstellung oder Pflege ermitteln könnte. Die entsprechenden methodischen Ansätze (Function/Data/Object Point) haben sich in der Praxis allerdings nicht durchgesetzt. Zum einen erfordert es erheblichen Aufwand, solche Methoden auf die eigene Organisation zu kalibrieren. Das schreckt viele Anwender von einem Einsatz ab. Und zum anderen haben sich Entwicklungsmethoden und -werkzeuge in den vergangenen Jahren in einer solchen Geschwindigkeit verändert, dass diese Veränderungszyklen weitaus kürzer waren als die erforderlichen Einschwingzeiten für die Vermessung einer bestimmten Entwicklungsorganisation.

Vergleichbarkeit durch Marktmechanismen

Erfolgreiche Benchmarking-Ansätze gibt es dort, wo Leistungen standardisiert werden können. In der Regel sind das unspezifische Basisleistungen, die nicht nur von den IT-Anwendern selbst erbracht, sondern auch von professionellen Dienstleistern am Markt angeboten werden. Der Anbieter solcher Leistungen muss nämlich seinen (potenziellen) Kunden klar machen, dass die angebotene Leistung »preiswert« ist. Das erreicht er nur, wenn sie mit anderen Leistungsangeboten vergleichbar ist. Der freie Markt erzwingt also Vergleichbarkeit – zumindest in gewissen Grenzen.

Fokussierung auf Betriebs- und Serviceleistungen

Die Idee der Standardisierung findet sich bei professionellen Benchmarking-Dienstleistern, freien Benchmarking-Kooperationen und auch bei IT-Herstellern. Bemerkenswert ist, dass üblicherweise auf den Betriebs- und Servicebereich in der IT fokussiert wird. Das hängt ohne Zweifel mit der Uniformität der Serviceleistungen zusammen. Jede IT-Serviceorganisation erbringt diese Leistungen in hoher Anzahl; die entsprechenden Prozesse lassen sich also mit Methoden aus dem Fertigungsbereich messen und steuern.

Benchmarking-Methodik als Geschäftsgeheimnis

Der Benchmarking-Dienstleister schafft über seine Methodik einen Quasi-Standard und kann ihn eventuell erfolgreich vermarkten. Das Problem ist aber, dass diese Methodik Bestandteil seines Geschäftsgeheimnisses ist und nur für zahlende Kunden transparent wird.

Vergleichbarkeit durch Warenkörbe

Auch geschlossene Benchmarking-Gruppen (vgl. 3.3 – 3.5) entwickeln ein standardisiertes Leistungsportfolio (Warenkorb) und vergleichen sich, indem sie das individuelle Leistungsportfolio der einzelnen Teilnehmer auf den Warenkorb abbilden. Hier ist der Warenkorb an sich für Außenstehende zugänglich, lediglich die Benchmarks – also die Daten der einzelnen Teilnehmer – bleiben geschützt und sind nur den zahlenden Mitgliedern zugänglich. Dass die Entwicklung solcher Standardleistungen nicht trivial ist, wird dadurch belegt, dass ihre Entwicklung üblicherweise mehrere Jahre dauert.

Benchmarking durch IT-Hersteller

Ähnlich ist es bei IT-Herstellern, die Benchmarking-Ansätze veröffentlichen. Auch sie machen ihre Ansätze offen zugänglich. Jedoch haben diese den »Beigeschmack«, dass sie zielgerichtet konstruiert wirken und die Produkte des jeweiligen Herstellers besonders günstig erscheinen lassen. Es kommt immer wieder vor, dass Hersteller solche Benchmarks von Beratungsunternehmen erstellen lassen und so versuchen, Neutralität vorzugaukeln.

Norm ISO/IEC 14756

Eine wirkliche Standardisierung würde voraussetzen, dass eine neutrale Instanz als Hüter und Sachwalter solcher Standards fungiert. Diese Instanz könnten die etablierten nationalen und internationalen Normungsgremien sein. In der Tat gibt es bereits Normen, die in diese Richtung zeigen, insbesondere die Norm DIN 66273 bzw. ISO/IEC 14756 mit dem Titel »Messung und Bewertung der Leistung von DV-Systemen« (vgl. [CW 31/2000, S. 39–41]). Das dort beschriebene Verfahren misst die Leistung von beliebigen IT-Systemen und beschreibt sie mit endbenutzerorientierten Größen (Durchsatz, Auftragsfertigstellungszeit, Qualität). Diese werden je Auftragsart ermittelt. Sie sind also produktspezifisch, wobei »Produkt« die Erbringung eines gewissen IT-Dienstes ist. In diesem Verfahren spielt die Beurteilung der Lieferqualität (Korrektheit der Ergebnisse und Pünktlichkeit der Lieferung) eine tragende Rolle.

Normgerechte Systemmodellierung

Das Verfahren war ursprünglich für die Dimensionierung von IT-Systemen gedacht. Der Ablauf ist folgender: Zunächst erfolgt die Beschreibung der gesamten Benutzerschaft eines IT-Systems durch ein Modell (DIN/ISO-Modell). Danach helfen entsprechende Tools dabei, dieses Modell auf einem Simulatorrechner zu implementieren. Im dritten Schritt wird ein Betriebsversuch gestartet, wobei ein reales IT-System in voller Konfiguration verwendet und die gesamte Benutzerschaft emuliert wird. Als letzte Maßnahme ergibt die Auswertung die tatsächlich erreichten Serviceleistungen inklusive der Lieferqualität und beschreibt diese mit genormten Messgrößen.

Werkzeuge für das DIN/ISO-Verfahren

Das DIN/ISO-Verfahren ist in der Praxis erprobt und benötigt zur Umsetzung ein Tool, den Benutzersimulator. Es verlangt von diesem Werkzeug eine Reihe von Besonderheiten, um dem Normanspruch gerecht zu werden. Insbesondere muss der Simulator imstande sein, die DIN/ISO-Struktur der Benutzerbeschreibung zu verarbeiten und die Auswertung nach den strengen DIN/ISO-Regeln vorzunehmen. DIN/ISO-konforme »Treib/Mess-Systeme« sind inzwischen am Markt erhältlich.

Aufwand für das DIN/ISO-Verfahren

Eine solche DIN/ISO-Messung ist jedoch mit erheblichen Kosten verbunden, denn die Erfassung der Daten eines Benutzermodells, die Bereitstellung der Testkonfiguration und schließlich die Messungen selbst gibt es nicht umsonst. Die Mühe lohnt sich aber, da neben der genormt bezifferten Performance gleichzeitig offen gelegt wird, ob das IT-System funktional allen Erfordernissen des operativen Betriebs standhält. Die Messung ist sozusagen ein abschließender Produktionstest. Einer breiteren IT-Öffentlichkeit sind Norm und Verfahren bislang weitgehend unbekannt.

Prozessmodell nach ITIL

Jedoch gibt es an anderer Stelle hoffnungsvolle Ansätze. Im Bereich des IT-Service-Managements haben sich über die IT Infrastructure Library (ITIL) ein inzwischen weitgehend akzeptierter Sprachgebrauch und ein damit korrespondierendes Prozessmodell herausgebildet. Diese Vereinheitlichung von Prozessen und Begriffen wird auch Konventionen für die Leistungsmessung der Prozesse entstehen lassen. Daraus ergeben sich dann – hoffentlich – allgemein akzeptierte Kennzahlensysteme für die Steuerung von IT-Serviceprozessen. Dann wäre Benchmarking für »jedermann« möglich.

Erfolgsfaktoren für Benchmarking

Kernfragen zum Benchmarking

Wer ein Benchmarking aufbauen will, muss drei Kernfragen schlüssig beantworten:

- Welche Steuerungsobjekte sollen verglichen werden?
- Über welche Kennzahlen sollen die Objekte verglichen werden?
- Mit welchen Partnern soll das Benchmarking entwickelt werden?

Mit der Beantwortung der ersten beiden Fragen schafft man die erforderliche sachliche Klarheit. Die dritte Frage entscheidet, ob sich der gewählte Ansatz erfolgreich umsetzen lässt. Wenn man keine Benchmarks bekommt, kann man sich nicht mit anderen vergleichen. Benchmarking-Vorhaben scheitern daran, dass diese Fragen nicht beantwortet werden (können).

Ausdauer als Erfolgsfaktor für Benchmarking

Erfolgreiches Benchmarking setzt auch voraus, dass der Benchmarker mit Ausdauer und Geduld tätig ist. Wie das IT-Controlling generell, so ist auch Benchmarking keine Domäne der schnellen Erfolge. Benchmarking zeigt seinen maximalen Nutzen erst in der dauerhaften Praxis. Und schlussendlich muss man sich darüber im Klaren sein, dass Benchmarking Missstände und Verbesserungspotenziale aufzeigen kann. Es ist aber keine Garantie dafür, dass alle Verbesserungsmöglichkeiten ausgeschöpft wurden.

1.4 Wirtschaftlichkeit von Kennzahlen

Wirtschaftlichkeitsgebot

Auch für Kennzahlensysteme gilt das Wirtschaftlichkeitsgebot. Ihr Nutzen für die Steuerung muss größer sein als der Aufwand, der für ihren Aufbau und Betrieb erforderlich ist. Nutzen und Kosten von Kennzahlensystemen müssen spezifisch im jeweiligen Umfeld bestimmt werden. Pauschale Aussagen sind nicht möglich.

Nutzen für IT-Projekte

Schlechte »Performance« von IT-Projekten

Untersuchungen der Standish Group (vgl. [CW 27/2002, S. 36–37]) belegen, dass im Jahr 2000 nur 28 % der über 8000 erfassten IT-Projekte den versprochenen Leistungsumfang zum geplanten Zeitpunkt, im geplanten Budget und mit der spezifizierten Qualität geliefert haben. 23 % aller IT-Projekte sind gescheitert und bei 49 % aller IT-Projekte wurden Budget- oder Zeitpläne weit überzogen oder Teile der spezifizierten Funktionen/Features nicht realisiert. Als Hauptgründe für das Scheitern der Projekte werden folgende Punkte genannt:

- Fehlende betriebswirtschaftliche Begründung
- Unzuverlässige Aufwandsabschätzungen
- Mangelnde Managementunterstützung
- Mangelnde Benutzerakzeptanz durch fehlende Einbeziehung der Benutzer
- Unerfahrene Projektmanager

Kennzahlensysteme für IT-Projekte

Kennzahlensysteme können dazu beitragen, dass die »richtigen« Projekte ausgewählt werden, die Projektleistung wie spezifiziert erbracht wird und die Projekte »in time« und »in budget« abgeschlossen werden.

Projektportfoliosteuerung

Bei der Bewertung und Auswahl von Projekten muss ihr wirtschaftlicher Nutzen aufgezeigt werden können. Weitere Auswahlparameter sind z. B. der Grad der strategischen Unterstützung oder die Minimierung von Unternehmensrisiken. Ein Kennzahlensystem für die

Projektportfoliosteuerung hilft, Fehlinvestitionen zu vermeiden und diejenigen IT-Projekte durchzuführen, die den größten Nutzwert für das Unternehmen haben. So lässt sich auch die notwendige Managementunterstützung erreichen.

Projektplanung

Bevor ein Projekt durchgeführt wird, müssen eine genaue Kalkulation und eine Ressourcenplanung durchgeführt werden. Eine Abschätzung der möglichen Projektrisiken erhöht die Planungsqualität. Ein alle Projekte übergreifendes Berichtswesen stellt sicher, dass Abweichungen vom planmäßigen Verlauf frühzeitig von einer projektexternen, neutralen Instanz festgestellt werden und die erforderlichen Maßnahmen rechtzeitig eingeleitet werden können. Die Erfahrung zeigt, dass dies je Projekt nur wenige Eckdaten benötigt: Fertigstellungsgrad, Qualitätsstatus, Kostenentwicklung, zeitliche Entwicklung. Das sind die vier Elemente des »Teufelsquadrats des Projektmanagements«.

Projektcontrolling

Neben dem übergreifenden Multiprojektcontrolling benötigt jedes Projekt ein spezifisches internes Controlling. Durch die regelmäßige Überprüfung der wesentlichen Parameter gegen die Zielvorgaben entsteht eine höhere Verbindlichkeit für alle Projektbeteiligten schon während der Projektkalkulation. Erfahrungsgemäß führt das zu einer spürbaren Erhöhung des Anteils erfolgreicher Projekte.

Der Aufbau eines einfachen und wirksamen Projektcontrollings kann innerhalb weniger Wochen erfolgen. Bis die entsprechenden Prozesse tatsächlich gelebt werden, also alle Projektverantwortlichen die Arbeit mit dem Kennzahlensystem als selbstverständlich ansehen, vergehen auch in positiven Fällen mehrere Monate. Die Organisation muss lernen, mit dem neuen Steuerungssystem effektiv umzugehen.

Nutzenermittlung

Erst in der Betriebsphase kann das Projektergebnis den erwarteten Nutzen erbringen (vgl. 3.7). Dazu müssen die geplanten Nutzeffekte anhand der entsprechenden Kennzahlen aus der Projektbewertung regelmäßig überprüft werden. Dies muss eigentlich durch die Projektauftraggeber geschehen, kann aber auch von Produkt- oder Systemverantwortlichen übernommen werden.

Einsparungspotenziale durch Projektcontrolling

Durch diese Maßnahmen können die Kosten des Projektbereichs spürbar gesenkt werden. Fachleute gehen nach wie vor von einem Netto-Einsparungspotenzial in der Größenordnung von 10 % bis 25 % aus. Ein wesentlicher Anhaltspunkt für die Höhe des Einsparungspotenzials ist die Anzahl der in der Vergangenheit gescheiterten Projekte und die Anzahl der »Run aways«, also derjenigen Projekte, die Budget oder Termine erheblich überschritten haben. Legt man die von der Standish Group ermittelte Misserfolgsquote zugrunde, so ergeben sich die genannten Einsparungseffekte allein dadurch, dass Projekte wie geplant durchgeführt und zu Ende gebracht werden.

Zwingend notwendige Grundlage aller Verbesserungsmaßnahmen sind stets eine konsequente und durchgängige Planung und eine funktionierende Zeiterfassung für alle (!) Projekte (vgl. hierzu auch [Etzel/Heilmann 2003]).

Nutzen für den IT-Betrieb

Leistungs- und Qualitätsbeschreibungen

Die IT-Betriebsorganisation sichert den reibungslosen Betrieb der IT-Infrastruktur unter vorgegebenen Qualitäts- und Funktionalitätsanforderungen. Diese bestimmen neben der Anzahl der zu »versorgenden« Arbeitsplätze die Betriebskosten. Oftmals sind aber weder der Umfang der Leistungen, die Qualitätsanforderungen noch die Kosten für alle Beteiligten transparent. Es fehlen klare Leistungs- und Qualitätsbeschreibungen.

Abhängigkeiten zwischen Leistung und Kosten

IT-Organisationen müssen ihre Kosten optimieren. Kostensenkungen bedeuten in der Regel jedoch Leistungs- oder Qualitätsreduktion. Das IT-Management muss also wissen, welcher Leistungsumfang in Kombination mit bestimmten Qualitätsanforderungen welche Kosten verursacht. Erst dann kann über Straffung von IT-Leistungen (z. B. Konsolidierung von Anwendungssystemen) und Qualitätsanpassungen diskutiert werden. Die IT-Verantwortlichen brauchen Kennzahlen, um die Kostentreiber zu identifizieren und die Ressourcensteuerung zu optimieren.

Kennzahlensysteme im IT-Betrieb

Ein Kennzahlensystem im IT-Betrieb hat folgende Nutzenaspekte:

- Optimierungsmaßnahmen werden ermöglicht oder erleichtert.
- Den IT-Leistungen (z. B. Betrieb SAP R/3, Betreuung Desktop) und den korrespondierenden Qualitätsausprägungen werden Kosten zugeordnet.
- Eine verbrauchsorientierte Leistungsverrechnung ist möglich.
- Eine Nachkalkulation für IT-Produkte wird möglich.
- Die Erfüllung von Qualitätsausprägungen kann überprüft werden.
- Die Ressourcenplanung wird erleichtert.
- Freie Kapazitäten werden erkannt.
- Die tatsächliche Leistungsabnahme wird dokumentiert.
- Die Steuerung des Leistungsportfolios wird vereinfacht.
- Überflüssige Leistungen werden identifiziert und können aus dem Angebot genommen werden.

Einsparungspotenziale durch Controlling des IT-Betriebs

Das Einsparungspotenzial liegt bei IT-Betriebsorganisationen je nach Unternehmenssituation bei ca. 10 % bis 20 %, teilweise werden sogar höhere Werte genannt (vgl. z. B. [CZ 42/2002, S. 42], oder [IM&C 4/2002, S. 116–118]).

Nutzen für die IT-Organisation

Forderungen an die IT-Organisation

Unternehmen erwarten von ihrer IT:

- Hohe Zuverlässigkeit
- Hohe Funktionalität
- Hohe Sicherheit
- Niedrige Kosten

Kostentransparenz der IT

Die ersten drei Leistungsmerkmale verursachen Kosten. Das IT-Management muss daher in der Lage sein, die aus dem jeweiligen Leistungsgrad resultierenden Kosten nachzuweisen. Die Erfahrung zeigt nämlich, dass Kostentransparenz die Leistungsforderungen der Fachbereiche relativiert und oftmals auch zu geringerer Leistungsabnahme führt. Das ermöglicht deutliche Kostensenkungen.

Leistungstransparenz der IT

Neben den Kosten ist der Nutzen der IT nachzuweisen. Er entsteht auf der Fachseite in Form einer Steigerung der Prozesseffizienz oder der Realisierung von zusätzlichen Umsätzen und Erträgen. Den betriebswirtschaftlichen Nutzen der IT-Systeme verantwortet also das fachseitige Management. Aber nur dann, wenn die IT nachweist, welche Leistungen sie erbringt und welcher Aufwand dadurch entsteht, wird sie als kritischer Produktionsfaktor wahrgenommen.

Einführungskosten für Kennzahlensysteme

Kostentreiber für Kennzahlensysteme

Bei Konzeption und Einführung eines Kennzahlensystems gibt es wesentliche Kostentreiber:

- Je mehr Kennzahlen berücksichtigt werden sollen, desto größer ist der Aufwand für Konzeption, Test und Implementierung.
- Je weniger Systeme und Tools es gibt, die eine automatisierte Datenerhebung zulassen, desto aufwändiger wird der spätere laufende Betrieb bzw. desto höher werden die notwendigen Investitionen in neue Tools.
- Je umfassender das Controlling im Unternehmen bereits ausgebaut ist, desto einfacher lassen sich in der Regel auch IT-Kennzahlensysteme einführen.
- Je mehr IT-Produkte schon definiert sind, desto einfacher ist die Einführung eines Kennzahlensystems, da das Konzept anhand dieses IT-Produktkatalogs entwickelt werden kann.

Daher gilt es, die Anzahl der Kennzahlen auf diejenigen zu beschränken, die die IT-Organisation bei der Erreichung ihrer Ziele unterstützen. Diese Ziele sollten beschrieben und mit Zielwerten definiert sein. An diesen Zielen muss sich das Kennzahlensystem ausrichten.

Ausrichtung an den Anforderungen der IT-Nutzer

Darüber hinaus müssen die Kostenträger, nämlich IT-Produkte und IT-Dienstleistungen, mit den Qualitätsausprägungen entsprechend den Kundenanforderungen (IT-Nutzer) definiert sein. Nur dann kann sich das Kennzahlensystem an den Anforderungen der IT-Nutzer ausrichten.

Auswahl von Kennzahlen

Beim Aufbau eines Kennzahlensystems muss beachtet werden, dass ein Ziel, z. B. »Einhaltung der Kosten«, in der Regel zu mehreren Kennzahlen führt. Einerseits muss stets gefragt werden, ob die bereits vorhandenen Kennzahlen für die Steuerungsaufgabe ausreichen, andererseits muss jede zusätzliche Kennzahl sehr kritisch geprüft werden, ob sie einen wirklichen Beitrag zur Systemsteuerung leistet und ihr Nutzen den Aufwand der notwendigen Datenbeschaffung rechtfertigt.

Aufwand für die Datenerhebung

Im laufenden Betrieb muss jede Kennzahl regelmäßig erhoben werden. Diese Datenbeschaffung stellt in vielen Organisationen ein großes Problem dar. Oftmals müssen eigene Projekte durchgeführt werden, um die Voraussetzungen für das Kennzahlensystem schaffen, z. B. die Einführung einer Aufwandserfassung für alle IT-Mitarbeiter. Selbst wenn Controllingsysteme vorhanden sind, eignen sie sich selten für die IT-Organisation oder das geplante IT-Kennzahlensystem. Es muss also davon ausgegangen werden, dass ein zum Teil erheblicher Aufwand nötig ist, um das geplante Kennzahlensystem funktionsfähig zu machen.

Einführungsstrategie für Kennzahlensysteme

Die Einführung von Kennzahlen sollte nicht im »Big-Bang«-Verfahren, sondern eher schrittweise erfolgen. Dann können Erfahrungen aus einem Schritt in den folgenden Schritten genutzt werden. Allerdings setzt diese iterative Einführung einen »roten Faden« in Form eines Gesamtkonzepts voraus.

Betriebskosten für Kennzahlensysteme

Verantwortliche für Kennzahlensysteme

Kennzahlensysteme gehören zu Regelkreisen. In diesem Kontext muss es auch eine klare Verantwortung für das Kennzahlensystem geben. Der Verantwortliche übernimmt die folgenden Aufgaben:

- Erhebung, Sammlung und Konsolidierung aller notwendigen Daten
- Erstellung und Verteilung der Berichte
- Aufzeigen von Auffälligkeiten
- Überprüfung, ob das Kennzahlensystem noch den aktuellen Anforderungen entspricht
- Durchführung von Änderungen und Anpassungen an das Kennzahlensystem und an Berichten
- Erstellung von Ad-hoc- und Detailberichten
- Unterstützung bei Abweichungsanalysen
- Ansprechpartner für Berichtsempfänger

Organisatorische Umsetzung

Diese Verantwortung kann in der IT-Organisation, im Unternehmenscontrolling oder auch als Mischform (z. B. Gesamtverantwortung Berichtswesen im zentralen Controlling und dezentrales IT-Controlling als spezialisierte Berichtsstelle) angelegt werden. Die konkrete Ausprägung hängt von Größe und Umfeld der IT-Organisation ab. Abb. 1-10 zeigt beispielhaft auf, wie die Verantwortungen zugeordnet sind.

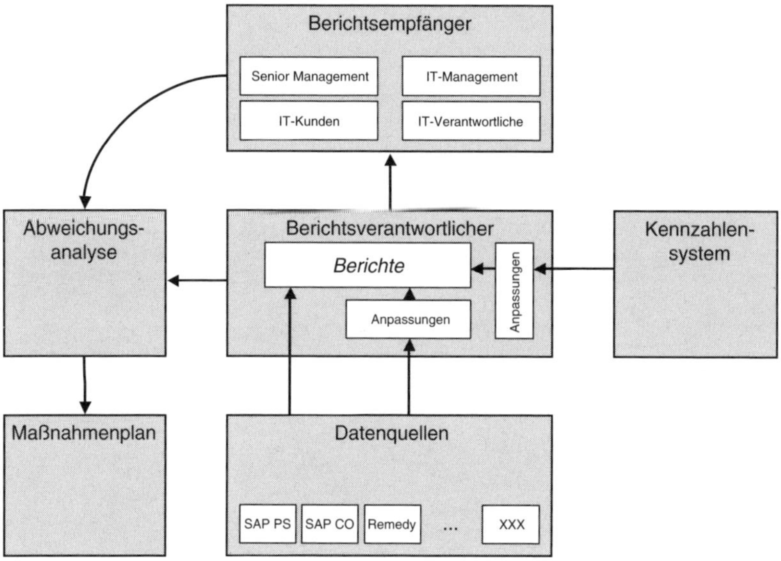

Abb. 1-10 *Zuordnung von Verantwortungen*

Adressatengerechte Kennzahlenselektion

Im Berichtswesen sind Empfängerkreise und zugehörige Berichtsinhalte zu definieren. So werden die Kennzahlen aus dem System adressatengerecht zusammengestellt. Jeder Verantwortliche erhält nur die Kennzahlen, die er für seine Steuerungsaufgabe benötigt.

Betriebskosten für Kennzahlensysteme

Die Kosten eines Kennzahlensystems im laufenden Betrieb hängen vom Aufwand in der Datenerhebung, vom Aufwand für die (manuelle) Anpassung des Datenmaterials und vom Berichtsumfang und somit von der Komplexität des Kennzahlensystems ab. In IT-Organisationen ab ca. 80 IT-Mitarbeitern ist je nach Automatisierungsgrad und Transparenz mit fünf bis 15 Tagen Aufwand pro Monat zu rechnen. Das entspricht etwa 0,25 bis 0,75 % des Personalaufwands. In einer Startphase von etwa sechs Monaten ist mit einem ca. 50- 80-prozentigen Mehraufwand zu rechnen, bis alle Prozesse optimal laufen.

2 Entwicklung von Kennzahlensystemen

In diesem Kapitel beschreiben wir Grundlagen und Rahmenbedingungen für die Entwicklung von Kennzahlensystemen in der IT. Neben einer Systematisierung von Kennzahlensystemen diskutieren wir, welche technischen Anforderungen »gute«, also zur Steuerung geeignete Kennzahlen erfüllen müssen und welche Kategorien oder Typen von Kennzahlen verfügbar sind. Darüber hinaus entwickeln wir einen inhaltlichen Rahmen für IT-Kennzahlensysteme, der sich an Strukturen orientiert, wie sie aus dem Bereich der Balanced Scorecard bekannt sind. So lassen sich dann einheitliche Strukturen für strategische und operative Kennzahlensysteme verwirklichen.

2.1 Grundlagen

Kennzahlen

Aktueller Kennzahlenbegriff

Seit Mitte der 70er Jahre setzt sich ein Kennzahlenbegriff durch, über den heute weitgehend Einigkeit besteht: Kennzahlen erfassen Sachverhalte quantitativ und in konzentrierter Form. Merkmale einer Kennzahl sind Informationscharakter, Quantifizierbarkeit und Informationsform. Der Informationscharakter zeigt, dass eine Beurteilung von Sachverhalten und Zusammenhängen möglich ist. Quantifizierbarkeit bedeutet, dass Sachverhalte auf metrischen Skalen gemessen werden können und dadurch »genaue« Aussagen möglich sind. Die Informationsform führt dazu, dass komplexe Sachverhalte komprimiert und auf einfache Art dargestellt werden. Dies soll den Verantwortlichen einen schnellen und umfassenden Überblick ermöglichen (vgl. [Reichmann 1997, S. 19]). Damit dienen Kennzahlen (oftmals) der Verdichtung großer Datenmengen zu wenigen, aussagefähigen Kenngrößen (vgl. [Hans/Warschburger 1997]).

Eigenschaften von Kennzahlen

Folgende Eigenschaften bestimmen die Verwendbarkeit von Kennzahlen:

- Zweckeignung: Übereinstimmung des Informationsbedarfs mit dem durch die Kennzahl bereitgestellten Informationsangebot
- Genauigkeit: Zuverlässigkeit und Validität der Information
- Aktualität: geringer Zeitraum zwischen Messung und Auswertung
- Kosten-Nutzen-Relation: Der Einsatz einer Kennzahl soll keine höheren Kosten verursachen, als ihr Erkenntniswert für das Unternehmen ausmacht (vgl. [Haufs 1989, S. 122])
- Einfachheit und Nachvollziehbarkeit: Das Zustandekommen eines Kennzahlwerts muss zurückverfolgbar sein und der Empfänger der Kennzahl muss das Messergebnis interpretieren können (vgl. [Thaller 1994, S. 139])

Einsatz von Kennzahlen

Rahmenbedingungen für den Kennzahleneinsatz

Der Einsatz von Kennzahlen erfordert die Verfügbarkeit von Basisdaten (aus einem entsprechenden Informationssystem), die Erfassung und Verdichtung des Ausgangsmaterials, die genaue Definition der Ziele und Aufgaben sowie die Quantifizierbarkeit des abzubildenden Sachverhalts. Darüber hinaus müssen organisatorische Maßnahmen getroffen werden wie z. B. die Benennung von Verantwortlichen zur Bildung, Ermittlung, Auswertung und Interpretation der Kennzahlen sowie die Schaffung geeigneter Erhebungsgrundlagen (vgl. [Lippold 1985]). Für den IT-Bereich können die Kennzahlen z. B. vom zuständigen Controller in Zusammenarbeit mit dem IT-Management gebildet werden. Die laufende Ermittlung und Auswertung kann vom Controller übernommen werden. Die Interpretation der Ergebnisse erfolgt in Zusammenarbeit zwischen Controller und IT-Management.

Systematisierung von Kennzahlen

Systematisieren lassen sich Kennzahlen erstens nach Funktionsbereichen, in denen sie zum Einsatz kommen, z. B. Kennzahlen für das Rechenzentrum, die Anwendungsentwicklung und das Benutzer-Servicezentrum. Wir unterscheiden in diesem Buch einmalige Projektaufgaben und dauerhafte Betriebs- und Serviceaufgaben. Für jeden dieser Bereiche sind spezifische Unterteilungen sinnvoll (vgl. 2.4). Zweitens können Kennzahlen nach Strukturmerkmalen (z. B. Gesamt- oder Teilgrößen, Mengen- oder Wertgrößen) und drittens nach statistisch-methodischen Kriterien gegliedert werden. Es lassen sich absolute Kennzahlen (Einzelzahlen, Summen, Differenzen, Mittelwerte) und Verhältniskennzahlen (Gliederungs-, Beziehungs- und Indexzahlen) unterscheiden (vgl. 2.3).

Standardisierung von Kennzahlen

Der Einsatz von Kennzahlen als Controllinginstrument kann durch eine Standardisierung beträchtlich verbessert werden. Dabei handelt es sich um eine betrieblich und idealerweise auch überbetrieblich einheitliche Definition und Dokumentation von Kennzahlen – üblicherweise in Form eines »Kennzahlen-Steckbriefs« (vgl. 2.2). Der Kennzahlen-Steckbrief sollte auch die Datengenerierung festlegen und die Interpretationsbasis liefern.

Kennzahlensysteme

Notwendigkeit von Kennzahlensystemen

Einzelkennzahlen sind vieldeutig interpretierbar und nur eingeschränkt wirksam. Daraus ergibt sich die Notwendigkeit, Kennzahlen in einem Kennzahlensystem zusammenzufassen. Ziel ist es, Mehrdeutigkeiten auszuschließen und eventuell existierende Abhängigkeiten zwischen den Kennzahlen zu erfassen (vgl. [Lachnit 1979, S. 27]).

Begriff des Kennzahlensystems

»Ein Kennzahlensystem ist eine geordnete Gesamtheit von Kennzahlen, die in einer Beziehung zueinander stehen und so als Gesamtheit über einen Sachverhalt vollständig informieren« (vgl. [Horváth 1998, S. 549]). Die koordinierende Wirkung von Kennzahlen kann durch rechentechnische Verknüpfung oder einen sachlichen Systematisierungszusammenhang erfolgen (vgl. [Haufs 1989, S. 116]).

Ziel und Umfeld eines Kennzahlensystems

Ein Kennzahlensystem dient dem Zweck, Aussagen über bestimmte Phänomene (der IT) durch systematische Analyse der erfassten Daten zu machen. Es muss Planung, Überwachung und Steuerung unterstützen, Zusammenhänge zwischen den Phänomenen aufzeigen und Zugang zu allen erforderlichen Daten haben (vgl. [Heinrich 2002, S. 407 f.]). Inhaltliche Weiterentwicklungen des Kennzahlensystems sollten ohne großen Aufwand möglich sein. Die Präsentation der Kennzahlen sollte (rechnergestützt) als Teil eines Management-Informationssystems erfolgen. Dazu stehen unter dem Oberbegriff »Business Intelligence« verschiedene IT-Lösungsmöglichkeiten zur Verfügung. Es handelt sich dabei um spezialisierte Lösungen wie beispielsweise Data-Warehouse-Systeme, Management-Informationssysteme (MIS) und Executive Information Systems (EIS) oder um die von Enterprise-Resource-Planning-Systemen (ERP) mitgelieferten Werkzeuge. Ein IT-Kennzahlensystem muss aufgrund der ständigen Veränderungen (technologisch, organisatorisch) flexibel sein. Es müssen »neue« Kennzahlen in das System aufgenommen und »alte« Kennzahlen entfernt werden können. Dabei müssen Abhängigkeiten zwischen einzelnen Kennzahlen berücksichtigt werden.

Kategorien von IT-Kennzahlensystemen

Vorgehensweise zur Einführung von Kennzahlensystemen

Die Einführung eines Kennzahlensystems im IT-Bereich muss sich an der jeweiligen Steuerungsaufgabe ausrichten. Zunächst sind daher die Ziele, der Aufgabenbereich und der Nutzerkreis festzulegen sowie der Informationsbedarf der Nutzer zu ermitteln. Danach sind Messgrößen, Kennzahlensystematik, Kennzahlenermittlung und Kennzahlenaufbereitung festzulegen. Anschließend ist das Kennzahlensystem zu realisieren. Dies umfasst die Klärung der Zuständigkeiten, die Festlegung der Datenquellen, die Ermittlung der Basisgrößen, das Ableiten der Kennzahlen, die periodische Aktualisierung der Kennzahlen, die Überprüfung der Entwicklungsergebnisse sowie die Überprüfung der Effektivität und Effizienz im laufenden Betrieb (vgl. [Hossenfelder/Schreyer 1996, S. 236]).

Systematisierung von Kennzahlensystemen

Trotz der Individualität jedes Kennzahlensystems ist in der Fachliteratur immer wieder versucht worden, Kennzahlensysteme zu kategorisieren. Die wesentlichen Schemata sind in Tab. 2-1 dargestellt (vgl. [Jäger-Goy 2002, S. 133]).

Tab. 2–1
Erscheinungsformen von Kennzahlensystemen

[Horváth 1998, S. 549]	Rechensysteme	Ordnungssysteme		
[Kargl 1990]	Kennzahlensysteme	Kennzahlensystematiken		
[Hossenfelder/Schreyer 1996, S. 205]	Mathematische Kennzahlensysteme (Typ A)	Sachlogisch-strukturierte Kennzahlensysteme (Typ B)	Mischformen (Typ C)	
[Weber 1999, S. 220 ff.]	Traditionelle Kennzahlensysteme			»Moderne« Kennzahlensysteme

Rechensysteme

Die in der Spalte »Rechensysteme« wiedergegebene Kategorie stellt durch arithmetische Verknüpfungen zwischen den Kennzahlen quantitative Zusammenhänge dar. Im Extremfall haben diese Kennzahlensysteme eine einzige Spitzenkennzahl, aus der hierarchisch alle weiteren Kennzahlen abgeleitet werden. Klassisches Beispiel außerhalb der IT ist das »DuPont-System of Financial Control« (vgl. [Horváth/Reichmann 2003, S. 174–176]). In der IT gibt es solche Systeme praktisch nicht.

Ordnungssysteme

Die als »Ordnungssysteme« bezeichnete Kategorie gruppiert Kennzahlen nach sachlichen oder inhaltlichen Kriterien. Die in diesem Buch dargestellten Kennzahlensysteme können sämtlich dieser Kategorie zugeordnet werden. Natürlich lassen sich auch Mischformen beider Kategorien vorstellen.

Traditionelle und moderne Kennzahlensysteme

Dass diese Kategorien von Kennzahlensystemen dann mit einem durchaus bewertenden Unterton als »traditionell« bezeichnet und ihnen »moderne« Kennzahlensysteme gegenübergestellt werden, hat folgenden Grund: Beim Aufbau von Kennzahlensystemen entsteht eine gefährliche Eigendynamik, die dazu führt, dass das Kennzahlensystem perfektioniert und nicht die Steuerungsaufgabe optimiert wird. Das führt zu Kennzahlensystemen, die unübersichtlich und komplex sind und für eine zielorientierte Steuerung nicht mehr taugen.

Die »modernen« Kennzahlensysteme hingegen sollen eine »diagnostische« Eignung aufweisen, also den Systemzustand möglichst zutreffend beschreiben, und auf diejenigen Größen fokussieren, mit denen sich die Verantwortlichen vorrangig befassen müssen.

Konzept selektiver Kennzahlen

Das »Konzept selektiver Kennzahlen« folgt diesen Gestaltungsprinzipien. Es wurde zu Beginn der 90er Jahre im Rahmen eines Arbeitskreises an der Wissenschaftlichen Hochschule für Unternehmensführung Koblenz für den Bereich Logistik entwickelt und lässt sich auch auf den IT-Bereich übertragen. Auf der Basis vorhandener oder abgeleiteter IT-Strategien sind maximal drei bis fünf strategiegerichtete und operativ ausgerichtete Kennzahlen zu ermitteln. Die Kennzahlen sollen sich beispielsweise auf besonders wichtige Engpässe für die Wettbewerbsfähigkeit, auf zentrale Wachstumsfaktoren bzw. Wachstumstreiber sowie auf besonders kritische Engpässe und Probleme des Geschäftssystems ausrichten.

Das Konzept der selektiven Kennzahlen fordert das auch diesem Buch zugrunde liegende Primat der Steuerungsaufgabe, dem sich jedes Kennzahlensystem unterzuordnen hat. In diesem Sinne gibt es weder traditionelle noch moderne, sondern ausschließlich gute oder schlechte Kennzahlensysteme.

Erfolgsfaktoren

Informationsbedarf und Dokumentation

Der Erfolg des Einsatzes eines Kennzahlensystems für den IT-Bereich setzt die sorgfältige Ermittlung des Informationsbedarfs seiner Nutzer voraus. Informationsbedarfsermittlung und -analyse sind deshalb von großer Bedeutung, nicht zuletzt für die spätere Akzeptanz bei den Beteiligten. Bei der Bestimmung von Kennzahlen ist eine klare Dokumentationsstruktur einzuhalten (»Kennzahlen-Steckbrief«).

Datenquellen

Besondere Aufmerksamkeit muss den Datenquellen zukommen, denn Verfügbarkeit und Korrektheit der Daten, die in die Kennzahlen einfließen, stellen eine Grundvoraussetzung für die Ermittlung der IT-

Kennzahlen dar (vgl. [Baumöl 1998, S. 123]). Falls die erforderlichen Daten nicht vorhanden sind und auch nicht ohne größeren Aufwand oder in der erforderlichen Qualität ermittelt werden können, muss auf die betreffenden Kennzahlen verzichtet werden.

Auswahl von Kennzahlen

Durch die Integration eines Kennzahlensystems in ein Management-Informationssystem können umfassendere Informationen zusammengestellt, Abweichungen kommentiert und Ergebnisse dokumentiert werden. Ein weiterer Erfolgsfaktor ist die Auswahl von (wenigen) wichtigen Kennzahlen. Diese Beschränkung auf führungsrelevante Informationen ist eine anspruchsvolle Aufgabe. Ein weiterer Grund für die Konzentration auf wenige Kennzahlen ist das Wirtschaftlichkeitsgebot des Controllings, denn die Kosten für die Erhebung der Eingangsdaten müssen in einem vertretbaren Verhältnis zum Nutzen stehen.

Management-unterstützung

Die Analyse vorhandener Kennzahlen und -systeme für den IT-Bereich zeigt, dass sich IT-Kennzahlen noch sehr an technischen Größen oder Kostenaspekten orientieren (vgl. Kap. 4). Eine Ausrichtung auf kapazitäts-, leistungs- und nutzenorientierte Kennzahlen sowie auf Kennzahlen, die die Mitarbeiter- und Kundenzufriedenheit widerspiegeln, ist empfehlenswert. Deshalb ist mit den Zielgruppen der IT-Kennzahlen (z. B. Fachabteilung, IT-Mitarbeiter, IT-Management, Top-Management) zu klären, welche Kennzahlen zur Steuerung erforderlich sind und das Management bei seinen Führungsaufgaben wirksam unterstützen. Dieser Klärungsaufwand ist erheblich und wird in der Praxis meistens unterschätzt.

2.2 Anforderungen an Kennzahlen und Kennzahlensysteme

Ingenieurmäßiges Vorgehen

Kennzahlen und Kennzahlensysteme müssen aus der spezifischen Steuerungsaufgabe abgeleitet werden. Dies ist deduktiv nicht möglich. Vielmehr müssen die benötigten Kennzahlen aus vorhandenen Bibliotheken ausgewählt oder neu konstruiert werden. In der Kombination werden sie zu Kennzahlensystemen, deren Eignung für die Steuerungsaufgabe dann verifiziert oder falsifiziert werden muss. Insgesamt ist ein ingenieurmäßiges Vorgehen erforderlich.

Dokumentation von Kennzahlen

Jede Kennzahl sollte detailliert und umfassend dokumentiert sein. Das hat zwei Vorteile. Zum einen ist klar, worüber man spricht – oder auch streitet. Zum anderen kann man bei den unweigerlich notwendigen Überarbeitungen den Entwicklungsprozess kontrolliert verfolgen und braucht im Bedarfsfall nur so weit wie unbedingt nötig zurückzugehen.

Kennzahlen-Steckbrief

Für die Dokumentation von Kennzahlen haben sich in der Praxis Kennzahlen-Steckbriefe bewährt, die durch ihre Formularstruktur gewährleisten, dass alle benötigten Informationen bereitgestellt werden (vgl. Tab. 2-2).

Tab. 2–2
Kennzahlen-Steckbrief

Beschreibung		
Bezeichnung Beschreibung Adressat Zielwert Sollwerte Toleranzwerte Eskalationsregeln Gültigkeit Verantwortlicher		
Datenermittlung	**Datenaufbereitung**	**Präsentation**
Datenquellen Messverfahren Messpunkte Verantwortlicher	Berechnungsweg Verantwortlicher	Darstellung Aggregationsstufen Archivierung Verantwortlicher
Verschiedenes		

Bezeichnung: Jede Kennzahl muss einen klaren und eindeutigen Namen haben. Das kann eine abstrakte Kodierung (z. B. X201) sein, dann sollte es jedoch zusätzlich eine verbale Bezeichnung geben. Ist man nicht in der Lage, eine solche Bezeichnung zu finden, dann ist das in der Regel ein Indiz dafür, dass Sinn und Inhalt dieser Kennzahl noch nicht hinreichend klar sind.

Beschreibung: Jede Kennzahl muss eine kurze Beschreibung erhalten. Sie erklärt die Zielsetzung und ordnet die Kennzahl in den Kontext ein, z. B. die zugrunde liegende Strategie und die ausgewählten strategischen Erfolgsfaktoren.

Adressat: Es muss definiert sein, an wen die ermittelte Kennzahl berichtet werden muss, d. h. bei wem sich der Kennzahlen-»Eigentümer« für die Zielerreichung zu verantworten hat.

Zielwert und Sollwerte: Für jede Kennzahl müssen Zielwerte benannt werden. Da sich die Erreichung der Zielwerte in Zeiträumen abspielt, müssen für die jeweiligen Berichtspunkte Sollwerte definiert werden. Sofern Benchmarking erfolgt, müssen die bezogenen Benchmarks dokumentiert werden.

Toleranzwerte: Ziel- und Sollwerte werden in der Realität niemals genau getroffen. Stets gibt es Abweichungen. Für jede Kennzahl müssen die tolerierbaren Abweichungen definiert werden, innerhalb derer der Verantwortliche nicht in das System eingreifen muss.

Eskalationsregeln: Es muss geregelt werden, wann der Verantwortliche in welcher Weise zu reagieren hat, ggf. in unterschiedlichen Dringlichkeitsstufen. Bei Überschreiten gewisser Werte muss unter Umständen eine bestimmte Aktion ergriffen werden, z. B. eine Eskalation an eine übergeordnete Instanz.

Gültigkeit: In vielen Fällen werden Kennzahlen für eine beschränkte Zeit eingesetzt und entfallen dann wieder oder werden durch andere Kennzahlen ersetzt. Die Gültigkeitszeiträume müssen dokumentiert sein.

Verantwortlicher: Für jede Kennzahl muss ein verantwortlicher Mitarbeiter als Kennzahlen-»Eigentümer« benannt werden, der sich um die Erreichung der Ziel- und Sollwerte zu kümmern hat. Sofern die Kennzahl Bestandteil von Zielvereinbarungen ist, muss das ebenfalls dokumentiert werden. Für die Bereitstellung der Rohdaten, die Aufbereitung zur Kennzahl und die Lieferung der Kennzahl im Rahmen der Berichterstattung müssen ebenfalls verantwortliche Mitarbeiter (Rollen oder Stellen) benannt werden. Eventuell unterscheiden sich diese Mitarbeiter vom Kennzahlen-»Eigentümer«.

Datenquellen: Für die Rohdaten muss beschrieben sein, aus welchen Quellen sie stammen – ob es sich z. B. um Daten handelt, die von vorhandenen Berichtssystemen bereitgestellt werden, – oder aus welchen Datenbeständen diese Daten extrahiert werden können. Wichtig ist die Dokumentation der Datenqualität.

Messverfahren und Messpunkte: Es muss dokumentiert werden, in welcher Häufigkeit und zu welchen Terminen die Daten benötigt bzw. erhoben und ermittelt werden. Die Zeitangaben müssen in sich und zu denen im Punkt »Berechnungsweg« konsistent sein. Aufwand und Kosten der Datenerhebung und Aufbereitung müssen dokumentiert sein.

Berechnungsweg: Die meisten Kennzahlen entstehen aus der Aufbereitung von Mess- oder Beobachtungsdaten. Hier müssen die entsprechenden Formeln benannt werden. Neben der rechentechnischen Verknüpfung ist es erforderlich, die Maßeinheit der Kennzahl festzulegen und gegen den Berechnungsweg zu prüfen. Wie in der Technik führt eine kritische Prüfung der Dimensionierung oftmals zur Aufdeckung von inhaltlichen Fehlern oder Schwachstellen. Auch die Zeitpunkte der Erstellung und ggf. die jeweils zugrunde liegenden Zeiträume sind zu nennen.

Darstellung: Form und Umfang der Darstellung müssen definiert sein. Dabei geht es z. B. um die grafische oder zahlenmäßige Darstellung, die Aufführung von Ziel- und Sollwerten oder die Nennung von historischen Daten.

Aggregationsstufen: Oftmals müssen Kennzahlen in unterschiedlichen Aggregationsstufen gegeben sein, z. B. standortbezogen und unternehmensübergreifend. Diese Aggregations- bzw. Detaillierungsstufen (Kennzahlenebenen) müssen definiert werden.

Archivierung: Da die Kennzahlen für Zeitreihenanalysen benötigt werden, müssen sie geeignet archiviert werden. Auch Anforderungen der Revision oder gesetzliche Anforderungen können eine geordnete Aufbewahrung erforderlich machen. Art und Dauer der Aufbewahrung sind zu regeln.

Verschiedenes: Darüber hinaus sollten alle relevanten Informationen zu der jeweiligen Kennzahl vermerkt werden, auch wenn diese keiner der vorgegebenen Kategorien zugeordnet werden können.

System-Steckbrief

Zusätzlich zu den einzelnen Kennzahlen sind für Kennzahlensysteme in einem »System-Steckbrief« weitere Daten zu dokumentieren (vgl. Tab. 2-3).

Tab. 2–3
Steckbrief für ein Kennzahlensystem

Beschreibung ▪ Bezeichnung ▪ Zugehörige Kennzahlen ▪ Beschreibung und Abgrenzung des Steuerungsobjekts ▪ Systemverantwortlicher
Steuerungsaufgabe ▪ Beschreibung ▪ Ziel- und Sollwerte ▪ Toleranzwerte ▪ Adressat ▪ Eskalationsregeln ▪ Präsentation
Unterstützung der Analyse ▪ Wirkungsketten ▪ Abhängigkeiten und Wechselwirkungen ▪ Erfahrungen

Bezeichnung: Jedes Kennzahlensystem muss einen klaren und eindeutigen Namen haben.

Zugehörige Kennzahlen: Jedes Kennzahlensystem wird durch die Menge der zugehörigen Kennzahlen beschrieben.

Beschreibung und Abgrenzung des Steuerungsobjekts: Hier muss das zu steuernde System präzise beschrieben werden. Es muss sowohl definiert sein, was zu diesem System gehört, als auch, was nicht mehr dazu gehört. Kennzahlen(systeme), die keinem Regelkreis zugeordnet werden können und mithin nicht zur aktiven Steuerung eines Systems genutzt werden, sind überflüssig.

Systemverantwortlicher: Für das zu steuernde System muss es einen klar definierten Verantwortlichen geben.

Beschreibung der Steuerungsaufgabe: Die Steuerungsaufgabe muss insgesamt beschrieben werden. Dazu gehört eine Beschreibung der Ziel-, Soll- und Toleranzwerte in ihrer Gesamtheit. Es muss beschrieben werden, wie zu handeln ist, wenn mehrere Abweichungen gleichzeitig auftreten und wie dann Toleranzgrenzen zu definieren sind.

Kennzahlensystem und Metrik

Mathematisch geht es darum, für den Raum der Kennzahlenvektoren (das Kennzahlensystem) eine Metrik zu definieren (zur allgemeinen Definition einer Metrik vgl. [Dieudonné 1972, S. 40]). In der Praxis wird man zunächst dazu neigen, dass die Toleranzschwelle für das Kennzahlensystem insgesamt dann überschritten wird, wenn die Toleranzgrenze für eine (beliebige) Kennzahl überschritten wird. In der Tat ist in einem n-dimensionalen Raum der Ausdruck $\max | x_i - y_i |$ für $1 \leq i \leq n$ und die Kennzahlenvektoren (x_i) und (y_i) auch im mathematischen Sinne eine Metrik. Allerdings ist es oftmals nahe liegend, auch dann steuernd in das System einzugreifen, wenn mehrere Kennzahlen gleichzeitig Abweichungen von den Sollwerten aufweisen, auch wenn für jede einzelne Kennzahl die Toleranzwerte noch nicht überschritten sind. Für diesen Fall wird man z. B. folgende Metrik verwenden: $n^{-1} * \sum | x_i - y_i |$.

Adressat: Die Führung des zu steuernden Systems erfolgt ausschließlich auf Basis des zugeordneten Kennzahlensystems. Alle Verantwortlichen diskutieren den Zustand des Systems und erforderliche Maßnahmen auf Basis der definierten Kennzahlen. Anderenfalls muss das Kennzahlensystem wegen Verstoßes gegen das Wirtschaftlichkeitsgebot des Controllings wieder abgeschafft werden. In der Regel sind Kennzahlensysteme in ein übergreifendes Berichtswesen eingebunden. Das muss ebenfalls dokumentiert sein. Dabei ist zu vermerken, ob das Berichtssystem mit diesem Kennzahlensystem erweitert worden ist oder vorhandene Teile ersetzt wurden.

Eskalationsregeln: Hier gilt das für einzelne Kennzahlen Gesagte analog.

Präsentation: Hier gilt das für einzelne Kennzahlen Gesagte analog.

Wirkungsketten: Kennzahlen(systeme) müssen zur Steuerung eines Systems geeignet sein. Der Systemverantwortliche muss eine klare Vorstellung davon haben, wie er »sein« System beeinflussen muss, damit die Kennzahlen die gewünschten Werte annehmen. Anderenfalls wird er/sie nicht mit dem Kennzahlensystem arbeiten.

Abhängigkeiten und Wechselwirkungen: Sofern es zwischen den Kennzahlen eines Kennzahlensystems Abhängigkeiten oder Wechselwirkungen gibt, müssen diese möglichst präzise erfasst und dokumentiert werden. Idealerweise gäbe es zwischen den Kennzahlen eines Systems keinerlei Abhängigkeiten, also redundante Informationen, aber das ist praktisch nicht darstellbar.

Erfahrungen: Hier sollten alle Erfahrungen dokumentiert werden, die bei der Arbeit mit dem Kennzahlensystem gesammelt werden. Dazu gehören insbesondere wichtige Analyseergebnisse, typische Ursachen für Abweichungen usw.

Anforderungen und Rahmenbedingungen

Beim Aufbau von Kennzahlensystemen müssen eine Reihe von allgemeinen Anforderungen und Rahmenbedingungen beachtet werden:

- Korrektheit und Vollständigkeit der Modellbildung

Das Kennzahlensystem und entsprechend die einzelnen Kennzahlen stellen ein hinreichend korrektes und vollständiges Abbild des zu steuernden Systems dar. Anderenfalls besteht die Gefahr, dass die Aktionen des Verantwortlichen am System zu falschen Ergebnissen führen.

- Minimalität

Das Kennzahlensystem sollte möglichst wenige Kennzahlen enthalten. Je mehr Kennzahlen man hat, umso mehr Informationen für eine Steuerung liegen vor. Für jede weitere Kennzahl steigen allerdings die Beschaffungskosten, während der Grenznutzen rapide sinkt. Der verantwortliche Mensch kann nur eine bestimmte Anzahl von Kennzahlen im Zusammenhang überblicken und damit auch gezielt steuern. In der Praxis wird immer wieder berichtet, dass erfolgreiche Kennzahlensysteme selten mehr als 15 bis 20 einzelne Kenngrößen umfassen (vgl. auch das in 2.1 genannte »Konzept selektiver Kennzahlen«).

- Veränderungssensibilität

Die definierten Kennzahlen sollen auf Veränderungen im zu steuernden System möglichst frühzeitig und klar erkennbar reagieren. Die Forderung spielt bei der Auswahl und Konstruktion von Kennzahlen eine wichtige Rolle.

- Invarianz gegenüber Zielveränderungen

Das Kennzahlensystem ist (weitgehend) invariant gegenüber Zielveränderungen für das zu steuernde System; diese führen lediglich zu anderen Werten im Zustandsvektor des Zielzustands. Damit ist die Vergleichbarkeit aller Werte auf der Zeitachse gesichert. Diese auf das strategische Controlling zielende Anforderung ist praktisch nur eingeschränkt realisierbar.

- Stabilität

Die gewählten Kennzahlen sollen in dem Sinne stabil sein, dass Änderungen im zu steuernden System nicht dazu führen, dass Kennzahlen obsolet werden und nicht mehr darstellbar sind. Das gilt zum Beispiel und insbesondere beim Austausch von technischen Komponenten oder bei Änderungen der Organisationsstrukturen.

- Vergleichbarkeit

Hinter der Forderung der Vergleichbarkeit steht der Benchmarking-Gedanke. Wenn man den Controlling-Regelkreis so öffnet, dass die Daten aus vergleichbaren Systemen zur Analyse herangezogen werden können, hat man mehr Möglichkeiten für Ursachenforschung und Lösungsansätze.

Diese Forderung ist grundsätzlich zu bejahen, allerdings muss gefragt werden, ob es überhaupt vergleichbare Systeme gibt. Das wird nur dann der Fall sein, wenn man sich in standardisierten Bereichen bewegt. Für viele Steuerungsaufgaben trifft das nicht zu.

2.3 Entwicklung von Kennzahlen

Prüfkriterien für Kennzahlen

Kennzahlen und Kennzahlensysteme lassen sich leider nicht analytisch ableiten, sondern müssen mühsam konstruiert werden. Da die inhaltliche Seite eine zentrale Rolle spielt, können lediglich Kriterien genant werden, gegen die immer wieder geprüft werden muss. Diese Kriterien korrespondieren mit der weiter vorne beschriebenen Kennzahlendokumentation.

- Was soll mit den ausgewählten Kennzahlen gesteuert werden?
- Messen die ausgewählten Kennzahlen die richtigen Effekte?
- Was lässt sich anhand der einzelnen Kennzahlen aktiv steuern?
- Können Ziel- und Sollwerte definiert werden?
- Können Toleranzen für die Zielwerte definiert werden?
- Können die erforderlichen Basisdaten beschafft werden?
- Ist der Aufwand für die Basisdatenbeschaffung zu rechtfertigen?
- Wie ist die Qualität der Eingangsdaten?
- Können pragmatisch Hilfsgrößen ausgewählt werden (z. B. wenn die Inputdaten für die eigentlich angedachte Kennzahl nicht beschafft werden können)?
- Sind die Kennzahlen für den Adressaten verständlich?
- Können Verantwortliche für jede Kennzahl benannt werden?
- Sind die Kennzahlen manipulationssicher?
- Sind die Kennzahlen drill-down-fähig?

- Sind die Kennzahlen benchmarkfähig?
- Wie reagieren die Kennzahlen auf organisatorische Veränderungen?
- Wie reagieren die Kennzahlen auf technologische Veränderungen?
- Wie sensibel reagieren die Kennzahlen auf Veränderungen?

Ermittlung von Hilfs- oder Ersatzgrößen

Oftmals sind die eigentlich interessierenden Kenngrößen nicht oder nur mit großem Aufwand zugänglich (z. B. Verfügbarkeiten oder Antwortzeiten am POS – Point of Service – in verteilten, komplexen Systemen). Dann sollte man prüfen, ob ein Wechsel der Sichtweise weiterhilft, indem man nicht fragt, ob eine Leistung erbracht wurde, sondern ob jemand festgestellt hat, dass sie nicht erbracht wurde. Auffälligkeiten sind nämlich meistens leichter und aufwandsärmer zu erfassen als normale Abläufe. Natürlich muss man sich darüber im Klaren sein, dass der Leistungserbringer dann eine andere Sicht der Dinge einnimmt, nämlich die, dass alles in Ordnung ist, solange niemand Auffälligkeiten, Störungen oder Ausfälle meldet.

Kategorien von Kennzahlen

Für die Entwicklung von Kennzahlen gibt es eine Reihe von Schwerpunktbereichen, die nachfolgend einzeln diskutiert werden:

- Fachliche Kategorien
- Start-, Ist-, Soll- und Zielwerte
- Datenerhebung
- Bestands- und Warteschlangengrößen
- Zeitraum- und Zeitpunktbezug
- Indices
- Quotienten und Produkte
- Strukturkennzahlen
- Prognosewerte
- Statistische Prozesskontrolle

Fachliche Kategorien

Allgemeines Ordnungsschema

Betrachtet man Organisationen aus der Prozesssicht, so werden Leistungen erbracht und in der Leistungserstellung Ressourcen verbraucht. Insofern betrachtet man eigentlich immer Leistungsmengen und Verbrauchsmengen bzw. diese Mengen in der bewerteten Form als Erlöse oder Kosten. Die Leistungsmengen lassen sich Produkten bzw. Dienstleistungen und Kunden bzw. Leistungsnehmern zuordnen. Analog lassen sich Verbrauchsmengen der Ressourcenart und der Verbrauchsstelle zuordnen. Diese Unterteilungen gibt es in unterschiedlichen Detaillierungs- oder Aggregationsstufen. Alle Kennzahlen lassen sich in diesem Schema erfassen (vgl. Abb. 2-1).

Abb. 2–1
Allgemeines Ordnungsschema für IT-Kennzahlen

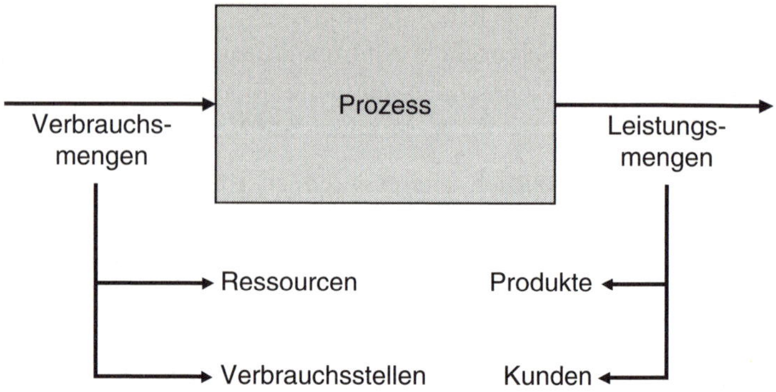

Start-, Ist-, Soll- und Zielwerte

In den Regelkreisen benötigen wir für jede Kennzahl vier Ausprägungen: Start-, Ist-, Soll- und Zielwerte. Zu Beginn der Planungsperiode haben die Kennzahlen Startwerte. Während der unterperiodischen Messpunkte sowie am Ende der Planungsperiode werden Istwerte ermittelt. Am Ende der Planungsperiode sollen die Kennzahlen vorgegebene Zielwerte erreicht haben. Für die einzelnen Messpunkte werden Sollwerte vorgegeben. Insofern ist der Startwert ein Sonderfall der Istwerte und der Zielwert ein Sonderfall der Sollwerte.

Idealerweise ist an jedem Messpunkt der gemessene Istwert gleich dem vorgegebenen Sollwert, insbesondere am Periodenende gleich dem vorgegebenen Zielwert. Für den Regelkreis Typ 2 (Systemveränderung) sind Start-, Soll- und Zielwerte unterschiedlich, da sich ja der Systemzustand systematisch verändern soll. Für den Regelkreis Typ 1 (Systemerhalt) sind Start-, Soll- und Zielwerte identisch, da das System im Ausgangszustand verbleiben soll (vgl. 1.1).

Zielerreichungsgrad

Die Grundform der Kennzahlen ist der Zielerreichungsgrad, der in zwei Formen auftreten kann:

- (Absoluter) Grad der Zielerreichung = Istwert / Zielwert
- Relativer Grad der Zielerreichung = Istwert / Sollwert

Im Regelkreis Typ 2 sind beide Kennzahlen unterschiedlich. Während sich der absolute Zielerreichungsgrad zwischen 0 und 1 bewegt und im Regelfall mit fortschreitender Zeit ständig zunehmen sollte, pendelt der relative Zielerreichungsgrad um den Wert 1. Auf der »Ideallinie« ist diese Kennzahl stets gleich 1. Empfehlenswerter ist die Arbeit mit dem relativen Zielerreichungsgrad, denn damit lassen sich nichtlineare Verläufe besser steuern. Jedoch setzt dies voraus, dass für jeden Zeitpunkt, an dem gemessen werden soll, auch ein entsprechender Sollwert definiert wurde. Im Regelkreis Typ 1 fallen beide Kennzahlen zusammen, da Zielwert und Sollwerte identisch sind.

Datenerhebung

Die Datenerhebung kann grundsätzlich auf folgende Arten erfolgen:

- Automatisch, z. B. interne Aufzeichnungen der Systeme, instrumentierte Anwendungen, CTI-Systeme (CTI = Computer Telephone Integration)
- Halbautomatisch, z. B. Betriebsdatenerfassung, Trouble-Ticket-Systeme, tragbare Computer
- Manuell, z. B. Tätigkeitsberichte, Strichlisten

Automatisierungsgrad der Datenerhebung

Je höher der Automatisierungsgrad der Datenerhebung ist, umso weniger Aufwand entsteht im laufenden Betrieb. Allerdings werden entsprechend hohe vorlaufende Investitionen erforderlich. Mit kreativen Ansätzen (Definition der Messgrößen) sind in vielen Fällen signifikante Reduktionen der Erfassungsaufwände möglich. Die Strichliste mag zwar fehleranfällig sein, aber ausgedient hat sie noch nicht! Gerade in der Entwicklungs- und Erprobungsphase von Kennzahlensystemen wird es ohne eine manuelle Datenerfassung nicht gehen. Bevor man an eine Automatisierung der Datenerhebung geht, sollte abgesichert sein, dass die eingesetzten Kennzahlen auch sinnvoll und tauglich sind.

Bestands- und Warteschlangengrößen

Viele Steuerungsaufgaben haben mit dem Management von Beständen oder Warteschlangen zu tun. Bestände sind in der Regel Ressourcen (z. B. Mitarbeiter, Geräte). Warteschlangen entstehen dann, wenn Ressourcen genutzt werden sollen, aber zu einem Zeitpunkt mehr Anfragen als freie Ressourcen vorhanden sind (z. B. im Service-Desk oder User Help Desk (UHD)). Warteschlangen und Bestände sind strukturell gleich, Warteschlangen also eine spezifische Form von Beständen.

Zugangsrate und Abgangsrate

In diesem Bereich gibt es drei steuerungsrelevante Phänomene: den Bestand zu einem bestimmten Zeitpunkt, den Zugang (also die Bestandserhöhung) in einem bestimmten Zeitraum und den Abgang (also die Bestandsverringerung) in einem bestimmten Zeitraum. Als Grund-Kennzahlen ergeben sich dann

- Zugangsrate = Zugangsmenge / Ausgangsbestand
- Abgangsrate = Abgangsmenge / Ausgangsbestand

Im ersten Fall ist Ausgangsbestand = Ist-Bestand – Zugangsmenge, im zweiten Fall ist Ausgangsbestand = Ist-Bestand + Abgangsmenge. Zusätzlich von Interesse ist die

- Veränderungsrate = Zugangsmenge / Abgangsmenge

Ist die Veränderungsrate größer als 1, so wird der Bestand größer, ist sie kleiner als 1, so verringert sich der Bestand. Bei Warteschlangen ist die Reichweite von Interesse:

- Reichweite = Bestand / Abgangsmenge pro Zeiteinheit

Reichweite

Die Reichweite ist die Anzahl der Perioden, die benötigt wird, bis der Bestand bei konstanter Abgangsmenge pro Periode (und ohne Zugänge) auf 0 gesunken ist. In der Praxis wird die Abgangsmenge pro Periode nicht konstant sein, sondern um einen Durchschnittswert schwanken. Dann hat auch die Reichweite den Charakter eines Durchschnittswerts. Sie ist zugleich auch die Wartezeit, die eine neue Anfrage benötigt, bis sie bearbeitet wird – natürlich nur dann, wenn die Anfragen entsprechend der Reihenfolge ihres Eingangs bearbeitet werden.

Auftragsreichweite

Eine klassische Ausprägung der Reichweite ist die Auftragsreichweite. Sie zeigt zugleich auch die Ambivalenz von Kennzahlenwerten. Bei einer sinkenden Auftragsreichweite wird die Kundenzufriedenheit steigen, da sich die Wartezeit der Kunden reduziert. Zugleich zeigt sie aber auch, dass sich das Geschäft verschlechtert. Bei steigender Auftragsreichweite entwickelt sich das Geschäft positiv, jedoch wird die Kundenzufriedenheit wegen zunehmender Lieferzeiten sinken – und zukünftig möglicherweise wieder zu einem Auftragsrückgang führen.

Kapazität und Beschäftigungsgrad

Die maximale Abgangsmenge pro Zeiteinheit ist die Kapazität der Bearbeitungsstelle. Dabei kann es sich entweder um eine Nenn- bzw. Normalkapazität oder um eine (technisch bedingte) Maximalkapazität handeln. Ist die Zugangsmenge größer als die Kapazität, wird die Warteschlange länger. Ist die Zugangsmenge niedriger als die Kapazität, so wird die Warteschlange kürzer, und wenn die Warteschlange komplett abgebaut ist, ist die Bearbeitungsstelle nicht mehr voll ausgelastet. Daher ist die Betrachtung des Beschäftigungsgrads (oder Auslastungsgrads) von Interesse.

- Beschäftigungsgrad = Zugangsmenge pro Periode / Kapazität

Genauer muss es eigentlich heißen[1]

- Beschäftigungsgrad = min (Zugangsmenge pro Periode, Kapazität) / Kapazität

---

1. min (A, B) = A für A < B; min (A, B) = B für A > B

Denn der Beschäftigungsgrad kann nicht größer als 1 werden. Oftmals will man aus bestimmten Gründen nicht, dass eine Bearbeitungsstelle im maximalen Beschäftigungsgrad arbeitet. Dann ergibt sich folgende Variante der Reichweite:

- Reichweite = Bestand / (Beschäftigungsgrad * Kapazität)

mit einem vorgegebenen Beschäftigungsgrad, der kleiner als 1 ist. Der Systemverantwortliche wird versuchen, den folgenden Quotienten in der unmittelbaren Nähe des Werts 1 zu halten:

- Zugangsmenge pro Zeiteinheit / (Beschäftigungsgrad * Kapazität)

Steigt dieser Wert, so muss er Kapazität oder Beschäftigungsgrad erhöhen; fällt der Wert, so kann er Kapazität oder Beschäftigungsgrad reduzieren. Geht man davon aus, dass die Kosten in der IT weitgehend durch Bereitstellung von Kapazität entstehen und daher variable Kosten entsprechend vernachlässigbar sind, so ergibt sich (für eine bestimmte Leistung)

- Kosten pro Leistungseinheit = Gesamtkosten / Leistungsmenge = Gesamtkosten / (Beschäftigungsgrad * Kapazität) = Minimalstückkosten / Beschäftigungsgrad

Fremdbezug von Leistungen

Dabei sind die Minimalstückkosten = Gesamtkosten / Kapazität (für eine Vollkostenbetrachtung). Kann man nun diese Leistung auch am Markt kaufen, so wird man das dann tun, wenn der Marktpreis niedriger ist als die Kosten pro Leistungseinheit. Das ist dann der Fall, wenn der Quotient Minimalstückkosten / Marktpreis größer ist als der Beschäftigungsgrad (dies ergibt sich durch entsprechende Umformungen der Ungleichung Marktpreis < Kosten pro Leistungseinheit). Damit hat man ein einfaches Modell für Outsourcing-Entscheidungen.

Zeitraum- und Zeitpunktbezug

Es ist zu unterscheiden zwischen zeitraumbezogenen und zeitpunktbezogenen Kennzahlen. Bei zeitpunktbezogenen Kennzahlen handelt es sich in der Regel um Bestände. Wenn es im Berichtszeitpunkt Veränderungen gibt, dann muss klar definiert werden, ob der Bestand zum Ende der alten oder zum Beginn der neuen Periode erhoben wird. Typisches Beispiel ist der Mitarbeiterbestand, der sich zum Monats- oder Quartalswechsel ändert. Bei zeitraumbezogenen Kennzahlen handelt es sich um Bewegungsgrößen oder Bestandsveränderungen. Bei absoluten Größen besteht zwischen Bewegungs- und Bestandsgrößen folgender Zusammenhang:

- Endbestand = Startbestand + ∑ Bestandsveränderungen

Diese Beziehung benötigt man, wenn man Bewegungen über mehrere Perioden kumulieren will. Handelt es sich um relative Kennzahlen, so muss die vorstehende Formel angepasst werden (vgl. Quotienten).

Wenn bei zeitraumbezogenen Kennzahlen Vorgänge/Prozesse gemessen werden, dann muss definiert sein, ob man diejenigen Vorgänge auswertet, die im Betrachtungszeitraum begonnen oder diejenigen, die abgeschlossen worden sind.

Indices

Eine besondere und häufig benutzte Gruppe von Kennzahlen sind Indices, z. B. Kunden- oder Mitarbeiterzufriedenheit. Rechentechnisch betrachtet handelt es sich um gewichtete Mittelwerte aus unterschiedlichen Beobachtungswerten.

- $I = (\sum a_i * w_i) / \sum a_i$ mit den Gewichten a_i und den Beobachtungswerten w_i

Natürlich ist es erforderlich, dass alle Beobachtungswerte die gleiche Dimension haben, also z. B. nicht Zeit- und Währungsgrößen addiert werden.

Bewertung »weicher« Sachverhalte

Oftmals handelt es sich bei den Beobachtungswerten um dimensionslose (schulnotenartige) Bewertungen »weicher« Sachverhalte. Dabei werden zulässige Beurteilungswerte (z. B. 1–3, 1–5, 1–10) vorgegeben, aus denen der Bewertende gemäß seiner Einschätzung auswählen muss. Es muss definiert werden, ob die niedrigsten zulässigen Werte jeweils die besten oder die schlechtesten Beurteilungen darstellen. Für alle einbezogenen Beobachtungswerte muss dieses Bewertungsschema gleichsinnig sein. Die Wertebereiche für einzelne Beobachtungswerte sollten gleich sein. Sind sie unterschiedlich, wird eine Interpretation des Index noch schwieriger, als sie es ohnehin ist.

Der Indexbildung werden gemeinhin zwei Vorwürfe gemacht:

- Im Falle von Bewertungen beruhe sie auf subjektiven Einschätzungen, sei also keine objektive Messung.
- Durch die subjektive Wahl der Gewichte sei das Ergebnis manipulierbar.

Subjektivität von Bewertungen

Der Sachverhalt der Subjektivität ist richtig, aber die Vorwürfe werden zu Unrecht erhoben. Immer dort, wo Menschen zusammen arbeiten, werden Leistungen, Situationen, Entscheidungen usw. von den jeweils Betroffenen bewertet. Viele der entscheidungsrelevanten Faktoren lassen sich nur »messen«, indem man die Betroffenen und Beteiligten befragt. Durch die Zuordnung von Beobachtungswerten wird diese Bewertung dokumentiert und nachvollziehbar.

Subjektivität der Bestimmung von Gewichten

Das gilt ebenso für die Gewichte. Auch die Gewichtungen sind subjektiv, aber nachdem sie einmal festgelegt und dokumentiert wurden, sind sie nachvollziehbar. Zudem können sie zwischen allen Beteiligten ausgehandelt werden und stellen dann als Gruppenkonsens eine in der Gruppe objektive Realität dar.

Erhebungsaufwand bei Indices

Mit der Nachvollziehbarkeit für alle Beteiligten ist dem Transparenzgebot des Controllings Genüge getan. Die eigentliche Problematik von Indices liegt anderswo: Der Erhebungsaufwand ist beträchtlich. Wenn mehrere Aspekte bewertet und mehrere Personen befragt werden müssen (z. B. bei der Ermittlung von Kundenzufriedenheit), so verursacht das Aufwand. Bei den traditionellen Fragebogenaktionen heißt das: Entwurf des Fragebogens, Erstellung und Verteilung, Rückholung und Auswertung. Insbesondere die Erstellung von aussagekräftigen Fragebögen erfordert Fachkenntnis und Erfahrung; in der Regel wird man hier ohne externe Spezialisten nicht auskommen. Bei der Rückholung sind Schwundraten unvermeidbar und geringe Rücklaufquoten können die gesamte Indexermittlung in Frage stellen. Wegen des Aufwands können solche Aktionen auch nur in größeren Abständen durchgeführt werden. Für eine operative Steuerungsgröße ist ein solches Verfahren nicht geeignet.

Indices als »träge« Kennzahl

Durch die Mittelwertbildung entsteht eine eher träge reagierende Kennzahl. Verändert sich ein Beobachtungsmerkmal, so reagiert die Kennzahl insgesamt nur gering. Gegenläufige Entwicklungen in unterschiedlichen Beobachtungsmerkmalen eines Index kompensieren sich u. U. vollständig.

Indices als Verlegenheitskennzahl

In vielen Fällen sind denn auch Indices eher Verlegenheitskennzahlen. Die jeweiligen Autoren halten einen Sachverhalt für wichtig, wissen aber nicht, wie sie ihn konkret(er) fassen können. Eine Häufung von Indices in einem Kennzahlensystem sollte daher misstrauisch machen und zu kritischer Prüfung führen, denn wahrscheinlich ist dieses Kennzahlensystem für eine Steuerung eher ungeeignet.

Alternativen zu Indices

Für jeden Index sollte stets nach Alternativen gesucht werden. Oftmals wird man Kenngrößen finden, die einfacher zu ermitteln sind und eine Systemsteuerung unterstützen. Für das Thema Benutzerzufriedenheit gibt es hier hervorragende Beispiele. So zwingt eine Organisation mit mehreren tausend Benutzern diese dazu, beim Systemstart die Frage (durch Ankreuzen) zu beantworten, ob sie mit dem IT-Service in den letzten 24 Stunden zufrieden waren. Dieses Votum, das täglich von einigen tausend Benutzern abgegeben wird, signalisiert deutlich und schnell, wie es um die Zufriedenheit mit dem Service bestellt ist.

Quotienten und Produkte

Neben der additiven Kombination unterschiedlicher Beobachtungswerte (wie z. B. beim Index) können natürlich auch Quotienten und Produkte von Beobachtungswerten gebildet werden. Zielerreichungsgrade sind typische Beispiele für Quotienten. Es handelt sich um dimensionslose und zeitpunktbezogene Kennzahlen (vgl. den Abschnitt über Start-, Ist-, Soll- und Zielwerte auf Seite 54).

Strukturinformationen

Natürlich können auch unterschiedliche Daten zueinander ins Verhältnis gesetzt werden, z. B.

- IT-Kosten, bezogen auf den Umsatz eines Unternehmens
- IT-Kosten pro IT-Arbeitsplatz oder Benutzer
- IT-Erlöse pro IT-Mitarbeiter

Solche Quotienten versuchen, Strukturen des zu steuernden Systems zu erfassen. Man betrachtet unterschiedliche Systeme als gleich, wenn sie in diesen Kennzahlen gleiche Werte annehmen, auch wenn sie sich in ihren absoluten Größen (stark) unterscheiden.

Quotienten aus Zielerreichungsgraden

Oftmals werden auch Zielerreichungsgrade für unterschiedliche Messgrößen zueinander ins Verhältnis gesetzt. Das ist dann von Interesse, wenn sich zwei unterschiedliche Merkmale in einer bestimmten Relation zueinander entwickeln sollen. Solche Kennzahlen finden wir vor allem im Projektcontrolling, wo zum Beispiel der zeitpunktbezogene Budgetverbrauch des Projekts (verbrauchtes Budget, bezogen auf das insgesamt für das Projekt geplante Budget) und der zeitliche Stand des Projekts (bereits verstrichene Zeitspanne, bezogen auf die geplante Gesamtdauer des Projekts) zueinander in Beziehung gesetzt werden (vgl. 5.9).

Leistungsgrade

Typische Quotienten-Kennzahlen sind Leistungsgrade. In x % aller Fälle soll ein bestimmtes Leistungsmerkmal erfüllt sein. Dann ist

- Leistungsgrad = Istanzahl der Fälle mit erfülltem Leistungsmerkmal / Anzahl sämtlicher Fälle
- Relativer Leistungsgrad = Istanzahl / Sollanzahl, jeweils der Fälle mit erfülltem Leistungsmerkmal

Dieser Kennzahlentyp spielt in Service-Level-Agreements (SLA) eine bedeutende Rolle. Bedauerlicherweise ist die Feststellung, ob ein Leistungsmerkmal erfüllt wurde, oftmals nicht oder nur mit erheblichem Aufwand feststellbar. Dann kann man die Fragestellung umdrehen und fragen, in wie vielen Fällen das Leistungsmerkmal nicht erfüllt wurde. Es gilt theoretisch

- Nichterfüllungsgrad = 1 – Leistungsgrad

Nichterfüllungsgrad

Lässt man den Nichterfüllungsgrad vom Leistungsnehmer erfassen, so ist der Erfassungsaufwand insgesamt deutlich geringer. Allerdings ist dann in der Regel

- Leistungsgrad + Nichterfüllungsgrad < 1

Der Leistungsnehmer wird nämlich nicht alle Leistungsschwächen erkennen oder melden. Bei dieser Vorgehensweise sollte daher eine Verprobung gegen andere Kennzahlen erfolgen (z. B. Kundenzufriedenheit).

Klassen von Quotienten

Grundsätzlich betrachten Kennzahlen Mengen, Zeiten und Werte. Daraus können insgesamt neun verschiedene Klassen von Relationen gebildet werden (vgl. Tab. 2-4).

Tab. 2–4
Kategorien relativer IT-Kennzahlen (Beispiele in Klammern)

	Mengen	**Zeiten**	**Werte**
Mengen	Menge/Menge (Anzahl Desktops pro Support-Mitarbeiter)	Menge/Zeit (Störungen pro Monat)	Menge/Wert (ohne Beispiel)
Zeiten	Zeit/Menge (Tage pro Auftrag)	Zeit/Zeit (Systemverfügbarkeit)	Zeit/Wert (ohne Beispiel)
Werte	Wert/Menge (Kosten pro Prozess-instanz)	Wert/Zeit (Umsatz pro Monat)	Wert/Wert (ROI)

Bestands- und Bewegungsgrößen

Eine andere Systematik ergibt sich, wenn man nach Bestands- und Bewegungsgrößen unterscheidet. Hier gibt es folgende sinnvolle Quotientenbildungen:

- Bestand/Bestand, z. B. Anzahl Desktops pro Support-Mitarbeiter
- Bewegung/Bestand, z. B. Zugangs- oder Abgangsrate für IT-Mitarbeiter
- Bewegung/Bewegung, z. B. Zunahme der IT-Kosten, bezogen auf die Zunahme an Benutzern

Der erste Quotient ist eine zeitpunktbezogene Kennzahl, die beiden folgende Quotienten bilden zeitraumbezogene Kennzahlen.

Produkte

In der Praxis seltener zu finden sind Kennzahlen, die aus Produkten von Beobachtungswerten gebildet werden. Wenn z. B. ein Produkt aus zwei Werten die Steuerungsgröße ist, dann müssen die beiden Faktoren grundsätzlich substituierbar sein. Das gilt erfahrungsgemäß nur eingeschränkt und daher sind solche Kennzahlen nur bedingt zur Steuerung geeignet. Eines der wenigen Beispiele ist

- Aufwand = Anzahl der Mitarbeiter * Leistungstage pro Mitarbeiter

Produktkennzahlen wird man immer dann finden, wenn es Analogien zum Arbeitsbegriff der Physik gibt (Arbeit = Leistung * Zeit).

Strukturkennzahlen

Oftmals sollen mit Kennzahlen strukturelle Verhältnisse beschrieben werden. Die zuvor diskutierten Kennzahlen gehören in diese Kategorie. Darüber hinaus möchte man aber auch die Struktur von Portfolios von Objekten beschreiben, z. B.

- Kundenstruktur
- Lieferantenstruktur
- Qualifikationsstruktur von Mitarbeitern
- Projekte

Beschreibende Statistik

Hier greifen die üblichen Werkzeuge der beschreibenden Statistik:

- Mittelwerte
- Streuungen
- Mediane und Quantile

Mittelwerte und Streuungen

Wie wir schon am Beispiel der Indices gesehen haben, sind Mittelwerte keine sehr geeigneten Kennzahlen. Extremwerte verzerren den Mittelwert der Gesamtheit und werden daher teilweise nicht mit einbezogen. Und völlig unterschiedliche Gesamtheiten können zu identischen Mittelwerten führen. Daher wird man Mittelwerte stets in Verbindung mit Streuungen einsetzen. Streuungen als eigenständige Kennzahlen ohne den zugehörigen Mittelwert sind allerdings ohne jegliche Aussagekraft. Überdies erfordern sie den Mittelwert zu ihrer Berechnung und die eigentliche Berechnung ist aufwändig.

Quantile

Durchaus interessant sind Quantile. Ein z %-Quantil ist derjenige Wert (eines Elements der betrachteten Gesamtheit), bei dem z % aller Elemente einen niedrigeren Wert und die übrigen einen höheren Wert aufweisen. Der Median ist das 50 %-Quantil. Um aber ein Gefühl für die Struktur der betrachteten Gesamtheit zu bekommen, wird man auch hier um die Verwendung von (mindestens) zwei Kenngrößen nicht umhin kommen, z. B. für die Altersstruktur der Mitarbeiter das 25 %- und das 75 %-Quantil.

Die Benutzung solcher Strukturkennzahlen setzt voraus, dass alle Elemente der Gesamtheit entsprechend vermessen werden können.

Prognosewerte

Zeitreihen

Kennzahlen beschreiben Systemzustände zu bestimmten Zeitpunkten oder Systemveränderungen in bestimmten Zeitintervallen. Daraus entstehen im Zeitverlauf Folgen von Messwerten und es stellt sich die Frage, ob man aus den dokumentierten Vergangenheitswerten Rückschlüsse auf die zu erwartende Entwicklung ziehen kann. Einerseits geht es darum, ob die Zielwerte der laufenden Planungsperiode korrigiert werden müssen, andererseits darum, welche Zielwerte für nachfolgende Planungsperioden vorgegeben werden können.

Lineare Hochrechnung und Zeitreihenanalyse

In der Praxis geht man meistens so vor, dass man zu einem Berichtszeitpunkt Istwert und Sollwert vergleicht und die prozentuale Abweichung auf nachfolgende Berichtszeitpunkte linear hochrechnet. Liegt also z. B. ein Istwert 10 % über dem geplanten Sollwert, so nimmt man an, dass die nachfolgenden Sollwerte und der Zielwert ebenfalls um 10 % überschritten werden. Für die kurzfristigen Prognosen innerhalb einer Planungsperiode mag das reichen, für längerfristige Prognosen wird man komplexere Ansätze wählen, insbesondere die Methoden und Verfahren der Zeitreihenanalyse. Üblicherweise geht man davon aus, dass sich in Zeitreihen vier Elemente (additiv) überlagern können:

- Trend
- Zyklus
- Saison
- Zufall

Trend

Der Trend spiegelt eine dauerhafte und grundsätzliche Veränderung im Beobachtungsobjekt wider. Er wird meist als monoton wachsend oder fallend unterstellt und in der Praxis mit einem linearen Verlauf angenommen.

Zyklus

Der Zyklus beschreibt langfristige Schwankungen oder Wellenbewegungen (im betriebswirtschaftlichen Bereich meist als Konjunkturzyklus verstanden), die für einen Durchlauf (Rückkehr zum Ausgangspunkt) mehrere Planungsperioden benötigen.

Saison

Die Saisonkomponente repräsentiert kurzfristige Schwankungen (im betriebswirtschaftlichen Bereich oft als jahreszeitliche Saisonschwankung verstanden), die in einer Planungsperiode mindestens einmal durchlaufen werden.

Zufall

Die Zufallskomponente ist eine Restgröße, die zufällig um den Nullwert verteilt ist und im Vergleich zu den anderen Komponenten wertmäßig klein ist. Sie beschreibt denjenigen Anteil der Zeitreihe, den man aus Trend, Zyklus und Saisonkomponenten nicht erklären kann (stellt also gewissermaßen den Approximationsfehler dar).

Zeitreihenanalyse im IT-Controlling

Im IT-Controlling sind vor allem der Trend und saisonale Schwankungen von Bedeutung. Die saisonalen Schwankungen können unterschiedlichste »Wellenlängen« haben. Es reicht von echten jahreszeitlichen Schwankungen (z. B. Mitarbeiterleistung in Personentagen) bis hinunter zu tageszeitlichen Schwankungen (z. B. Antwortzeitverhalten von Systemen).

Methode der kleinsten Quadrate

Trendberechnungen erfolgen in der Regel nach der Methode der kleinsten Quadrate. Man gibt einen Funktionstyp vor und legt den Funktionsgraphen so durch die Folge der vorhandenen Kennzahlenwerte, dass die Summe der quadrierten Differenzen aus den Kennzahlen und den Funktionswerten an den jeweiligen Messpunkten minimal wird:

- $\sum (k_i - f(i))^2 \rightarrow \text{Min!}$

Üblicherweise wählt man $f(i) = a*i + b$, also eine Gerade. Es können aber beliebige Kurven gewählt werden. Entscheidend ist, dass der Kurventyp vorgegeben wird und insofern die anschließende Prognose entscheidend beeinflusst. Für die weitere Beschäftigung mit der Zeitreihenanalyse sei auf die entsprechende Fachliteratur verwiesen (vgl. [Prause 2002] und die dort genannte Literatur).

Interpolationsmethode

Ein weiterer Ansatz, um aus der Folge der Kennzahlenwerte Schätzungen für zukünftige Werte abzuleiten, ist die Interpolation. Dazu nutzt man die Tatsache, dass beim Vorliegen von n+1 Werten k_i, $0 \leq i \leq n$, ein Polynom

- $p_n(i) = a_0 + a_1 * i + a_2 * i^2 + a_3 * i^3 + \ldots + a_n * i^n$

konstruiert werden kann, so dass $p_n(i) = k_i$ ist. Mit diesem Polynom kann man nun eine Abschätzung der Kennzahl für den Zeitpunkt n+1 vornehmen; der Schätzwert ist $p_n(n+1)$. Die Interpolationsmethode sollte man nur für Kurzzeitprognosen nutzen, da sie nur im unmittelbaren Umfeld der Interpolationsstellen zu vernünftigen Schätzwerten führt.

Darstellung von Interpolationspolynomen

Für Interpolationspolynome gibt es unterschiedliche Darstellungen. Für die Prognoserechnung von Interesse ist die so genannte Newton´sche Darstellung. Wenn (k_i), i = 1, 2, 3, 4, ... die Folge der Kennzahlen ist, dann kann man daraus die Folgen

- $(v_i) = (k_{i+1} - k_i)$, i = 1, 2, 3, 4, ...

und

- $(b_i) = (v_{i+1} - v_i)$, i = 1, 2, 3, 4, ...

bilden. (v_i) beschreibt die Veränderungsgeschwindigkeit der Folge, (b_i) die Veränderungsgeschwindigkeit von (v_i) – also eine Art Beschleunigung in der Folge.

Daraus ergibt sich (mit elementarer, wenngleich ein wenig aufwändiger Rechnung)

- $k_{n+1}^{Prognose} = 2 * v_n + k_{n-1}$
- $k_{n+1}^{Prognose} = 3 * b_n + 3 * v_{n-1} + k_{n-2}$

Vorsicht bei der Anwendung von Prognoseverfahren

Es sei abschließend nochmals darauf hingewiesen, dass alle Prognoseverfahren mit großer Vorsicht angewandt werden müssen. Vor allem muss den Anwendern klar sein, dass in jedem Fall ein Modell über die Realität gebildet wird und jedes dieser Modelle bestimmte Annahmen macht. Diese Annahmen müssen klar und dokumentiert sein. Keinesfalls sollte man entsprechende Formeln, die z. B. in den üblichen Tabellenkalkulationsprogrammen enthalten sind, unkritisch einsetzen. Im Zweifelsfall sollte eine Prognose zukünftiger Kennzahlenwerte »mathematikfrei« in der Diskussion zwischen den Verantwortlichen erfolgen.

Statistische Prozesskontrolle

Qualitätsregelkarte

Ein Standardverfahren der industriellen Qualitätsüberwachung ist die statistische Prozesskontrolle. Zur laufenden Überwachung eines Produktmerkmals entnimmt man in regelmäßigen Abständen kleine Stichproben, misst das interessierende Merkmal, berechnet den Mittelwert über die Messwerte und trägt diese Stichprobenmittelwerte fortlaufend in eine Qualitätsregelkarte (früher: Kontrollkarte) ein. Der idealerweise zu erreichende Wert des Produktmerkmals ist als Mittellinie in der Kontrollkarte eingetragen. Die Mittelwerte der Stichproben schwanken um diese Mittellinie. In gewissen Abständen beidseitig der Mittellinie werden nun je eine Warngrenze und eine Eingriffsgrenze eingetragen. Liegt ein Stichprobenmittelwert außerhalb der beiden Eingriffsgrenzen oder zwei aufeinander folgende Stichprobenmittelwerte außerhalb der beiden Warngrenzen, dann wird angenommen, dass der Prozess nicht mehr unter Kontrolle ist. Die Ursache der Abweichungen wird analysiert, der »Fehler« eliminiert und der Prozess neu einjustiert (vgl. [Sachs 1984, S. 181 f]).

Das beschriebene Vorgehensmodell entspricht dem hier zugrunde liegenden Regelkreis Typ 1. Die Mittellinie entspricht dem Sollwert und die Warn- und Kontrollgrenzen entsprechen den erforderlichen Toleranzwerten.

Bestimmung von Warn- und Kontrollgrenzen

Entscheidend für den erfolgreichen Einsatz dieser Verfahren ist die Bestimmung der Warn- und Kontrollgrenzen. Dazu bedient man sich entsprechender Techniken aus der mathematischen Statistik. Üblicherweise werden die Warngrenzen als 2σ- und die Kontrollgrenzen als 3σ-Grenzen definiert. Unter bestimmten Annahmen weiß man nämlich, dass die Wahrscheinlichkeit, dass Stichprobenmittelwerte außerhalb dieser Grenzen liegen, obwohl der Prozess nicht gestört ist, sehr klein ist (für die 2σ-Grenze kleiner als 5 % und für die 3σ-Grenze kleiner als 0,3 ‰). Für die Ermittlung der entsprechenden Werte sei auf die einschlägige Fachliteratur verwiesen (vgl. z. B. [Dietrich/Schulze 2003]).

Formen von Qualitätsregelkarten

Es gibt für verschiedene Anwendungsszenarien unterschiedliche Formen von Qualitätsregelkarten. Hier wurde nur eine Grundform, nämlich die Mittelwertkarte, skizziert. Weitere Formen sind z. B. die Spannbreitenkarte zur gezielten Beobachtung von Streuungen und die kumulative Summenkarte zur frühzeitigen Erkennung von Trends. Die unterschiedlichen Qualitätsregelkarten und ihre verschiedenen Varianten lassen sich systematisch darstellen (vgl. [Dietrich/Schulze 2003, S. 184]). Grundsätzlich sind die Verfahren der statistischen Prozesskontrolle auch auf Regelkreise vom Typ 2 übertragbar.

2.4 Architektur von Kennzahlensystemen

Beherrschung von Komplexität

In diesem Buch betrachten wir die Steuerung komplexer Systeme mittels Regelkreisen und Kennzahlen. Dazu müssen die zu steuernden Systeme auf geeignete Kennzahlensysteme abgebildet werden. Diese Abbildung ist eine schwierige und herausfordernde Aufgabe. Das Kennzahlensystem muss einerseits alle für die Steuerungsaufgabe relevanten Aspekte abbilden, andererseits aber die komplexe Realität so vereinfachen, dass der Verantwortliche in der Lage ist, seine Steuerungsaufgabe auch wahrzunehmen. Es geht um die Beherrschung von Komplexität.

Ordnungsrahmen für Kennzahlensysteme

Um die Komplexität realer Systeme zielgerichtet zu reduzieren und zugleich die Vollständigkeit der Projektionen in Kennzahlensysteme abzusichern, benötigt man Modelle. Die Erstellung solcher Modelle unterstützen wir durch einen Ordnungsrahmen, der das zu steuernde System aus unterschiedlichen Blickwinkeln betrachtet und damit zugleich eine Architektur für die aufzubauenden Kennzahlensysteme bildet.

Wegen der Vielfalt der Steuerungsobjekte in der IT und der Verschiedenheit der Rahmenbedingungen kann es ein Standard-Kennzahlensystem nicht geben. Die Architektur beschreibt aber, welche »Räume« ein Kennzahlen-»Gebäude« umfassen sollte. Umfang und Ausprägung müssen dann im konkreten Fall spezifisch erarbeitet werden.

Unterschiedliche Architekturen für Projekte und Regelorganisationen

Wir werden zwei Architekturen entwickeln – eine für den Bereich der Regelorganisation und eine für den Bereich der Projekte. Das ist darum sinnvoll, weil Regelorganisationen auf Dauer, Wiederholung und Stabilität ausgelegt sind, während Projekte temporäre, einmalige und risikogetriebene Organisationsformen sind. Zwischen Regelorganisationen und Projektorganisationen gibt es in der Praxis erhebliche Konflikte.

Kennzahlenarchitektur für Regelorganisationen

Orientierung an der Balanced Scorecard

Zur Steuerung von IT-Organisationen und -Systemen gehen wir von der Perspektivenkonzeption der Balanced Scorecard aus (vgl. [Kaplan/Norton 1997, S. 9]). Dort wurde eine »Zerlegung« der Organisation im Hinblick auf die von ihren Tätigkeiten betroffenen Personengruppen (den sog. »stakeholders«) vorgenommen.

Finanzperspektive

Nach diesem Ansatz hat jede Organisation einen Eigentümer, der Ressourcen in diese Organisation gibt (z. B. Finanzmittel) und mit der Organisation einen bestimmten (meist wirtschaftlichen) Zweck erreichen möchte, der ihm nützt. Die investierten Ressourcen und der realisierte Nutzen müssen bewertet werden, um sie mit den anderen Investitionsmöglichkeiten des Eigentümers vergleichen zu können. Diese Bewertung erfolgt üblicherweise in Geldeinheiten. Daraus ergibt sich die Finanzperspektive.

Kundenperspektive

Die Organisation selbst erbringt Leistungen und für diese Leistungen muss es Abnehmer geben. Das kann der Eigentümer sein, in der Regel sind es Dritte. Wenn die potenziellen Abnehmer die Leistungen der Organisation nicht abnehmen, kann diese ihren Zweck nicht erfüllen und den vom Eigentümer angestrebten Nutzen nicht erbringen. Daher muss die Organisation darauf achten, dass sie Kunden für ihre Leistungen gewinnt und hält. Daraus ergibt sich die Kundenperspektive.

Prozessperspektive

Um die definierten Leistungen zu erbringen, werden Prozesse benötigt. In den Prozessen muss darauf geachtet werden, dass einerseits die Erwartungen der Kunden hinsichtlich Funktionalität und Qualität erfüllt werden, andererseits die vom Eigentümer bereitgestellten Ressourcen optimal genutzt werden. In den Prozessen wird der Organisationszweck umgesetzt. Verantwortlich ist das Management der Organisation. Daraus ergibt sich die Prozessperspektive.

Perspektive der Entwicklungsfähigkeit

Wenn eine Organisation langfristig bestehen will, muss sie sich ständig weiterentwickeln. Ihr Umfeld ändert sich – unter Umständen dramatisch. Insbesondere ihre Kunden erwarten bessere und immer wieder neue Leistungen. Die Organisation muss sich den permanent wechselnden Erwartungen zeitnah anpassen können. Idealerweise spielt sie dabei eine aktive Rolle und ergreift gegenüber ihren Kunden die Initiative. Dabei spielen die in der Organisation tätigen Mitarbeiter eine zentrale Rolle, denn nur Menschen bringen und halten eine Organisation in Bewegung und verändern sie. Daraus ergibt sich die Perspektive der Entwicklungsfähigkeit (oft auch als »Lernen und Entwicklung« oder »Innovationsfähigkeit« bezeichnet).

Wirkungskette in der Balanced Scorecard

Die Reihenfolge, in der wir diese vier Standardperspektiven der Balanced Scorecard diskutiert haben, verfolgt ihren sachlogischen Zusammenhang vom Ende der Wirkungskette her (vgl. Abb. 2-2).

Abb. 2-2
Die Standardperspektiven der Balanced Scorecard

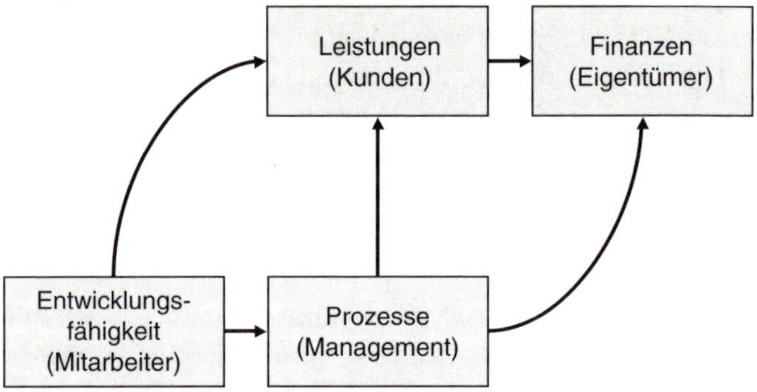

Natürlich sind die vermerkten Wirkungszusammenhänge in der Realität nicht so klar, einfach und direkt. Vielmehr gibt es ein filigranes Netz mehrfacher und zum Teil auch gegenläufiger Wirkungen. Man sollte eher von einem Wirkungsschema sprechen. Die grobe Linie ist jedoch zutreffend und gibt eine wichtige Hilfestellung für den Aufbau von Kennzahlensystemen. Man wird versuchen, die Messpunkte nicht nur am Ende des Wirkungsschemas – also im finanziellen Bereich –, sondern möglichst früh zu setzen. Denn je eher man Abweichungen von den Zielwerten erkennt, umso besser und aufwandsärmer kann man gegensteuern. Auch verringert sich die Gefahr des Übersteuerns.

Schwächen der üblichen Perspektivenbildung

Die geschilderte Perspektivenbildung findet man üblicherweise in Veröffentlichungen zur Balanced Scorecard. Sie kann auf IT-Organisationen übertragen werden. Jedoch hat sie zwei Schwächen.

Erstens ist die Perspektive der Entwicklungsfähigkeit eher unbestimmt und schwammig. Die meisten Autoren tun sich dementsprechend auch mit der Nennung von Kennzahlen schwer. Typisch sind Kennzahlen wie die Anzahl von Seminartagen pro Mitarbeiter und Jahr. Was das mit der Entwicklungsfähigkeit einer Organisation zu tun hat, bleibt im Unklaren.

Mitarbeiterperspektive

Mitarbeiter sind die wichtigste Ressource in der IT. In IT-Organisationen von Anwendern machen die Personalkosten üblicherweise 40 bis 60 % der gesamten Kosten aus und bilden damit den größten Kostenblock. Auf diesem Hintergrund bilden wir eine eigenständige Mitarbeiterperspektive. Dort werden Gehalts-, Qualifikations- und Erfahrungsstrukturen über Kennzahlen abgebildet.

Innovationsperspektive

Die üblicherweise genutzte »Entwicklung und Lernen«-Perspektive ersetzen wir durch eine klar adressierte Innovationsperspektive. IT-Organisationen und ihre Verantwortlichen haben heute das Selbstverständnis, die IT und damit sie als IT-Organisation seien »business enabler«. Durch den Einsatz von IT seien Prozesse und Leistungen möglich, die ohne IT nicht darstellbar seien. Damit sei IT ein entscheidender Erfolgsfaktor für die Entwicklung neuer Produkte und Leistungen. Wenn man als IT-Organisation einen solchen Anspruch hat, dann muss man ihm auch genügen und belegen können, inwieweit man entsprechende Ziele erreicht hat.

Innovationen sind neuartige Verknüpfungen von Zwecken und Mitteln, die sich auf dem Markt oder innerbetrieblich bewähren müssen. Erst die Umsetzung macht aus der Invention (Erfindung) eine Innovation. Für IT-Organisationen heißt das, dass sich ihre Inventionen in den Fachbereichen oder innerhalb der eigenen Teilorganisation bewähren müssen, um zu Innovationen zu werden.

Lieferantenperspektive

Zweitens stellen wir fest, dass IT-Organisationen in der Regel große Teile ihrer Leistung nicht selbst erbringen, sondern zukaufen. Die Zukäufe umfassen Hardware, Software, Service und Consulting. Viele IT-Organisationen haben Fremdleistungsanteile von über 50 % ihrer Gesamtleistung. Bei vollständigem Outsourcing beträgt dieser Fremdleistungsanteil annähernd 100 %. Damit haben die zuliefernden Geschäftspartner für IT-Organisationen eine grundlegende Bedeutung. Dies führt zur Bildung einer eigenständigen Lieferantenperspektive.

Steuerungssegmente für den IT-Bereich

So erhalten wir für den IT-Bereich insgesamt sechs Perspektiven, die die wesentlichen Steuerungssegmente repräsentieren:

- Finanzmanagement
- Kundenmanagement
- Prozessmanagement
- Lieferantenmanagement
- Mitarbeitermanagement
- Innovationsmanagement

Hinter jeder der Perspektiven steht im Sinne der Steuerung die Grundfrage: Was müssen wir in dieser Perspektive tun, um die Ziele der Organisation oder des Systems zu erreichen?

Produktperspektive

Bei der praktischen Umsetzung kann es sinnvoll sein, die Prozessperspektive in eine Prozessperspektive im engeren Sinne und eine Produktperspektive aufzuteilen. Zwar sind Prozesse und Produkte untrennbar miteinander verbunden, denn Prozesse ohne definiertes Ergebnis (Produkt) darf es nicht geben. Aber es kann sinnvoll sein, alternativ eine äußere Sicht einzunehmen, die das Prozessergebnis betrachtet, oder eine innere Sicht einzunehmen, die das Zustandekommen des Ergebnisses betrachtet.

Wirkungskette für modifizierte Perspektiven

Auch für die abgeleiteten Perspektiven lässt sich ein allgemeines Wirkungsschema entwickeln, wie es in der nachfolgenden Abbildung dargestellt ist.

Abb. 2-3
Verallgemeinerte Steuerungsperspektiven

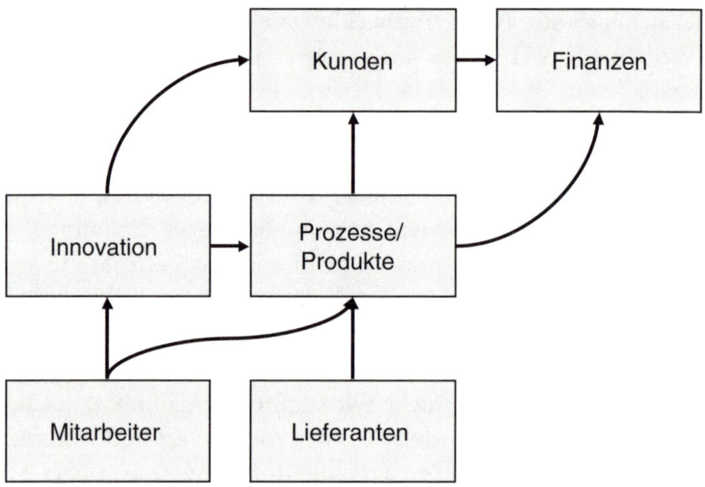

Bewährung in der Praxis

Praktische Erfahrungen zeigen, dass man mit diesen Perspektiven die verschiedenen Aspekte bei der Steuerung von IT-Organisationen hinreichend erfasst. Natürlich müssen je nach Steuerungsbereich oder Steuerungsobjekt nicht alle Perspektiven belegt sein oder sind auch unterschiedlich belegt. So spielen z. B. bei herkömmlichen IT-Bereichen, die als Cost-Center geführt werden, Umsatz- oder Ertragskennzahlen im Finanzmanagement keine Rolle. Bei hoher Fertigungstiefe, d. h. geringem Fremdleistungsanteil, wird das Lieferantenmanagement nur eine untergeordnete Rolle spielen.

Kennzahlenarchitektur für Projektorganisationen

Merkmale von Projekten

Wenden wir uns nun den Projekten zu. Projekte sind ergebnisgetriebene, temporäre Organisationsformen. Sie schaffen neue Systeme, die es so zuvor noch nicht gegeben hat. Projektergebnisse sind somit Unikate, ebenso die sie erstellenden Projektorganisationen. Durch diese Einmaligkeit unterscheiden sich Projekte von der auf Konformität und Wiederholbarkeit ausgelegten Regelorganisation.

Grundfragen der Projektsteuerung

Daher erstaunt es nicht, wenn Kennzahlensysteme für die Projektsteuerung anders strukturiert werden als Kennzahlensysteme für kontinuierliche Aktivitäten. Üblich sind die Kategorien Leistung, Zeit und Aufwand. Ein bestimmtes Ergebnis soll in vorgegebener Zeit mit einem geplanten Aufwand realisiert werden. Die Grundfragen jedes Projektverantwortlichen sind demzufolge:

- Wie viel der geplanten Leistung wurde bereits erbracht?
- Wie viel Zeit wurde dazu benötigt?
- Wie viele Ressourcen wurden dazu verbraucht?

Für eine umfassende Projektsteuerung empfiehlt es sich, zwei weitere Perspektiven mit einzubeziehen. Die Projektleistung besteht nicht nur aus quantitativen Merkmalen (z. B. Anzahl der Systemfunktionen), sondern auch aus qualitativen Merkmalen (z. B. Fehlerfreiheit, Benutzerfreundlichkeit), so dass Leistungsumfang und Qualität zwei eigenständige Kategorien des Projektergebnisses darstellen. Außerdem führt die Einmaligkeit jedes Projekts dazu, dass die Erreichbarkeit der geplanten Ziele nicht garantiert werden kann. Es gibt stets Risiken, die das Projekt gefährden.

Perspektiven der Projektsteuerung

Insofern unterscheiden wir bei Projekten die folgenden fünf Perspektiven:

- Leistungsmanagement
- Qualitätsmanagement
- Zeitmanagement
- Aufwandsmanagement
- Risikomanagement

Wirkungsbeziehungen für Projektperspektiven

Auch hier gibt es zwischen den Perspektiven verschiedene Wirkungsbeziehungen (vgl. Abb. 2-4).

Sind Zeit und Aufwand fix, dann können Leistungsmenge und Qualität in Grenzen substituiert werden. Reduziert man die Qualität, so kann man z. B. mehr Systemfunktionen realisieren. Reduziert man hingegen die Leistungsmenge, so kann man die Qualität des Projektergebnisses steigern. Sind jedoch Leistung und Qualität fix, dann kann man die erforderliche Gesamtleistung mit geringerem Ressourceneinsatz erbringen, benötigt dafür aber mehr Zeit. Andererseits lässt sich die Projektlaufzeit bei einem höheren Ressourceneinsatz verkürzen. Jedoch ist die Substituierbarkeit zwischen Ressourcen und Zeit eher theoretischer Natur, denn erfahrene Projektmanager raten davon ab,

Abb. 2-4
Perspektiven des Projektmanagements

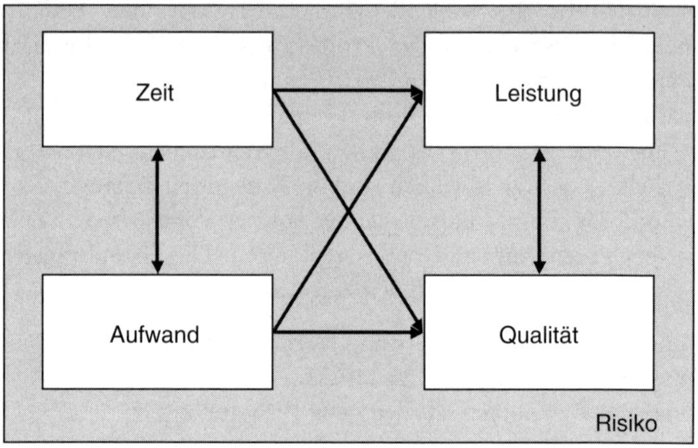

Not leidende Projekte mit mehr Ressourcen auszustatten. Der erforderliche Einarbeitungsaufwand und ein erhöhter Koordinations- und Kommunikationsaufwand führen eher dazu, dass sich die Lage in solchen Projekten weiter verschlimmert.

Multiprojektmanagement

Neben diesen fünf Perspektiven sehen wir eine sechste Perspektive für den Bereich des Projektmanagements. Da IT-Organisationen in der Regel mehrere Projekte gleichzeitig betreiben, müssen sie nicht nur einzelne Projekte steuern, sondern auch die Menge aller Projekte als Ganzes betrachten. Der Grund dafür ist, dass die vorhandenen Ressourcen, insbesondere Mitarbeiter, gleichzeitig oder hintereinander verschiedenen Projekten zugeordnet werden. Dabei geht es darum, nicht nur die einzelnen Projekte hinsichtlich ihres Ressourcenbedarfs zufrieden zu stellen, sondern darüber hinaus auch eine optimale Nutzung der verfügbaren Ressourcen zu erreichen. Das führt zu der Perspektive des Multiprojektmanagements.

2.5 Aufbau von Kennzahlensystemen

Jedes Kennzahlensystem unterstützt eine spezifische Steuerungsaufgabe. Auf diese Aufgabe hin muss es konzipiert und realisiert werden. Wie man an diese Aufgabe systematisch herangehen sollte, zeigen wir exemplarisch an der Steuerung von Prozessen im IT-Service-Management. In den meisten Steuerungsaufgaben der IT spielen Prozesse eine zentrale Rolle, so dass die nachfolgend diskutierten Ansätze vielfach anwendbar sind.

Prozessmodelle und ITIL

Transparenz durch Standardisierung

Die Komplexität von IT-Systemen und -Organisationen wächst. Damit steigen die Anforderungen an Transparenz hinsichtlich Leistung und Kosten. Ein Weg, die benötigte Transparenz zu schaffen, ist Standardisierung. Sie führt außerdem zu Vergleichbarkeit – und ermöglicht Benchmarking.

IT Infrastructure Library (ITIL)

Standardisierungsbemühungen fokussieren immer wieder auf Prozesse. Insbesondere im IT-Service-Management entwickelt sich die IT Infrastructure Library (ITIL) kontinuierlich zu einem allgemein anerkannten Standard. ITIL unterstützt eine prozessorientierte Strukturierung von Betreiberorganisationen für IT- und TK-Dienste (IT = Informationstechnologie; TK = Telekommunikation). Sie bildet eine Sammlung von organisatorischen und technischen Vorgaben zum Betrieb komplexer IT-Infrastrukturen (vgl. *www.itil.co.uk* oder *www.itsmf.org*).

ITIL ist ein herstellerunabhängiges Regelwerk der zentralen Informationsberatungsstelle der britischen Regierung (früher CCTA = Central Computer and Telecommunications Agency, jetzt OGC = Office of Government Commerce). Sie enthält die Erfahrungen weltweiter Anwender- und Dienstleister-Organisationen aus über 30 Jahren IT-Betrieb in Form von »best practices« und wird ständig weiterentwickelt.

ITIL-Basisprozesse

Die wichtigsten zehn Prozesse des ITIL-Rahmens sind in den Prozessgruppen »IT Service Support« und »IT Service Delivery« zusammengefasst (vgl. Tab. 2-5 und [itSMF 2001, S. 6]). Diese Prozesse sind erforderlich, um die zwischen der IT-Organisation und ihren Kunden vereinbarten Service-Levels einhalten zu können. Der Fokus des Service-Supports ist die operative Durchführung von Dienstleistungen. Die Service-Delivery-Prozesse gewährleisten die langfristige Einhaltung der IT-Servicequalität. Hinzu kommt der Service-Desk, der die zentrale Schnittstelle zwischen den Benutzern und dem IT-Service-Management bildet.

Tab. 2–5
Die ITIL-Module: IT Service Support & IT Service Delivery

IT Service Support	IT Service Delivery
Service-Desk	Service-Level-Management
Incident-Management	Financial-Management
Problem-Management	Capacity-Management
Change-Management	Availability-Management
Configuration-Management	Continuity-Management
Release-Management	

Nutzen des ITIL-Prozessmodells

Das in ITIL beschriebene Prozessmodell unterstützt IT-Dienstleister in folgenden Bereichen:

- Standardisierung und Homogenisierung der Infrastruktur
- Verbesserung der Servicequalität
- Unterstützung der Geschäftsprozesse
- Verbesserung von Verlässlichkeit, Verfügbarkeit, Durchsatz, Kapazität, Wartungsfähigkeit und Widerstandsfähigkeit der definierten IT-Services
- Erhöhung von Flexibilität und Anpassbarkeit der Ablauforganisation (als Ergebnis der Standardisierung)
- Höhere Kundenzufriedenheit durch Festschreibung der zu erbringenden Dienstleistungsgrade (Service-Levels)
- Höhere Motivation der IT-Mitarbeiter durch effizientere Verfahrensabläufe
- Verbesserung der Kommunikation zwischen IT-Organisation und Kunden sowie innerhalb der IT-Organisation

Grenzen des ITIL-Prozessmodells

ITIL ist das bislang erfolgreichste Prozessmodell für IT-Service-Organisationen. Trotzdem gibt es Gesichtspunkte, die nicht betrachtet werden:

- ITIL ist ein Prozessmodell, das definiert, *was* getan werden muss. Es beschreibt jedoch nicht, *wie* die definierten Prozesse in eine bestehende IT-Organisation eingeführt werden können.
- Die Abbildung der IT-Prozesse auf vorhandene Organisationsstrukturen wird nicht thematisiert.
- ITIL liefert keine Vorgehensmodelle zur Einführung von IT-Prozessen und IT-Services.
- ITIL bietet kein durchgängiges Konzept zur Verbesserung und Weiterentwicklung bestehender Serviceprozesse. Es wird lediglich darauf verwiesen, dass der Reifegrad der Prozesse mit dem Übergang von reaktiven zu proaktiven IT-Prozessen erhöht werden kann.

Kennzahlen für ITIL-Prozesse

Herausforderungen für das Prozesscontrolling

Bei der Steuerung von ITIL-Prozessen geht es vor allem um Funktionalität und Qualität sowie Kosten und deren Überwachung. Dabei muss das IT-Controlling zwei Hürden meistern: Zum einen überschreiten Prozesse in der Regel die Grenzen der vorhandenen Aufbauorganisation. Das erschwert die Zuordnung von Leistungen und Kosten. Zum anderen sind die Kosten der Serviceprozesse überwiegend Gemeinkosten, die den Prozessen nicht ohne weiteres zugeordnet werden können. Klare Leistungsbeschreibungen und der Einsatz von Prozesskostenrechnungsverfahren helfen hier weiter.

Parallele Betrachtung von Kosten und Leistungen

Prozesscontrolling steuert nicht nur Kosten, sondern betrachtet auch qualitative Merkmale und berücksichtigt Zeitgrößen. Diese Ergänzung der reinen Kostenbetrachtung ist notwendig, um den Kosten auch entsprechende Leistungstreiber gegenüberstellen und diese Leistungstreiber direkt überwachen zu können.

Differenzierung der benötigten Kennzahlen

Für Kennzahlen gibt es verschiedene Ansätze der Differenzierung (vgl. 2.3). In unserem Fall unterteilen wir die Kennzahlen zunächst gemäß der ITIL-Prozesse nach Tab. 2-5 und innerhalb der Teilprozesse differenzieren wir nach Kosten, Qualität und Zeit. So entsteht zunächst eine Vielzahl von Kennzahlen.

Orientierung an der Balanced Scorecard

Um daraus ein steuerungsgeeignetes Kennzahlensystem für das IT-Service-Management aufbauen zu können, müssen dessen Ziele klar sein und der Grad der Zielerreichung muss einfach dargestellt werden können. Hierzu muss eine Verknüpfung zwischen Zielen, Leistungs- und Kostentreibern und den in Frage kommenden Kennzahlen aufgebaut werden. Bei der Strukturierung und Darstellung orientieren wir uns an der Balanced Scorecard (BSC), die zwar ursprünglich für die strategische Steuerung von Unternehmen entwickelt wurde, sich aber inzwischen auch in vielen anderen Bereichen bewährt hat.

Bildung von Perspektiven

Ein charakteristisches Merkmal solcher Scorecards ist die Betrachtung des zu steuernden Objekts aus verschiedenen Perspektiven (vgl. 2.4). Das macht die Komplexität beherrschbar. Das gesamte Steuerungssystem wird gemäß diesen Perspektiven strukturiert. Es ergibt sich (beispielhaft) die in Tab. 2-6 gezeigte Aufstellung.

Tab. 2–6
Erfolgsfaktoren für Prozesse (beispielhaft)

Scorecard-Perspektive	Leistungs- und Kostentreiber	Relevante ITIL-Prozesse
Finanzen	Kosten Erträge	Financial-Management
Kunden	Zeit Qualität Kundenorientierung	Service-Level-Management Service-Desk Incident-Management
Prozesse	Durchlaufzeit Stabilität Flexibilität	alle Service-Support- und Service-Delivery-Prozesse
Innovation	Innovationsfähigkeit Wissenskapazität	Capacity-Management Change-Management Service-Level-Management
Mitarbeiter	Qualifikation Flexibilität	Incident-Management Problem-Management Continuity-Management Service-Desk
Lieferanten	Flexibilität Qualität Kosten	Problem-Management Configuration-Management Continuity-Management

Zentrale Rolle der Kundenperspektive

Mit Hilfe der Leistungs- und Kostentreiber lassen sich nun für jeden ITIL-Prozess zielgerichtet Kennzahlen identifizieren und auswählen. Den Kennzahlen für diejenigen Prozesse, die der Kundenperspektive zugeordnet sind, kommt dabei eine besondere Bedeutung zu. Sie sind Gradmesser für die Gesamtleistung aller Serviceprozesse. Letztlich ist die Erfüllung eines dem Kunden gegenüber sichtbaren Servicegrads ein Hinweis auf die Güte des Zusammenspiels aller Teilprozesse sowie der Effizienz der Teilprozesse selbst.

Bewertung des Erhebungsaufwands

Die ausgewählten Kennzahlen werden hinsichtlich ihres Erhebungsaufwands bewertet. Die Kosten für die Erhebung müssen in einem angemessenen Verhältnis zu ihrem Nutzen stehen. Eine theoretisch sehr gute Kennzahl nutzt wenig, wenn die Erhebungskosten zu hoch sind. Was an Erhebungsaufwand angemessen ist, muss im Einzelfall festgelegt werden.

Um die Erhebbarkeit zu bewerten, genügt eine Ordinalskalierung, wobei sich diese Skala an Kostenschranken orientieren kann. Ist z. B. eine theoretisch mögliche Kennzahl in der Praxis nicht ermittelbar, dann gehen die Kosten gegen unendlich; ist ein spezielles Erfassungstool neu einzuführen, werden die ungefähren Kosten der Einführung und des Betriebs angeführt; liegt eine Kennzahl mit den aktuell eingesetzten Tools schon vor, dann sind die Kosten sehr niedrig usw. Damit erhält man einen Überblick über die »Machbarkeit« einer Kennzahl.

Anforderungen an ideale Kennzahlen

Ideale Kennzahlen haben eine hohe Relevanz für die festgestellten Leistungs- und Kostentreiber und einen niedrigen Erhebungsaufwand. Niedrige Relevanz und hoher Erhebungsaufwand sind K.-o.-Kriterium: Die entsprechende Kennzahl wird nicht eingesetzt.

Beschränkung der Anzahl von Kennzahlen

Die Erfahrung zeigt, dass erfolgreiche Kennzahlensysteme/Scorecards nicht mehr als 15 bis 20 Kennzahlen umfassen. Die vielen Kombinationsmöglichkeiten aus Scorecard-Perspektiven, Leistungs- und Kostentreibern sowie den insgesamt 11 Steuerungsobjekten im ITIL-Rahmen (Service-Desk + 10 Prozesse) zeigen, dass es einer strengen Selektion bedarf, um die Menge der Kennzahlen in den genannten Grenzen zu halten.

Systematische Auswahl von Kennzahlen

Diese Selektion wird mit Tab. 2-7 unterstützt. Für jeden ITIL-Prozess (einschließlich Service-Desk) werden die in Frage kommenden Kennzahlen eingetragen. Zu jeder Kombination aus ITIL-Prozess und Kennzahl werden dann korrespondierende Leistungs- und Kostentreiber sowie Scorecard-Perspektiven dokumentiert. Anschließend werden die aufgeführten Kennzahlen bezüglich ihrer Relevanz für Leistungs- und Kostentreiber und zugeordnete Perspektiven bewertet. Eine entsprechende zweite Bewertung erfolgt für den Erhebungsaufwand.

Tab. 2–7 Bewertungsschema für Kennzahlen

ITIL-Prozess	Kennzahl	Leistungs- und Kostentreiber	Perspektiven	Relevanz für Leistungs- und Kostentreiber	Erhebungs-aufwand

Iteratives Vorgehen

Damit ähnelt dieses Verfahren der klassischen Nutzwertanalyse. In der Tat könnte man die Relevanz für Leistungs- und Kostentreiber und den Erhebungsaufwand zu einer Gesamtbewertung je Kennzahl zusammenfassen und dann die 15 bis 20 Kennzahlen mit der besten Bewertung für das Kennzahlensystem auswählen. In der Praxis wird man es eher umgekehrt machen, indem man drei bis fünf der am schlechtesten bewerteten Kennzahlen wieder streicht und den geschilderten Bewertungsprozess dann erneut durchführt. Ein solches iteratives Vorgehen ist sinnvoll, da sich die abgegebenen Bewertungen bei mehrfacher Diskussion erfahrungsgemäß verändern. Die mehrfache Diskussion führt zu einer sicheren Bewertung.

3 IT-Kennzahlensysteme in der Praxis

In diesem Kapitel haben wir Praxisberichte über den Einsatz und die Einführung von IT-Kennzahlensystemen zusammengestellt. Sie zeigen das breite Spektrum der Fragestellungen und Lösungsmöglichkeiten und lassen sich in drei Gruppen gliedern: Steuerung im Betrieb von Systemen, Steuerung bei der Bereitstellung von Lösungen und übergreifende Steuerung von IT-Organisationen (vgl. Tab. 3-1). Mögen die Beiträge auch nur beschränkt repräsentativ sein, so sind sie auf jeden Fall charakteristisch und geben viele Hinweise, wie man das schwierige Thema »IT-Kennzahlen« in der Praxis meistern kann.

Tab. 3–1
Struktur der Praxisberichte

Betrieb von Systemen	**Bereitstellung von Lösungen**
3.1 Steuerung eines Service-Desks	3.6 Steuerung von Einführungsprojekten
3.2 Einführung von ITIL-Prozessen	3.7 Wirtschaftlichkeit von IT-Projekten
3.3 Benchmarking von Leistungsportfolios	
3.4 Benchmarking von IT-Infrastrukturen	
3.5 Benchmarking von SAP-Diensten	
Übergreifende Steuerung	
3.8 Einführung einer IT Balanced Scorecard	
3.9 IT-Performance-Management	
3.10 Frühwarnsysteme in der IT	

3.1 Steuerung eines Service-Desks

Aufgaben eines Service-Desks

Ein Service-Desk hat die Aufgabe, Benutzerprobleme zu lösen – zeitgerecht und zur Zufriedenheit des Kunden. Damit diese Zufriedenheit messbar wird, müssen die Erwartungen des Kunden über Service-Levels definiert und zwischen IT-Dienstleister und Kunde mit Service-Level-Agreements (SLA) vereinbart werden. Die Erwartungen des

Kunden und die Kosten der Dienstleistung müssen in ein ausgewogenes Verhältnis gebracht werden. Dabei spielt der Faktor Zeit eine wichtige Rolle. Je schneller ein Service erbracht werden muss, umso teurer wird er. So ist z. B. eine 80 %ige Sofortlösungsrate von Problemen teurer als eine Problemlösung innerhalb eines Tages.

In dem nachfolgenden Praxisbeispiel werden die Kennzahlen nicht nach Störungs- (Incident-Management) und Problem-Management unterschieden, obwohl dies gemäß ITIL unterschiedliche Prozesse sind. Bei dem Unternehmen handelt es sich um einen international tätigen Handelskonzern, der seine IT in eine eigenständige Servicegesellschaft ausgegliedert hat.

Der Prozess

Service-Desk-Prozesse in verschiedenen Organisationen unterscheiden sich erfahrungsgemäß nur wenig. Nach Meldung einer Störung[2] (incident) oder eines Problems[3] wird ein »trouble ticket« eröffnet und durchläuft dann verschiedene Bearbeitungszustände, bis am Ende des Prozesses die Störung beseitigt oder das Problem gelöst ist und das »trouble ticket« geschlossen wird. Während des »ticket flows« werden Daten über Bearbeitungszustände und Bearbeitungszeiten erfasst, so dass anschließend Auswertungen möglich sind. Die Bearbeitungszustände im Verlauf eines Trouble-Ticket-Prozesses unterscheiden sich z. B. durch die Art des Service-Desks (FLS = First Level Support, SLS = Second Level Support, TLS = Third Level Support), die technische Ausstattung, die Aufgabenstellung oder die Aufbauorganisation.

Das hier vorgestellte Beispiel umfasst FLS und SLS sowie diverse Serviceleistungen (Beamer auf- und abbauen, Schulungen durchführen usw.). Der TLS ist auf die Systemlieferanten ausgelagert. Die entsprechenden Fachspezialisten werden ausschließlich über den SLS angesprochen.

Struktur des Trouble-Ticket-Prozesses

Der zugrunde liegende Trouble-Ticket-Prozess hat eine Struktur (vgl. Abb. 3-1), wie sie in dieser Form z. B. auch von großen IT-Dienstleistern praktiziert wird.

---

2. Gemäß ITIL ist eine Störung ein Ereignis, das nicht zum standardmäßigen Betrieb eines Services gehört und das tatsächlich oder potenziell eine Unterbrechung oder eine Minderung der Servicequalität verursacht (vgl. [itSMF 2001, S. 15]).
3. Gemäß ITIL ist ein Problem die unbekannte Ursache, die einer Störung oder mehreren Störungen zugrunde liegt (vgl. [itSMF 2001, S. 19]).

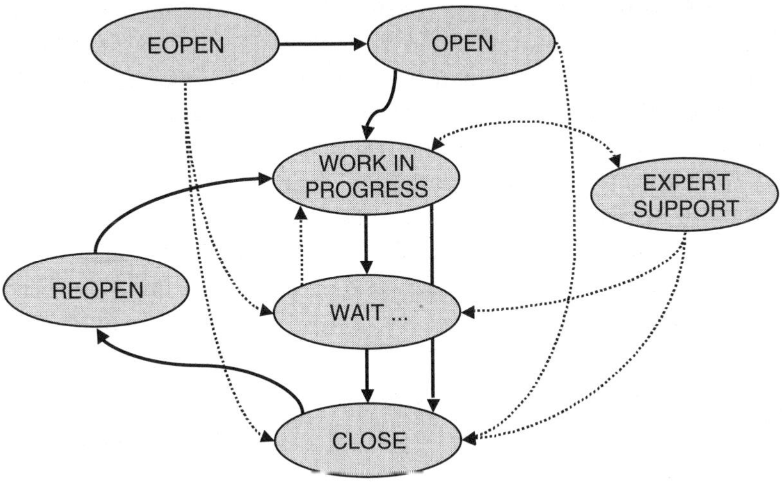

Abb. 3–1
Trouble-Ticket-Prozess

Zur Erläuterung:

- »EOPEN« ist der Zustand, wenn Tickets per Intranet oder E-Mail direkt vom Benutzer oder vom FLS des Kunden erzeugt werden.
- »OPEN« ist der Zustand, wenn ein Ticket entweder direkt vom Service-Desk erfasst oder ein EOPEN-Ticket geöffnet wird.
- »WORK IN PROGRESS« kennzeichnet den Zustand vom Beginn der Analyse der Störung oder des Problems bis zum Ende der Bearbeitung.
- »WAIT ...« kennzeichnet einen Zustand, in dem auf den Eintritt eines Ereignisses gewartet wird. Beispiele:
  - »WAIT FOR CUSTOMER ACCEPTANCE«: Der Kunde konnte nicht erreicht werden, aber das Problem ist beseitigt bzw. es gibt einen Lösungsvorschlag.
  - »WAIT FOR CUSTOMER INFO«: Der Kunde konnte nicht erreicht werden, aber es werden weitere Informationen vom Kunden benötigt.
  - »WAIT FOR EVENT«: Es muss gewartet werden, bis ein bestimmtes Ereignis eintritt, z. B. ein spezielles Datum erreicht wird.
  - »WAIT FOR EXTERNAL SERVICE«: Es wird ein Problem in einem Fremdprodukt (z. B. Standardsoftware) entdeckt und dem Lieferanten zwecks Lösung übergeben.
- »EXPERT SUPPORT«: Das Problem oder die Störung wird von (externen) Spezialisten im Hause bearbeitet.
- »REOPEN«: Das »trouble ticket« wurde wieder geöffnet, weil die Problemlösung nicht zufrieden stellend war.
- »CLOSE«: Das »trouble ticket« wird geschlossen und die Daten werden für Auswertungen gespeichert.

Daten des »trouble ticket«

Das »trouble ticket« umfasst umfangreiche Daten. Es muss die Historie der Bearbeitungszustände und die Zeitpunkte der Zustandsübergänge dokumentieren. Nur dann können die meisten der nachfolgend genannten Kennzahlen berechnet werden. Darüber hinaus werden Daten über die meldende Stelle, die bearbeitenden Stellen, die betroffenen Komponenten, die Beschreibungen der Störung oder des Problems sowie der Bearbeitungsschritte und Lösungsansätze, ggf. Bezüge und Querverweise zu anderen »trouble tickets« gespeichert. Außerdem werden »trouble tickets« üblicherweise nach Inhalten und Dringlichkeiten kategorisiert.

Die Basis-Kennzahlen

Die Bearbeitungszustände von »trouble tickets« nutzt man für die Bildung von Kennzahlen. Bei der Einführung muss beachtet werden, dass damit die Leistung der Mitarbeiter gemessen wird und daher die Zustimmung der Mitbestimmungsorgane erforderlich ist.

Reaktionszeit auf Tickets, die nicht vom Service-Desk selbst erfasst wurden (Wie lange war ein Ticket im Status EOPEN?). Beispiel für einen Service-Level: 80 % der EOPEN-Tickets werden innerhalb von 60 Minuten vom Service-Desk geöffnet.

Reaktionszeit auf eingegangene Fehlermeldungen bis zum Beginn der Analysezeit (Wie lange war ein Ticket im Status EOPEN und OPEN?). Bei der Bildung von Service-Levels ist zu beachten, dass der Kunde unterschiedliche Reaktionszeiten in Abhängigkeit von der Schwere des Problems wünscht. So soll bei »Priorität-1-Problemen« sofort mit der Analyse begonnen werden, während bei »Priorität-4-Problemen« einige Tage verstreichen dürfen. Beispiel für einen Service-Level: Reaktionszeit bei Priorität-4-Problemen = 5 Arbeitstage.

Lösungszeit: Dies ist die Zeitspanne vom Öffnen bis zum Schließen des »trouble ticket«. Diese Zeit wird immer dann verwendet, wenn die reine Bearbeitungszeit ohne Wartezeiten nicht ermittelt werden kann. Beispiel für einen Service-Level: 80 % der Priorität-1-Probleme sind nach vier Stunden gelöst.

Beispiel Problemlösungszeiten: Tab. 3-2 zeigt die prozentuale Verteilung der Problemlösungszeiten in die verschiedenen Zeitkategorien. Knapp die Hälfte der Probleme werden innerhalb von vier Stunden gelöst. Möchte man eine möglichst hohe Zahl erreichen, so kann man z. B. die Bearbeitungsstrategie wechseln. »Shortest job first« bewirkt einen deutlichen Anstieg.

Tab. 3-2
Entwicklung Lösungszeiten

	Anzahl »trouble tickets«					
Lösungszeit	Mar	Apr	Mai	Jun	Jul	Aug
> 48 Std.	23	19	24	22	21	15
≤ 48 Std.	11	10	13	13	12	12
≤ 24 Std.	16	22	19	20	21	22
≤ 4 Std.	24	24	21	20	22	23
≤ 1 Std.	26	25	23	25	24	28

Für die Bearbeitung von Störungen und Problemen der unterschiedlichen Prioritätsstufen gibt es folgende Vorgaben:

- 90 % der Priorität-1-Fehler müssen in einem Tag gelöst sein.
- 80 % der Priorität-2-Fehler müssen in 2 Tagen gelöst sein.
- 80 % der Priorität-3-Fehler müssen in 5 Tagen gelöst sein.

Aus Tab. 3-3 wird deutlich, dass die Steuerung der Problembearbeitung verbessert werden muss, zum Beispiel durch Unterbrechung der Bearbeitung von Priorität-3-Problemen zwecks Bearbeitung von Priorität-2-Problemen.

Tab. 3-3
Anteil der in der Richtzeit gelösten Probleme

Prio.	Richtzeit	Mar	Apr	Mai	Jun	Jul	Aug
1	≤ 1 AT	100 %	100 %	89 %	95 %	67 %	97 %
2	≤ 2 AT	78 %	84 %	71 %	90 %	79 %	78 %
3	≤ 5 AT	91 %	92 %	90 %	90 %	91 %	91 %

Bearbeitungszeit: Dies ist die Lösungszeit abzüglich der Zeiten, die man auf den Kunden gewartet hat (z. B.: Zeiten im Zustand »WAIT FOR CUSTOMER ACCEPTANCE« oder »WAIT FOR CUSTOMER INFO«) oder auf den Lieferanten angewiesen war (Zeiten im Zustand »WAIT FOR EXTERNAL SERVICE«). Während den Kunden nur die Lösungszeit interessiert, ist die Bearbeitungszeit für die interne Steuerung von Interesse. Bei einer Verletzung von vereinbarten Servicezeiten geht es darum, die tatsächlichen Ursachen für Verzögerungen herauszufinden. Beispiel für einen Service-Level: 80 % der Priorität-1-Probleme werden innerhalb von vier Stunden bearbeitet.

Wartezeit: Dies ist die inaktive Zeit des Service-Desks im Rahmen des Trouble-Ticket-Prozesses, in der z. B. für die weitere Bearbeitung des Tickets auf zusätzliche Informationen gewartet wird. Gesondert erfasst werden die Zeiten im Zustand »WAIT FOR EXTERNAL SERVICE«, denn dies sind die Lösungszeiten der externen Partner, die ebenfalls per Service-Level-Agreements geregelt sind.

Bei vereinfachter sequenzieller Darstellung (ohne Zyklen) sind die Standardkennzahlen in Abb. 3-2 leicht erkennbar.

Abb. 3-2
Helpdesk-Zeiten

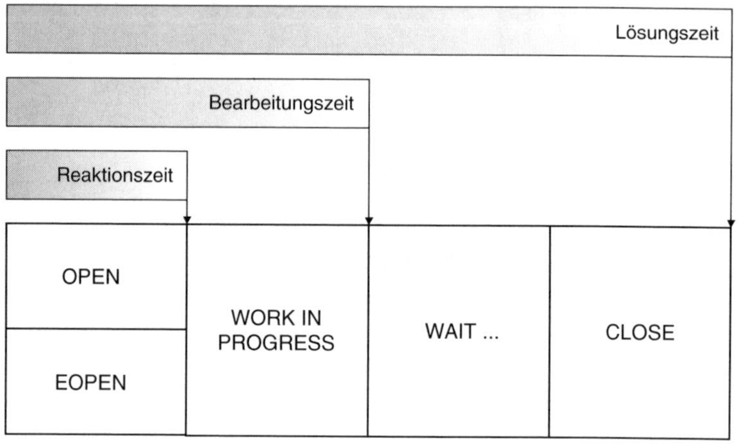

Sofortlösungsanteil: Anteil der direkt gelösten Probleme, bezogen auf alle bearbeiteten Tickets (direkter Statusübergang von OPEN nach CLOSE). Der Sofortlösungsanteil stellt die »Kompetenz« des Service-Desks nach außen dar. Ein Problem ist, dass Mitarbeiter diese Vorgänge oftmals nicht erfassen. Hier kann eine CTI-Lösung (CTI = Computer Telephone Integration) unterstützen, da die Daten des Anrufers automatisch eingeblendet und erfasst werden. Beispiel für einen Service-Level: 80 % der Probleme mit Officeprodukten können direkt am Telefon gelöst werden.

Anteil wiedergeöffneter Probleme (REOPEN): Diese Kennzahl gibt an, welcher Anteil der bearbeiteten Tickets nicht erfolgreich war und eine erneute Bearbeitung erforderlich machte. Dieser Wert sollte in der Praxis sehr gering sein, ansonsten müssen die Mitarbeiter des Service-Desks geschult werden.

Anzahl der externen Weiterleitungen: Ein Service-Desk untergliedert sich in unterschiedliche Bearbeitungsgruppen, die sich auf Themengebiete spezialisiert haben (z. B. SAP-FI, WINDOWS, HARDWARE, NETZWERK). Diese Spezialisierung hat sich bewährt. Eingehende Tickets werden intern an die spezialisierten Gruppen weitergeleitet. Eine hohe Zahl von Weiterleitungen an externe Experten lässt darauf schließen, dass Qualifizierungs- und Schulungsbedarf bei den Service-Desk-Mitarbeitern bestehen.

Anzahl Verweigerungen Problemübernahme: Beim Problem-Management bleibt derjenige, der ein Problem angenommen hat, so lange »Eigentümer«, bis er das Problem gelöst hat oder eine andere Person die Rolle des »Eigentümers« aktiv übernommen hat. Will jemand ein Problem abgeben, so stellt er über das vorhandene Problem-Management-Tool eine Anfrage an die geeignet erscheinende Bearbeitungsgruppe. Solche Anfragen werden jedoch nicht immer angenommen. Das kann unterschiedliche Ursachen haben. Eine schnelle Klärung durch die Service-Desk-Leitung ist unbedingt erforderlich.

Erreichbarkeit des Service-Desks: Mit steigendem Anrufaufkommen ist der Einsatz einer ACD-Anlage unvermeidlich (ACD = Automatic Call Distribution). Sie liefert detaillierte Daten, mit denen die Anzahl der zu besetzenden Anrufannahmeplätze gesteuert wird. Typische ACD-Kennzahlen sind:

- Anzahl abgebrochener Anrufe pro Zeiteinheit (z. B. Tag)
- Anzahl Anrufe auf die Phonebox (z. B. nach 60 Sekunden in der Warteschlange)
- Anzahl angenommene Anrufe
- Anzahl Anrufe außerhalb der Servicezeit
- Zeiten, in denen kein Supportmitarbeiter angemeldet war (das können definierte Zeiten ohne Service sein oder anwesende Mitarbeiter haben sich nicht an der ACD-Anlage angemeldet.)
- Durchschnittliche Dauer der angenommenen Anrufe
- Personenbezogene Leistungsdaten (wie Anzahl der pro Person angenommenen Anrufe, Dauer der Gespräche usw.)

Typischer Service-Level: 80 % der Anrufe werden innerhalb von 60 Sekunden entgegengenommen.

Für die Erreichbarkeit ist es wichtig, die Anzahl der Arbeitsplätze in der Anrufannahme richtig zu kalkulieren und zu besetzen. Eine gute Erreichbarkeit verursacht Kosten. Bei einer Reduktion der Erreichbarkeit können unter Umständen Service-Levels nicht gehalten werden. In Tab. 3-2 sind Soll- und Istwerte der Erreichbarkeit dargestellt. Hier werden die festgelegten Service-Levels meistens deutlich überschritten. Das deutet auf Kostensenkungspotenziale hin.

Tab. 3–4 *Entwicklung der Erreichbarkeit*

	Jan	Feb	Mar	Apr	Mai	Jun	Jul	Aug	Sep	Okt	Nov	Dez
Soll	80 %	80 %	80 %	80 %	80 %	80 %	80 %	80 %	80 %	80 %	80 %	80 %
Ist	85 %	87 %	88 %	77 %	85 %	78 %	91 %	94 %	96 %	89 %	95 %	98 %
	▲	▲	▲	▼	▲	▼	▲▲	▲▲	▲▲	▲	▲▲	▲▲

Servicezeiten Service-Desk: Die Servicezeiten (Service-Desk ist mit Mitarbeitern besetzt) richten sich nach den Kundenwünschen und dem Ticketaufkommen. Treffen bei einem 24-Stunden-Service-Desk nachts nur wenige Anrufe ein, so ist ein wirtschaftlicher Betrieb nicht möglich. Dementsprechend sind die bedienten Servicezeiten so knapp wie möglich zu halten oder über spezielle Service-Level-Agreements zu finanzieren.

Weitere mögliche Kennzahlen

Für die nachfolgend genannten Kennzahlen müssen jeweils die zugrunde liegenden Zeiträume bzw. Zeitpunkte definiert werden. Je nach Kritikalität der Kennzahl kann als Zeitraum ein Monat, eine Woche oder sogar ein Tag in Frage kommen.

- Anzahl der Fehlermails
- Durchschnittliche Länge der Wartezeit in der Warteschleife
- Anzahl der offenen Probleme (zum Erhebungszeitpunkt)
- Anzahl der innerhalb von x Stunden erledigten Störungen
- Anteil der (nicht) innerhalb des SLAs erledigten Störungen
- Durchschnittliche Beantwortungszeit aller Störungen
- Durchschnittlicher Rückstand von offenen Störungen
- Anzahl der Fehler, die aufgedeckt und gelöst worden sind, bevor der Kunde eine Störung bemerkt hat (erfordert die Definition von internen »trouble tickets«)
- Anzahl der wiederholten Störungen (Störungsart, betroffene Komponente und meldende Stelle identisch)
- Anzahl der mit Konfigurationsdaten erfassten PCs
- Anzahl der mit Viren befallenen PCs
- Anzahl der Störungen wegen eines unzureichenden Speicherplatzes auf der lokalen Festplatte
- Anzahl der Störungen wegen eines unzureichenden Hauptspeicherplatzes
- Anzahl der Störungen wegen eines unzureichenden Speicherplatzes auf der Serverplatte
- (Durchschnittliche) Integrationsdauer für neue Komponenten
- Mean Time Between Failures (von Wiederherstellung bis Störungseintritt, bezogen auf meldende Stelle oder Komponente)
- Mean Time Between System Incidents (von Störungseintritt bis Störungseintritt)
- Mean Time To Repair (durchschnittliche Wiederherstellungszeit)

Hier besteht die Gefahr einer Kennzahlen-»Inflation«. Aus der Fülle an technisch möglichen Kennzahlen müssen diejenigen sorgfältig ausgewählt werden, die zur Steuerung des Service-Desks wirklich erforderlich sind.

Typische Vorgaben für den Helpdesk

Für die nachfolgend genannten Kennzahlen muss jeweils der Zeitraum definiert werden, in dem die angestrebten Veränderungen erreicht werden sollen. Üblicherweise legt man Zielwerte für eine gesamte Planungsperiode (Geschäftsjahr) und Sollwerte pro Monat oder Quartal fest (vgl. 2.3).

- x % Verringerung der durchschnittlichen Beantwortungszeit eines Anrufs
- x % Verringerung der durchschnittlichen Länge der Warteschleife für eingehende Anrufe
- x % Steigerung der Anzahl von Anrufen, die vom Service-Desk beantwortet werden, ohne dass nachgefragt oder weiterverbunden werden muss (z. B. durch Schulungen in den Hauptproblembereichen)
- x % Verringerung der durchschnittlichen Bearbeitungszeit von Störungen
- x % Verringerung des durchschnittlichen Rückstands von offenen Störungen
- x % Steigerung der Fehleranzahl, die durch den Service-Desk aufgedeckt und gelöst werden, bevor die Kunden eine Störung bemerken oder anzeigen
- x % Steigerung der Zufriedenheit der Kunden mit dem Service-Desk bei regelmäßigen Kundenbefragungen
- x % Verringerung der Anzahl von wiederholten Problemen
- x % Verringerung der Anzahl von eingegangenen Störungen
- x % Verringerung der Anzahl von ungelösten Problemen
- x % Verringerung der Auswirkungen von wiederholten Störungen oder Problemen
- x % Verringerung der benötigten Wiederherstellungszeit für die Lösung eines bekannten Fehlers
- x % Verringerung des Rückstands von offenen Problemen

Auf eine Unterscheidung in interne und externe Kennzahlen wurde hier verzichtet. Dies ergibt sich in der Praxis aus dem Verhältnis der jeweiligen Vertragspartner.

Kommentar des Herausgebers

Aufwand der Datenerhebung

Der Service-Desk ist der zentrale Leistungs- und Kommunikationspunkt im IT-Service-Management. Hier fällt eine große Menge an Daten an, die zur Bildung von Kennzahlen genutzt werden kann. Die in der Praxis üblichen Kennzahlen nennt der Bericht. Er macht zugleich deutlich, dass eine systematische und vollständige Auswertung der Daten nur mit maschineller Unterstützung möglich ist. Die Mehrzahl der genannten Kennzahlen setzt die Existenz entsprechender Aufzeichnungs- und Auswertungssysteme voraus. Anwender müssen an dieser Stelle erhebliche Investitionen tätigen. Daher sind solche Systeme nur für größere IT-Organisationen sinnvoll und wirtschaftlich tragbar.

Vorgehen für kleinere Organisationen

Kleinere Organisationen müssen entweder die Service-Desk-Funktion an professionelle Dienstleister auslagern oder größtenteils manuelle und damit fehlerträchtige Aufzeichnungen führen. Der konzeptionelle Ansatz in diesen Fällen sollte davon ausgehen, dass Servicegrade auf Basis von (negativen) Benutzermeldungen ermittelt werden. Meldet sich kein Benutzer, so gilt der vereinbarte Service-Level als erreicht.

Diese einfache Datenerhebung hat aber ihren »Preis«. Probleme oder Serviceschwächen werden nicht erkannt, wenn es keine Benutzermeldungen gibt, und sie werden erst dann erkannt, wenn entsprechende Benutzermeldungen einlaufen. Die Verantwortlichen sind daher gut beraten, wenn sie gleichzeitig und auch ohne Feedback der Benutzer ihre Prozesse und Systeme ständig kritisch prüfen und z. B. über Kennzahlen verfolgen, welche Mengen oder Anteile an Serviceschwächen vom Dienstleister selbst festgestellt und behoben wurden.

Gefahr der Kennzahlen-»Inflation«

An dieser Stelle sei nochmals auf die Gefahr der Kennzahlen-»Inflation« hingewiesen. Insbesondere dann, wenn Kennzahlen maschinell berechnet werden können, geraten die Verantwortlichen in die Versuchung, alle technisch möglichen Kennzahlen zu generieren. Die Steuerungsqualität steigt dadurch erfahrungsgemäß nicht.

Nutzung von Quantilen

Hinsichtlich der hier aufgeführten Kennzahlen sei darauf hingewiesen, dass ein Arbeiten mit Mittelwerten nicht zu empfehlen ist, da sich Service-Level-Erfüllungen und -Verletzungen so kompensieren können, dass der Eindruck erreichter Service-Levels entsteht. Besser geeignet sind Quantile (vgl. 2.3), die beschreiben, in welchem Anteil am Gesamtaufkommen Service-Levels erfüllt oder verletzt wurden.

3.2 Einführung von ITIL-Prozessen

IT-Service-Management mit ITIL

ITIL ist ein De-facto-Standard für die Einführung von IT-Service-Management geworden (vgl. 2.5). Ein weltweit agierendes IT-Service-Management Forum (itSMF, vgl. *www.itsmf.de*) und ein zertifiziertes Ausbildungsprogramm treiben die Standardisierung weiter voran. Mittlerweile liegen auch deutschsprachige Beschreibungen für ITIL vor (vgl. [Vogt 2002]).

ITIL als Leitfaden

Dabei hat ITIL seinen Charakter als Leitfaden nie verloren. ITIL definiert, *was* bei der Einführung von IT-Service-Management zu tun ist, legt aber nicht fest, *wie* man das macht. ITIL ist kein fertiges Werkzeug. Das macht die Umsetzung nicht einfach. Es garantiert aber die Orientierung an »best practices« sowie die Vergleichbarkeit mit anderen IT-Organisationen.

Vom System-Management zum Service-Management

Kundenorientierung in der IT

ITIL verlangt einen Paradigmenwechsel in der IT. Die bisher meist technisch ausgerichtete IT stellt nun den Kunden in den Mittelpunkt: Statt System-Management betreibt die IT Service-Management. Das erfordert ein Umdenken in allen Bereichen. Vom Management wird verlangt, die IT-Organisation nicht mehr nach klassischen Funktionsbereichen, sondern nach »Serviceprozessen« zu führen. Vom Mitarbeiter wird verlangt, dass er nicht nur die Systeme optimal betreibt, sondern mit seiner Arbeit zu einer Serviceleistung gegenüber dem Kunden beiträgt.

Kulturwandel in der IT

Der Wechsel zum IT-Service-Management nach ITIL verlangt einen nachhaltigen Kulturwandel und Einstellungsveränderungen in der IT-Organisation. Jede ITIL-Einführung, will sie nicht am Widerstand der Mitarbeiter scheitern, muss das berücksichtigen. Bei der Einführungsstrategie wird hiervon noch die Rede sein.

Gründe für die ITIL-Einführung

Was wird besser durch ITIL? Diese Frage ist berechtigt, denn man könnte IT-Service-Management auch ohne ITIL einführen. Und eine ITIL-Einführung ist aufwändig und dauert erfahrungsgemäß mehrere Jahre.

Es sind vor allem drei Gründe:

- Da ist zunächst die Kundenorientierung. Das häufig geäußerte Missfallen an der IT-Leistung liegt ja nicht daran, dass die IT schlechte Arbeit macht. Es ist eher so, dass der Kunde andere Leistungen erwartet, als er bekommt. Hier setzt ITIL an mit einer konsequenten Ausrichtung aller Prozesse des Service-Managements auf den Kunden: Ziel ist es, die IT-Services auf die Anforderungen der Kunden auszurichten.
- Die IT-Services werden qualitativ verbessert und diese Verbesserung wird messbar. Die Servicequalität wird quantifizierbar, kann mit dem Kunden vereinbart und objektiv nachvollzogen werden. Hier kommen die Kennzahlen ins Spiel, über die noch zu berichten ist. Ohne Kennzahlen gibt es keine Prozesseinführung nach ITIL und keinen Erfolgsnachweis dieser Einführung.
- Die konsequente Prozessorientierung führt langfristig zu nachhaltiger Kostensenkung.

Das Projekt

ITIL-Einführung als Projekt

Das Energieversorgungsunternehmen mit Sitz in Süddeutschland und mehreren Standorten in Deutschland und Europa hat einen konzerninternen IT-Dienstleister, der als *Shared Service Provider* seine Leistungen zu Marktpreisen den Kunden anbietet. In diesem Umfeld wird seit Ende 1999 ITIL eingeführt. Die folgenden Erfahrungen beziehen sich auf dieses Projekt, das noch nicht abgeschlossen ist. Anfang 2003 waren die Prozesse Incident-, Change- und Configuration-Management eingeführt. Die Prozesse Problem-, Service-Level- und Financial-Management befinden sich in der Realisierungsphase. Die Einführung dreier weiterer Prozesse, Capacity-, Availability- und Release-Management, wurde gestartet.

Herausforderungen

Welche Herausforderung die ITIL-Einführung bedeutet, lässt sich an einigen Kernfragen aufzeigen, die bei Vorbereitung und Start des Projekts beantwortet werden mussten:

- Welche Prozesse sollen in welcher Reihenfolge eingeführt werden?

Reihenfolge der Einführung

ITIL klassifiziert die IT Services in 11 Prozesse (vgl. 2.5). Da alle Prozesse untereinander stark vernetzt sind, ist das Einführen aller Prozesse das eigentliche Ziel. Aus Erfahrung lässt sich aber sagen, dass alle Prozesse nicht gleichzeitig eingeführt werden können, da die Ressourcen dazu nicht ausreichen. Es geht dabei nicht um das Projektteam. Die Einführung eines Serviceprozesses erfordert die intensive Mitwirkung aller am Prozess Beteiligten. Deshalb ist es nahe liegend, zunächst die Prozesse des »Service Support« (operative Prozesse) einzuführen: Incident-, Problem-, Change-, Release- und Configuration-Management. Diese Prozesse operieren sehr nahe am Kunden und zeigen relativ schnell erste Erfolge. Außerdem sind diese Prozesse in der Regel – wenn auch rudimentär – bereits vorhanden. Jede IT-Organisation kennt diese Prozesse und hat sie zumindest teilweise umgesetzt.

Als Nächstes folgen die planenden Prozesse des »Service Delivery«: Service-Level-, Financial-, Capacity-, Availability-, IT-Continuity- und IT-Security-Management. Hier sind Verbesserungen erst langfristig spürbar. Die Einführung ist meistens auch aufwändiger, da diese Prozesse nicht in jeder IT-Organisation vorhanden sind.

- Wie führt man einen Prozess ein?

Vorgehensweise bei Einführung eines ITIL-Prozesses

Prozesse werden stets in folgenden Schritten eingeführt:

- Planung
- Umsetzung
- Einführung

- Produktivsetzung
- Kontinuierliche Verbesserung

Wichtig ist der Zeitpunkt, zu dem ein Prozess »in Betrieb genommen« wird. Spätestens zu diesem Zeitpunkt werden nämlich die definierten Kennzahlen ermittelt und präsentiert. Ab diesem Zeitpunkt beginnt auch der kontinuierliche Verbesserungsprozess (KVP). Verantwortlich für den planmäßigen Ablauf eines Prozesses ist ein Prozessmanager.

- Wie bringt man einen Prozess in die Organisation?

Erfolgsfaktoren der Einführung

Das ist eine zentrale Frage. Der beste Prozess taugt nichts, wenn die Beteiligten ihn nicht »leben«. Wichtig sind die Einbeziehung der Beteiligten schon in der Planungs- und Umsetzungsphase, klare und bekannte Prozessbeschreibungen und Anweisungen sowie eine gute Schulung der Mitarbeiter.

Ernennung von Prozessverantwortlichen

Ein großes Problem ist es, dass IT-Organisationen in der Regel nach Funktionen, nicht nach Prozessen organisiert sind. Ein Prozess wie etwa das Problem-Management, das die Ursache von Problemen ermitteln und beheben soll, darf nicht von Organisationsgrenzen behindert werden – das gilt in ähnlicher Weise für alle Serviceprozesse. Der Prozessmanager muss deshalb außer fachlicher Kompetenz auch ein gewisses Durchsetzungsvermögen mitbringen und fachliche Weisungsbefugnis erhalten. Dies ist nicht immer möglich. Aus diesem Grund gibt es für jeden Prozess einen Mentor, den *Process Owner*, in der Regel eine Führungskraft, die »ihren« Prozess im Management vertritt.

Veränderung der Organisationskultur

Die Einführung von IT-Service-Management nach ITIL erschöpft sich nicht im Ausarbeiten von Prozessabläufen und Verfahrensanweisungen, sie erfordert ein neues Selbstverständnis des IT-Dienstleisters. Eine Analyse der Unternehmenskultur sollte daher jede ITIL-Einführung begleiten. Welche kooperativen und kundenorientierten Verhaltensweisen lassen sich ermitteln? Wie sehen Selbstverständnis und Zielsetzungen der Organisation aus? Soll die Einführung von IT-Service-Management erfolgreich sein, muss sie durch kulturbildende und -verändernde Maßnahmen begleitet sein. Und obwohl ITIL keineswegs das Ziel hat, bestehende IT-Organisationen in Frage zu stellen, wird die Prozesseinführung oftmals auch Mängel in der Organisation aufdecken – damit muss man rechnen.

Die Prozesse und ihre Kennzahlen

Incident-Management hat das Ziel, Störungen des Services so schnell wie möglich (besser: so schnell wie vereinbart) zu beheben. Wichtigste Hilfsmittel für dieses Ziel sind ein Service-Desk (Help-Desk, Hotline) sowie eine funktionale Gliederung des Supports (First, Second, Third Level Support). Wesentliche Kennzahlen:

- Anzahl der Störungen (insbesondere im zeitlichen Verlauf)
- Abweichungen von der vereinbarten Dauer zur Störungsbehebung (pro Supportteam)
- Erreichbarkeit des Service-Desks
- Eigenlösungsrate im First Level Support

Problem-Management hat das Ziel, Störungen durch Korrigieren und Vermeiden von Fehlern zu vermindern. Während Incident-Management den gestörten Service möglichst schnell wieder herstellen muss, sorgt das Problem-Management dafür, dass Probleme erkannt und behoben werden und damit weniger Störungen auftreten. Wesentliche Kennzahlen:

- Anzahl der Störungen, bewertet nach ihren Auswirkungen auf den Service
- Verringerung oder Wiederauftreten von Störungen nach Problembeseitigung
- Notwendige Eskalationsschritte zur Krisenbewältigung
- Trends beim Auftreten von Problemen (Trends der Servicequalität)

Change-Management: Ziel des Change-Managements ist das termingerechte Durchführen von Änderungen mit minimalem Risiko. Ein »Change« ist jede Änderung an der aktuellen Konfiguration der IT-Elemente, von der Routineänderung bis zum komplexen Austausch ganzer Plattformen. Wesentliche Kennzahlen:

- Anzahl erfolgreicher (und erfolgloser) Changes
- Anzahl Notfall-Changes
- Anzahl termingerechter Changes
- Anzahl der Störungen und Probleme nach einem Change
- Anzahl nicht gemeldeter Changes

Release-Management: Ziel des Release-Managements ist der termingerechte und störungsfreie Rollout neuer Hardware- und Softwarekomponenten. Diese Maßnahmen sind immer im Zusammenhang mit der Durchführung von Changes zu sehen und stellen sicher, dass nur gesicherte und getestete Hard- und Softwarekomponenten in den Betrieb gehen. Wesentliche Kennzahlen:

- Anzahl termingerechter und fehlerfreier Rollouts
- Anzahl Störungen aufgrund von Rollouts
- Anzahl der beim Testen gefundenen Fehler
- Anzahl der nach dem Rollout gefundenen Fehler

Configuration-Management hat das Ziel, gesicherte und aktuelle Informationen über alle zur Bereitstellung und zum Betrieb von Services benötigten Objekte zu liefern. Als zentraler Prozess versorgt Configuration-Management die IT-Organisation – und vor allem die anderen ITIL-Prozesse – mit Daten zu Hard- und Softwarekomponenten, Dokumentationen, Verfahrensbeschreibungen, aber auch zu Leistungen, Services und Kunden. Wesentliche Kennzahlen:

- Datenqualität: Vollständigkeit, Konsistenz, Aktualität
- Datenverfügbarkeit (Abdeckungsgrad der geforderten Informationen)
- Sicherheit der Daten in Bezug auf Verfügbarkeit und Vertraulichkeit

Service-Level-Management: Ziel des Service-Level-Managements ist die Übereinstimmung der erbrachten mit der vereinbarten Leistung. Dieser Prozess ist damit die Verbindung der IT-Organisation zum Kunden und definiert in Vereinbarungen (Service-Level-Agreements), welche Leistungen in welcher Qualität erbracht werden. Wesentliche Kennzahlen:

- Anzahl offener Kundenaufträge
- Abweichungen von der vereinbarten Qualität
- Zufriedenheit des Kunden, Vertrauen, Kontinuität
- Abdeckungsgrad der Service-Level-Agreements

Financial-Management hat zum Ziel, Informationen zur betriebswirtschaftlichen Steuerung der Organisation zu liefern. Es sorgt für Transparenz bei Kosten und Erlösen und damit für Informationen über die Wirtschaftlichkeit einzelner Services und der gesamten Organisation. Wesentliche Kennzahlen:

- Rechnungsvolumen, Deckungsbeiträge
- Servicekostenprofile, Abdeckungsgrade
- Kostenbewusstsein in der Organisation
- Vollständige, korrekte und zeitnahe Rechnungsstellung

Capacity-Management hat die Sicherstellung der vereinbarten Leistung zu wirtschaftlichen Bedingungen zum Ziel. Es sorgt dafür, dass die vorhandenen Ressourcen optimal eingesetzt und notwendige Anpassungen zeitgerecht vorgenommen werden. Wesentliche Kennzahlen:

- Durchsatz, Termineinhaltung, Antwortzeiten
- Auslastung der Ressourcen
- Störungen und Probleme aufgrund von Kapazitätsengpässen
- Kosteneinsparungen durch Vermeiden von Überkapazitäten und wirtschaftliche Beschaffung

Availability-Management zielt darauf, die vereinbarte Serviceverfügbarkeit zu gewährleisten. Wesentliche Kennzahlen:

- Ausfallzeit der Services (mean time to recover)
- Ausfallzeit der Komponenten (mean time to repair)
- Häufigkeit und Auswirkung der Ausfälle
- Kosten der Nichtverfügbarkeit

Continuity-Management will die Serviceleistung in Ausnahmefällen gewährleisten. Es geht um die Sicherstellung der Serviceverfügbarkeit in Katastrophenfällen, während Availability-Management die vereinbarte Verfügbarkeit im »normalen« Betrieb sicherstellt. Wesentliche Kennzahlen:

- Abdeckungsgrad der Risiken
- Festgestellte Mängel der Verfahren
- Erfolgreiche Tests zum Wiederanlauf im Ernstfall

Security-Management hat zum Ziel, Daten und Services in Bezug auf Vertraulichkeit, Integrität und Verfügbarkeit zu schützen. Jeder ITIL-Prozess hat eigene Sicherheitsanforderungen. IT-Security-Management definiert die geeigneten Maßnahmen, um den geforderten Sicherheitsstand zu erreichen. Wesentliche Kennzahlen:

- Abdeckungsgrad der erkannten Risiken
- Entdeckte Sicherheitsmängel in der Organisation
- Entdeckte und abgewehrte Sicherheitsverletzungen (Viren, Hackerangriffe, Passwortmissbrauch)
- Wirkungsgrad der Maßnahmen bei Sicherheitsverletzungen

Die Erfahrungen

Die Einführung von IT-Service-Management nach ITIL ist schwierig und auch schmerzlich. Aber sie lohnt sich. Nicht zuletzt deswegen, weil die Serviceleistung besser messbar und mit der Leistung anderer Organisationen vergleichbar wird. Ohne ein geeignetes Kennzahlensystem ist IT-Service-Management nicht denkbar.

Kommentar des Herausgebers

Rolle des IT-Managements

Das vorgestellte Projekt verläuft erfolgreich. Dazu trägt sicherlich bei, dass sich das IT-Management darüber klar war und ist, dass man es mit einer grundlegenden und nachhaltigen Organisationsveränderung zu tun hat.

Umfang des Kennzahlensystems

Mit insgesamt 43 Kennzahlen, also durchschnittlich vier Kennzahlen pro ITIL-Prozess bzw. Service-Desk, hat man sich in dieser Organisation eigentlich sehr diszipliniert verhalten. Gleichwohl sollte man nach einiger Zeit kritisch prüfen, ob nicht im Sinne der in 2.5 dargestellten Priorisierung Kennzahlen wieder gestrichen werden können, ohne die Steuerungsqualität zu mindern. Positiv fällt zudem auf, dass die Kennzahlen offenbar gezielt auch unter dem Aspekt der Datenermittlung ausgewählt wurden. Wenn die regelmäßige und zeitnahe Bereitstellung der definierten Kennzahlen sichergestellt ist, wurde eine Grundvoraussetzung für die Akzeptanz durch die beteiligten Verantwortlichen geschaffen.

Periodischer Review des Kennzahlensystems

Allgemein sollten Kennzahlensysteme regelmäßig (mindestens einmal jährlich) einem kritischen Review unterzogen werden. Dabei muss evaluiert werden, ob Steuerungsaufgabe und Steuerungsobjekt noch mit den genutzten Kennzahlen konsistent sind, ob Kennzahlen eliminiert werden können oder gegen besser geeignete Kennzahlen ausgetauscht werden müssen.

3.3 Benchmarking von Leistungsportfolios

Benchmarking-Initiative

Dieser Erfahrungsbericht schildert das Vorgehen einer (kommerziellen) Initiative, die seit 1984 betriebswirtschaftliches Benchmarking in der IT erfolgreich durchführt. Die Mitglieder sind Anwender, Dienstleister und Berater aus dem IT-Bereich. Sie erstellen Marktpreisanalysen und Kostenvergleiche für IT-Dienste, führen Benchmarking-Projekte in Unternehmen durch und tauschen Informationen und Erfahrungen in Arbeitskreisen aus. Die Erfolge können sich sehen lassen, z. B. in Form nachhaltiger Kostensenkungen in vielen beteiligten Unternehmen. Aber die dramatischen Veränderungen in der IT stellen immer wieder neue Anforderungen.

Transparenz von Leistungen und Kosten

Benchmarking erfordert Transparenz hinsichtlich Leistung und Gegenleistung. Dazu müssen die Dienste, Ressourcen, Produkte und die dafür berechneten Kostensätze oder Abgabepreise in einem nachvollziehbaren und vergleichbaren Verhältnis stehen. Das ist angesichts der Vielfalt von Begriffen und Kennzahlen sowie der rasanten Preis- und Leistungsentwicklung in der IT nicht selbstverständlich und deutlich komplexer als bei ausgereiften Wirtschaftszweigen.

Erfolg durch gemeinsame Anstrengungen

Die praktischen Erfolge bestätigen, dass man durch gemeinsame Anstrengungen erreichen kann, wofür es keine Patentlösung gibt. Die Benchmarking-Initiative hat sich auf IT-Infrastrukturen und SAP-Dienste konzentriert, da hier ein hoher Verbreitungsgrad und eine gewisse Standardisierung von Leistungen vorliegt.

Kostensätze als Benchmarks

Aufbau eines »Warenkorbs«

Das hier vorgestellte Benchmarking beruht auf einfachen Grundlagen. Die Leistungen der teilnehmenden IT-Organisationen werden über einen standardisierten Leistungskatalog dargestellt, der auf alle Teilnehmer anwendbar ist. Für jede Leistungsart werden Kostenanteile und Leistungsmenge ermittelt. Daraus entstehen für jeden Teilnehmer individuelle Kostensätze. Kostensätze und Leistungsmengen können über alle Teilnehmer gemittelt werden, so dass in der Gruppe der Teilnehmer ein Warenkorb mit einer durchschnittlichen Mengenstruktur und für die definierten Leistungen eine Art Marktpreis entsteht.

Vergleichsmöglichkeiten

Da jede der teilnehmenden Organisationen andere Leistungs-, Mengen- und Kostenstrukturen hat, ist Benchmarking nicht ohne weiteres möglich. Will man Organisationen untereinander vergleichen, so hat man zwei Möglichkeiten:

- Variante 1: Man nimmt die Mengen des Warenkorbs und bewertet sie mit den individuellen Kostensätzen jeder einzelnen Organisation. Dann weiß man, zu welchem »Preis« jede der teilnehmenden Organisationen die definierte Gesamtleistung erbringt.
- Variante 2: Man nimmt die Leistungsmengen einer Organisation und bewertet sie mit den individuellen Kostensätzen jeder einzelnen Organisation. Dann weiß man, zu welchem »Preis« die anderen Organisationen die Leistung der jeweiligen Referenzorganisation erbringen können.

Ranglisten

Ordnet man die teilnehmenden Organisationen nach dem jeweils errechneten Gesamtpreis, so lässt die Position einer Organisation auf dieser Rangliste Rückschlüsse zu, welches Kostensenkungspotenzial vorliegt (vgl. Tab. 3-5 bis 3-8). Die Position einer spezifischen Organisation kann in beiden Ranglisten unterschiedlich sein.

Tab. 3–5
Ermittlung von Warenkorb und Durchschnittspreisen

	Produkt 1			Produkt 2			
Org.	Menge	Preis	Wert	Menge	Preis	Wert	Leistung
A	100	2,00	200	120	4,00	480	680
B	200	1,50	300	80	5,00	400	700
Ø	150	1,67		100	4,40		
Warenkorb: Produkt 1 = 150 Einheiten Produkt 2 = 100 Einheiten				Marktpreise: Produkt 1 = 1,67 Produkt 2 = 4,40			

Tab. 3–6
Vergleich auf Basis des Warenkorbs (Variante 1)

	Produkt 1			Produkt 2			
Org.	Menge	Preis	Wert	Menge	Preis	Wert	Leistung
A	150	2,00	300	100	4,00	400	700
B	150	1,50	225	100	5,00	500	725

Tab. 3–7
Vergleich auf Basis der Mengen von A (Variante 2)

	Produkt 1			Produkt 2			
Org.	Menge	Preis	Wert	Menge	Preis	Wert	Leistung
A	100	2,00	200	120	4,00	480	680
B	100	1,50	150	120	5,00	600	750

Tab. 3–8
Vergleich auf Basis der Mengen von B (Variante 2)

	Produkt 1			Produkt 2			
Org.	Menge	Preis	Wert	Menge	Preis	Wert	Leistung
A	200	2,00	400	80	4,00	320	720
B	200	1,50	300	80	5,00	400	700

Eignung für Leistungsanbieter und Leistungsnehmer

In dieses Konzept fügen sich Anwender und Dienstleister gleichermaßen ein. Der Dienstleister muss sein Leistungsangebot auf den Warenkorb projizieren und seine Abgabepreise entsprechend transformieren. Dann kann er sich mit anderen Dienstleistern vergleichen und prüfen, ob und welche Leistungen er günstiger anbieten kann als die beteiligten Anwender sie selbst erbringen.

Standardisierte Leistungen

Vollständige Leistungserfassung

Das hier vorgestellte Benchmarking beruht darauf, dass die Gesamtleistung der teilnehmenden Organisationen vollständig auf den zugrunde liegenden Leistungskatalog transformiert wird. Ist das gewährleistet, dann ist die beschriebene Bewertung der Gesamtleistung ein zuverlässiger Indikator für die Leistungsfähigkeit der Organisation. Aus diesen Gründen

- müssen Mengen und Kostensätze der gelieferten bzw. bezogenen Leistungen das Angebot korrekt abbilden,
- müssen sich die Kostensätze auf allgemein anerkannte Leistungseinheiten beziehen,
- muss der Gesamtpreis der Leistung mit dem IT-Budget übereinstimmen,
- darf man nicht mehr Mengen einbeziehen, als man verkauft bzw. kauft,
- muss man auch Leistungen aufführen, die man nicht berechnet, aber liefert (z. B. Plattenzugriffe),
- müssen die Mengen in den Kosten vollständig enthalten sein,
- darf die verkaufte Menge nicht größer sein als die produzierte.

Definition der Leistungen

Selbstverständlich muss man Produkte und Dienste genau definieren. Das ist nicht einfach. In der Benchmarking-Initiative wurden die grundlegenden Definitionen in den 90er Jahren erarbeitet. Sie haben die technische Entwicklung überdauert und erfüllen auch heute ihren Zweck, weil sie Grundfunktionen der IT-Infrastruktur beschreiben, die trotz Technologiewandel unverändert geblieben sind: Rechnen – Speichern – Übertragen – Darbieten.

Beschränkung auf IT-Infrastruktur

Die definierten Leistungsarten bilden ein vollständiges Abbild der Leistungspalette eines IT-Dienstleisters, soweit es die IT-Infrastruktur umfasst. Allgemein verfügbare und eingesetzte Software wie Systemsoftware oder Datenbanken rechnen dabei zur Infrastruktur im engeren Sinne. Im weiteren Sinne zählt aber auch ERP-Standardsoftware (ERP = Enterprise Resource Planning) zur IT-Infrastruktur. Diese betrachtet die Benchmarking-Initiative aufgrund verschiedener Besonderheiten (siehe unten und 3.5) jedoch als eigenständigen Bereich. Sie beschränkt sich auf das marktbeherrschende System SAP und spricht hier von SAP-Diensten.

Ausschluss von Anwendungen und spezifischen Komponenten

Besonderheiten wie unternehmensspezifische oder anwendungsbezogene Hard- und Software (z. B. Sensoren, Scheck-Scanner, Kassen-PIN-Pads, Manipulatoren, CAD-Systeme, Plotter, Digitizer, OCR-Systeme und ähnliche Spezialgeräte mit der zugehörigen Spezialsoftware) gelten im Rahmen dieses Benchmarkings nicht als IT-Infrastruktur. Auch die Entwicklung von Anwendungen, die Anwendungspflege, der Anwendungssupport, anwendungsspezifische Hardware und Software gehören nicht dazu.

Grauzone zwischen Infrastruktur und Anwendungen

Ganz bewusst beschränkt sich die Benchmarking-Initiative auf die Infrastruktur, weil sie einen der größten Teile des gesamten IT-Budgets darstellt und zwischen Unternehmen aller Art vergleichbar ist. Will man IT-Anwendungen vergleichen, so machen die unternehmensspezifischen Besonderheiten den Vergleich derart schwierig, dass er nicht mehr sinnvoll ist. Jedoch gibt es zwischen der Infrastruktur und den Anwendungen eine Grauzone, die sich mit fortschreitender technischer Entwicklung ständig verändert (vgl. Tab. 3-9).

Tab. 3-9 *Schichten der Informationsverarbeitung*

Anwendungen Konzeption, Entwicklung, Anwendungsbetrieb einschl. Betreuung und Beratung der Anwender **– individuell für jedes Unternehmen –** **– Vergleich nicht sinnvoll –**
»Grauzone« Betreuung und Beratung der Entwickler, individualisierte Standardsoftware, Datenbank-Oberflächen, Front-Ends, GUI, anwendungsspezifische Hardware (z. B. Scanner, BDE, Geldautomaten, Auszugdrucker) **– teilweise vergleichbar –**
IT-Infrastruktur Betriebsführung, Betreuung, Wartung, Standardsoftware (SAP-Dienste), Dienstsoftware (Utilities), Datenbankkern, Transaktionsmonitore, Betriebssystem und Zusatzsoftware, z. B. Accounting, Hardware (zentral, dezentral und verteilt), LAN, WAN inkl. Carrier und eigene Geräte, Energie für Betrieb und Klima, Sicherheit, Gebäude, Einrichtungen, Kabelführungen **– commodities,** **daher marktweit vergleichbar –**

Leistungsarten und -einheiten

Spezifische Leistungsarten

Leistungsarten und die zugehörigen Messgrössen (Einheiten) für IT-Infrastruktur und SAP-Dienste unterscheiden sich und werden getrennt dargestellt. Bei der Infrastruktur handelt es sich eher um einen »Rohstoff«, während SAP-Dienste mit einer höheren »Veredlungsstufe« verglichen werden können.

Spezifische Leistungskataloge

Entsprechend unterscheiden sich die Leistungskataloge. Zwischen IT-Infrastruktur und SAP-Diensten gibt es einen Hauptunterschied: Bei der IT-Infrastruktur werden Einzeldienste »atomistisch« gemessen, gezählt und bepreist, bei SAP-Diensten ist ein detailliert definiertes Gesamtsystem aus Hardware und Software der Maßstab für die Leistung. Dahinter steht das Bestreben der Teilnehmer, schnell und pragmatisch zu vergleichbaren Ergebnissen zu kommen.

Leistungskatalog für die IT-Infrastruktur

Leistungsarten-Übersicht

Es wurde versucht, Leistungseinheiten zu definieren, die so neutral sind wie die Kilowattstunde (KWh) für den Stromverbrauch. Diese ist weltweit einheitlich und es spielt keine Rolle, welche Anwendungen mit dieser Energie betrieben werden. Tab. 3-10 zeigt die Leistungsarten und zugehörigen Maßeinheiten. In Verbindung mit dem durchschnittlichen Mengengerüst bilden sie den Standard-Warenkorb.

Tab. 3–10 *Leistungsarten und -einheiten für die IT-Infrastruktur*

Leistungsarten	Einheiten
CPU-Zeit	1 MIPS-Std.
CPU-Zeit, gewichtet nach Mengen	1 MIPS-Std.
Plattenplatz	1 MB-Monat
Plattenplatz, gewichtet nach Mengen	1 MB-Monat
Plattenzugriffe, I/O, EXCP	1.000 Stück
Magnetband/Kassetten-Zugriffe, I/O, EXCP	1.000 Stück
Magnetband/Kassetten-Montage	Stück
Magnetband/Kassetten-Lagerung	Rolle pro Monat
Magnetband/Kassetten-Einheiten-Belegung	Stunde oder Monat
EDV-Schnelldruck	1.000 Zeilen
EDV-Laserdruck	1.000 Seiten, A4 à 50 Zeilen
Remote-Druckzeilen	1.000 Blöcke oder Zeilen
DFÜ-Steuereinheit	1 Monat
DFÜ-Leitungsanschluss	1 Monat
DFÜ-Übertragung	1 Mrd. Zeichen (GByte)
Bildschirm-Anschluss oder Anschaltzeit	Stunde oder Monat
Bildschirm-Gerätemiete	Monat
Bildschirm-Arbeitsplatz	Monat (à 100 Std.)
PC/Workstation: Anschluss oder Anschaltzeit	Stunde
PC/ Workstation: Gerätemiete	Monat
PC/ Workstation: Betreuung	Monat
PC/ Workstation: Arbeitsplatz	Monat (à 100 Std.)
Druckeranschluss oder Anschaltzeit	Stunde
Drucker-Gerätemiete	Monat
Arbeitsplatz-Drucker	Monat (à 50 Std.)
Produktionsarbeit (OP/AV/AN)	Stunde
AV/AN-Arbeit	Job
Systemarbeit, einschl. Benutzerservice	Stunde
Datenerfassung (kaum noch von Bedeutung)	1000 Zeichen

Fortschreibung des Warenkorbs

Dieser Warenkorb verändert sich und muss von Zeit zu Zeit aktualisiert werden. So waren z. B. vor zehn Jahren PC-Arbeitsplätze noch in der Minderheit. Netze waren kaum verbreitet, langsam und preislich unbedeutend. Heute haben PCs die Bedeutung der Speichersysteme übertroffen. Mit SAN (Storage Area Network) und NAS (Network Attached Storage) ändert sich das bereits wieder. Auch Netze und Supportdienste nehmen ständig an Volumen und Bedeutung zu.

Monatliche Berechnung des Warenkorbs

Der Wert des definierten Warenkorbs wird jeden Monat neu berechnet, indem die Mengen aller Teilnehmer gemittelt werden. Dann wird ermittelt, zu welchem »Preis« die einzelnen Teilnehmer den im Warenkorb definierten Leistungsmix liefern könnten. Es zeigt sich, dass die Abweichungen außerordentlich groß sind – um die 1000 Prozent und mehr. Die Vorgehensweise ist analog zum Lebenshaltungs-Index des Statistischen Bundesamts. Der Warenkorb soll einen 4-Personen-Haushalt widerspiegeln und hat dennoch eine Zusammensetzung, die bei keiner Familie genau zutrifft.

Auswertungen für die Benchmarking-Teilnehmer

Den Teilnehmern wird nicht nur der Preisindex, sondern darüber hinaus auf Grundlage ihrer Basisdaten eine Vielzahl von weiteren Informationen zur Verfügung gestellt. Dazu gehören Durchschnittspreise, Auslastungsgrade und das Gesamtvolumen jeder einzelnen Leistung über alle Teilnehmer (Marktvolumen). Jeder Teilnehmer erhält die Einzeldaten anderer Teilnehmer nur in anonymisierter Form.

Leistungskatalog für SAP-Dienste

SAP-Basisdienste

SAP-Standardsoftware hat sich in den 90er Jahren zum ubiquitären Standard für fast alle Wirtschaftszweige und den öffentlichen Dienst entwickelt. Daher bot es sich an, hierfür ein eigenes Benchmarking aufzubauen. Jedoch sind die in jedem Unternehmen entwickelten spezifischen Ausprägungen (Customizing, ABAP[4], New Dimension, Branchenlösungen und Zusatz-Packages) so heterogen, dass man sie nicht zwischenbetrieblich vergleichen kann. So wird in der Benchmarking-Initiative unterschieden zwischen den überall eingesetzten SAP-Basisdiensten und allem, was darüber hinausgeht.

4. SAP-eigene Programmiersprache

Abb. 3–3
Schichtenmodell für SAP-Dienste

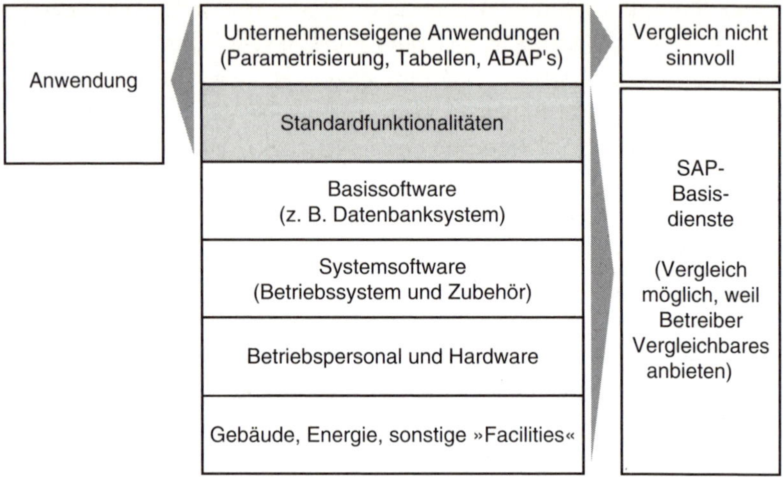

SAP-Leistungsarten

Die folgenden Leistungsarten und -einheiten beziehen sich daher nur auf die SAP-Basisdienste. Als wichtigster Vergleichspunkt wurde der monatliche Preis für den SAP-Arbeitsplatz eines »aktiven Nutzers« (SAP-spezifische Definition, Ermittlung über definierte Vorgehensweisen) festgelegt. Daneben gibt es weitere Preise, die zusätzlich herangezogen werden:

- Jahrespreis, bezogen auf einen aktiven Nutzer
- Preis pro Nutzermonat, bezogen auf einen aktiven Nutzer
- Preis pro Nutzermonat, bezogen auf einen aktiven Nutzer und gewichtet mit der Antwortzeit
- Preis pro Nutzermonat, bezogen auf einen aktiven Nutzer und gewichtet mit Antwort- und Ausfallzeit
- Preis pro Nutzermonat für einen aktiven Nutzer, gewichtet mit Antwort-, Ausfall- und Reaktionszeit

Die vorstehenden Kenngrößen beziehen sich alle auf aktive Nutzer, um Qualitätsunterschiede besser darstellen zu können. Die Gewichtungen spiegeln die Qualität der SAP-Dienste wider: Niedrige Werte bedeuten einen hohen Servicegrad. Um Unterschiede in der SAP-Lizenzierung zu erkennen – für jeden definierten Nutzer muss eine Lizenz erworben werden –, werden zusätzlich der

- Jahrespreis für den definierten Nutzer
- Monatspreis für den definierten Nutzer

verwendet. Ob auch der Monatspreis für angemeldete Nutzer eine sinnvolle Vergleichsbasis darstellt, ist derzeit noch nicht eindeutig entschieden. Vorerst wird daher nur der

- Jahrespreis für den angemeldeten Nutzer

regelmäßig ausgewertet. Obgleich die SAP-Nutzung zwingend einen Desktop-Client erfordert, wird der Preis für den Desktop nicht in den Arbeitsplatz einbezogen. Das würde nämlich den Preisvergleich verfälschen, weil auf den Desktop-Systemen in der Regel noch andere zentrale und lokale Anwendungen betrieben werden.

Technische Kennzahlen

Um nun den Ursachen für die in der Praxis beobachteten großen Preisspreizungen besser auf den Grund zu kommen, wurde eine Reihe von Kennzahlen auf der darunter liegenden technischen Ebene entwickelt. Wegen ihres starken Einflusses auf die Preisbildung wurden folgende Kennzahlen ausgewählt:

- Antwortzeit
- Ausfallzeit
- Reaktionszeit
- Support-Mitarbeiter je aktiven Nutzer

Nutzerbezogene Kennzahlen

Weiterhin stellte sich heraus, dass große Preisabweichungen auftreten, wenn man mehr SAP-Lizenzen kauft, als man wirklich aktiv nutzt. Daher wurden die Kennzahlen

- Verhältnis definierte zu aktiven Nutzern
- Verhältnis definierte zu angemeldeten Nutzern

eingeführt. Um auch die ASP-Nutzung für SAP-Anwendungen (ASP = Application Service Providing) preislich beurteilen zu können, werden Preise auf reiner Zeitnutzungsbasis ermittelt, vor allem

- Aktive Arbeitsplatzstunde im Vollzeitbetrieb
- Aktive Arbeitsplatzstunde im Einschichtbetrieb
- Aktive Arbeitsplatzminute im Einschichtbetrieb

Bisher gibt es allerdings noch keine signifikante Verbreitung von ASP-Diensten mit Standard-Software oder -Anwendungen (ASP = Application Service Providing). Lediglich für spezifische Branchen (z. B. Immobilien, Steuerberatung) sind größere ASP-Angebote bekannt geworden. Ein allgemeines Benchmarking ist daher im ASP-Bereich für SAP-Basisdienste aktuell noch nicht möglich.

Datengewinnung für die Benchmarks

Datenerhebung mit Fragebögen

Die erforderlichen Basisdaten werden über umfangreiche Fragebögen erhoben, die in der Benchmarking-Initiative entwickelt wurden. Es gibt je einen Fragebogen für die IT-Infrastruktur und für SAP-Dienste (im Internet zum freien Download unter *www.jomi.com*). Da die

Tabellen auch zur Preiskalkulation geeignet sind, hat man den Vorteil der sofortigen Kontrolle über Richtigkeit und Plausibilität der Angaben.

Nachvollziehbare Berechnungen

Die erhobenen Daten werden in ein Modell übernommen, das daraus Mittelpreise, gewogene Durchschnitte, Teilerlöse und Gesamterlöse errechnet. Die Berechnungen sind dokumentiert und für jeden Beteiligten vollständig nachvollziehbar.

Korrekte Eingangsdaten

Natürlich setzen wir voraus, dass die Teilnehmer echte Mengen und Kosten oder Preise nennen, das heißt solche, die verhandelt sind und konkreten Abnahmeverträgen, SLAs, Jahresbudgets etc. entspringen. Durch die absolute Vertraulichkeit besteht kein Anlass, manipulierte Daten einzureichen.

Auswertungen

IT-Marktpreis-Spiegel

Auf Grundlage des vorhandenen Datenmaterials werden den Teilnehmern umfassende und detaillierte Auswertungen bereitgestellt. Im Bereich der IT-Infrastruktur spielt der IT-Marktpreis-Spiegel eine zentrale Rolle. Er wird monatlich oder auf Anfrage erstellt und zeigt für jede definierte Leistungsart einen oder mehrere Durchschnittspreise (einfach, gewichtet, mit und ohne Ausreißer) sowie die aktuellen Leistungsmengen.

Insgesamt umfasst der Marktpreis-Spiegel mehr als 80 verschiedene Durchschnittspreise, die ein umfassendes Bild ergeben. Darüber hinaus gibt es Tabellen, Listen, Kurzporträts, Budget-Kontroll-Übersichten, Individual-Analysen, Outsource-Analysen, Schnellanalysen und die jährlichen Marktpreis-Analyseberichte.

SAP-Vergleichstabelle

Die Ergebnisse für die SAP-Basisdienste werden in einer Vergleichstabelle wiedergegeben, die alle Leistungen wie in einem Brennglas bündelt. Eine so detaillierte Analyse wie bei der IT-Infrastruktur ist hier noch nicht möglich, weil die Messbarkeit von Einzelleistungen noch nicht ausgereift und praxistauglich ist. Auch liegt das Interesse der Teilnehmer mehr darin, das Preisniveau anhand eines Referenzsystems festzustellen. Um die einzelnen Bausteine dieses Gesamtpreises zu ermitteln, bedarf es noch weiterer Präzisierung der Definitionen und Messverfahren.

Bereits 300 Definitionen von Teilleistungen im SAP-Umfeld sind in einem Mustersystem festgelegt, das seit 1999 von über 50 SAP-Anwendern, -Betreibern und -Dienstleistern erarbeitet wurde. In dem frei verfügbaren Fragebogen sind sie in Form einer Kalkulationstabelle zusammengefasst. Die wichtigsten 80 davon werden in einer Vergleichstabelle gegenübergestellt. Monatlich oder auf Anfrage werden die sich ergebenden Preise errechnet und den Teilnehmern zur Verfügung gestellt.

Neben den anonymisierten Einzelpreisen jedes Teilnehmers sind hier auch Durchschnittswerte und Standardabweichungen sowie die oben genannten Verhältniskennzahlen aufgeführt. Damit kann man die auch hier großen Abweichungen schrittweise analysieren (vgl. 3.5).

Darstellung der Ergebnisse

Benchmark-Begleitung

Kommunikation als Erfolgsfaktor

IT-Benchmarking kann nicht auf dem Papier oder in bilateralen Analysen erfolgen. Wenn man den Markt und seine Preise zum Maßstab macht, sollten alle mitreden, die den Markt bilden. Deshalb hat die Benchmarking-Initiative von Anfang an Plattformen geboten, auf denen sich Ansichten und Meinungen, Fragen und Antworten, Wissen und Erfahrung gegenübertreten und ergänzen können.

Moderierte Arbeitskreise

Zentrales Medium sind moderierte Arbeitskreise. Die Standard-Tagesordnungen umfassen folgende Punkte:

- Vorstellung des Gast-RZ und seines Abrechnungsverfahrens mit ausführlicher Diskussion aller Aspekte
- Diskussion der Kostenblätter (anonym, im Vergleich)
- Fachliche Diskussion zu aktuellen Schwerpunktthemen gemäß abgestimmten Prioritäten, z. B. DFÜ-Netzabrechnung, SAP-RZ-Kostenrechnung (ggf. in Arbeitsgruppen)
- Trendbericht neue Erkenntnisse zur Analysearbeit

Das wichtigste Erfolgskriterium der Arbeitskreise ist die offene Erörterung von Kostenermittlung und Preisbildung. Das Schwergewicht liegt auf der praktischen Durchführbarkeit. Die Arbeitskreise finden mehrmals jährlich statt. Jeweils 12 bis maximal 20 Führungskräfte und Fachleute sorgen dafür, dass Erfahrungen in fachlich-kompetentem Austausch ergänzt werden. Von jedem Teilnehmer wird erwartet, dass er/sie zu den Ergebnissen aktiv beiträgt. Schließlich sorgen Vorträge und Veröffentlichungen dafür, dass sich ein Dialog mit der einschlägigen Fachwelt ergibt.

Kommentar des Herausgebers

Standardisierte Leistungsbeschreibung als zentraler Erfolgsfaktor

Dieser Bericht zeigt, was Benchmarking leisten kann, aber auch die damit verbundenen Schwierigkeiten. Die Benchmarking-Initiative hat erhebliche Energie darauf verwandt, Vergleichbarkeit zwischen den verschiedenen Teilnehmern herzustellen. Selbst bei gleichartigem Leistungsangebot ist die Leistungsstruktur zwischen den Teilnehmern sehr unterschiedlich. Vergleiche sind nur möglich, wenn die Leistungsportfolios der Teilnehmer auf die Leistungsarten des Warenkorbs abgebildet werden können und mit Preisen oder Kostensätzen bewertet werden. Im »reifen« Bereich der Infrastruktur ist man hinsichtlich Vergleichbarkeit erheblich weiter als im deutlich jüngeren Thema SAP. Die Methoden der Initiative sind öffentlich zugänglich, die Ergebnisse nicht. Das ist schade, aber verständlich.

3.4 Benchmarking von IT-Infrastrukturen

Rahmenbedingungen

Nachstehend ist der Kosten- und Leistungsvergleich für IT-Infrastruktur-Dienste in einem anonymen Anwenderunternehmen IPAG beschrieben, wie ihn die in 3.3 dargestellte Benchmarking-Initiative bei ihren Mitgliedern durchführt. Die Zahlen sind verfremdet und rechnerisch nicht konsistent. Die Analysen beruhen auf den in vorgegebener Form erhobenen Eckdaten. Erst diese Strukturierung erlaubt das nachfolgende Benchmarking. Hinzu kommen folgende Rahmenbedingungen:

- Die IT-Infrastruktur wird wie eine eigenständige Organisation angesehen, die ihre Kosten abdecken muss und im Wettbewerb mit anderen Angeboten des Markts steht.
- Es muss der gesamte Infrastruktur-Verbrauch in einer Anwender-Organisation erfasst werden, also auch Leistungen, die die Fachbereiche nicht von der IT-Organisation beziehen, z. B. Client-bezogene Dienste. Auf diese Weise können verdeckte Quersubventionierungen entdeckt werden.

Beschreibung der Leistungen

Bei IPAG ergibt sich zunächst ein Verrechnungserlös von ca. EUR 15,079 Millionen, der sich gemäß Tab. 3-11 auf den in 3.3 beschriebenen Leistungskatalog verteilt (Werte in Mio. EUR).

Tab. 3–11 *Verrechnungserlöse der IPAG p. a.*

CPU-Zeit	8,453	PC/Workstation-Arbeitsplätze	3,443
Plattenplatz	1,578	Arbeitsplatz-Drucker	–
Plattenzugriffe	0,000	Steuereinheiten	0,000
Band-/Kassettenzugriffe	0,000	Leitungsanschlüsse an Steuereinheiten	0,000
Band-/Kassettenmontagen	0,055	DFÜ-Transport	–
Band-/Kassettenlagerung bzw. -Miete	0,580	Operating/AV/AN	0,000
Band-/Kassetten-Einheiten-Belegung	0,000	AV-Jobs	–
Zentraler Impact-Druck	0,000	Systemarbeit	0,000
Zentraler Laserdruck	0,633	Datenerfassung	–
Sonstige Druckleistungen	0,000		
Bildschirm-Arbeitsplätze	0,337		

Für die mit 0,000 angegebenen Erlöse hat IPAG Mengen genannt, die nicht verrechnet werden. Die Kosten müssen also durch den Erlös anderer Einheiten finanziert werden. Die mit »–« vermerkten Leistungseinheiten konnten in dieser Untersuchung nicht herangezogen werden, da seitens IPAG keine Mengenangaben vorlagen. Das kann bei einer späteren Analyse eingearbeitet werden.

Einzelpreise und Durchschnittspreise

Tab. 3-12 zeigt die Einzelpreise neben den aktuellen Durchschnittspreisen aus der Benchmarking-Initiative.

Tab. 3-12
Vergleich Durchschnittspreise/IPAG-Preise (gerundet)

Leistungsart	Durchschnittspreis	IPAG-Preis
CPU-Zeit	56,00	34,40
Plattenplatz	1,14	1,00
Plattenzugriffe	0,63	0,00
Band-/Kassettenzugriffe	1,54	0,00
Band-/Kassettenmontagen	6,55	2,50
Band-/Kassettenlager/Miete	6,83	11,00
Band-/Kassetten-Einheiten-Belegung pro Stunde	23,10	0,00
Zentraler Impact-Druck	2,31	0,00
Zentraler Laserdruck	93,00	63,09
Sonstige Druckleistung	ca. 0,50	0,00
Datenerfassung	13,60	0,00
Bildschirm-Arbeitsplätze	241,00	152,00
PC/Workstation-Arbeitsplätze	336,00	264,72
Arbeitsplatz-Drucker	280,00	0,00
DFÜ-Steuereinheiten	2.344,00	0,00
Leitungsanschlüsse an Steuereinheiten	181,00	0,00
DFÜ-Leitungskapazität (Bandbreite)	227,00	0,00
DFÜ-Datentransport	18,00	0,00
Operating/AV/AN/Produktion	82,00	0,00
AV-Jobs/Produktionsjobs	3,04	0,00
System- und Planungsarbeit	95,00	0,00

Die Durchschnittspreise ändern sich mit jedem neu hinzukommenden Teilnehmer oder bei geänderten Daten. Sie sind Anhaltswerte und keine absoluten Größen. Die nachfolgenden Kommentare sind nicht erschöpfend. Sie sollen die Arbeitsweise und Möglichkeiten der Vorgehensweise demonstrieren.

Diskussion der Daten

Rechnerleistung

Der eingesetzte Rechner hat eine Leistung von 156 MIPS bei acht Prozessoren. Damit hat er eine theoretische Maximalleistung von 1.366.560 MIPS-Stunden pro Jahr (365 Tage). Davon werden 245.751 MIPS-Stunden verrechnet, das sind knapp 18 Prozent der installierten Kapazität. Dieser Verrechnungsgrad liegt unter dem derzeitigen Marktmittel von ca. 22 Prozent.

Die Einheit für die CPU-Zeit ist die verrechnete MIPS-Stunde. Der entsprechende Preis beträgt EUR 34,40. Daraus ergibt sich ein Gesamterlös von EUR 8,453 Mio. p. a. Dieser Preis ist deutlich niedriger als der Marktdurchschnitt, der derzeit bei EUR 56,00 liegt. Eine Reihe von Teilnehmern der Benchmarking-Initiative hat gleich günstige oder niedrigere CPU-Preise, vor allem solche mit höherer Verrechnungslast. Durch einen gesteigerten Verrechnungsgrad wäre auch bei IPAG ein noch günstigerer Preis möglich. Dies deutet darauf hin, dass eine Rangverbesserung durch den CPU-Preis möglich ist.

Speicherleistung

Die an Plattenspeichern vorgehaltene Gesamtkapazität umfasst rund 318 GB. Das macht eine verfügbare Maximalkapazität von jährlich knapp 4 Mio. MB-Monaten aus. Davon werden ca. 1,582 Mio. MB-Monate (ca. 40 %) zu EUR 0,9975 verrechnet. Der Marktpreis liegt derzeit bei EUR 1,14.

Ein weiterer Teil von ca. 1,236 Mio. MB-Monaten, der nicht bestimmten Abnehmern zuzurechnen ist, wird ohne Berechnung vorgehalten. Diese Praxis ist im Markt verbreitet und die Anteile schwanken etwa zwischen 30 % und 60 %. Bei IPAG sind es ca. 30 %. Für Kunden werden damit etwa 70 % der Gesamtkapazität vorgehalten. Der dritte Teil wird für RZ-interne Grunddaten vorgehalten. Er ist keiner Kundengruppe zuzuordnen. Seine Steuerung obliegt der RZ-Leitung und wird von Außeneinflüssen der Lieferanten bestimmt, z. B. für Systemsoftware, für Abrechnungsdaten und -systeme, für Systemtests und ähnliche Erfordernisse. Dieser Anteil liegt meist um 10 bis 20 Prozent und wird durch Umlagen verrechnet. Da dieser Anteil bei IPAG etwa 30 % beträgt, gibt es hier noch Reserven, um das RZ der IPAG in eine bessere oder abgesicherte Rangposition zu bringen, ohne im Gesamterlös zurückzugehen.

Es werden ca. 7,1 Mio. mal 1000 Plattenzugriffe ohne Berechnung geleistet. Mit ca. 4500 Zugriffen je verrechnetem MB-Monat wird ein relativ hoher Nutzungsgrad erreicht. Er liegt im Markt durchschnittlich bei ca. 3200.

Externe Speichermedien

Für die Band-/Kassetten-Zugriffe wird bei IPAG nichts berechnet, also auch kein Erlös erzielt. 22.000 Band-/Kassetten-Montagen werden zu je EUR 2,50 berechnet. Jährlich werden damit EUR 55.000 Erlös erzielt. Der Durchschnittspreis beträgt derzeit ca. EUR 6,55. Für Band-/Kassettenbelegung/-Archivierung/-Lagerung werden EUR 11,00 je Monat und Band/Kassette berechnet. Das führt zu einem Erlös von EUR 0,580 Mio. Der Durchschnittspreis ist derzeit EUR 6,83. Bandeinheiten-Belegung wird bei IPAG nicht berechnet. Zusammen ergibt dies einen Erlös für Magnetband-/Kassettenleistungen in Höhe von EUR 0,635 Mio. pro Jahr. In dieser Zusammenfassung können die Leistungen der IPAG mit den entsprechenden Leistungsblöcken anderer Teilnehmer verglichen werden.

Druckleistung

Für Impact-Druck im Umfang von ca. 7800 mal 1000 Zeilen p. a. wird bei IPAG nichts berechnet. Damit entsteht hieraus kein Erlös. Für Laserdruck werden jährlich ca. 10.034 mal 1000 Seiten zu einem Preis von EUR 63,09 pro 1000 Seiten verrechnet. Aus Laserdruck wird damit ein Erlös von EUR 0,633 Mio. erzielt. Der Druck-Gesamterlös stellt sich damit ebenfalls auf ca. EUR 0,633 Mio. p. a. Damit kann der Leistungsblock »Drucken« mit den anderen Teilnehmern verglichen werden.

Arbeitsplatzgeräte

Es werden 185 Bildschirme und 1084 PCs verrechnet. Über die Anschlusspreise werden auch die Kosten des inneren Netzes (Steuereinheiten, Leitungsanschlüsse) und des äußeren Netzes (Bandbreite, Transportvolumen) in Höhe von ca. EUR 810.000 refinanziert. Schließlich wird für die Terminals – außer für die Drucker – zusätzlich noch ein Monatsbetrag für den Benutzerservice in Höhe von EUR 125,00 berechnet.

Für Bildschirme beträgt die Monatsmiete EUR 50,00. Zuzüglich der Anschlusspauschale von EUR 102,00 je Monat ergibt sich damit ein Preis für den Arbeitsplatz-Monat am Bildschirm von EUR 152,00. Das führt zu einem Gesamterlös von ca. EUR 0,337 Mio.

Für die PCs ergibt sich bei der Menge von 13.008 der Mittelpreis zu EUR 264,72 für den Arbeitsplatz. Das führt zu einem Gesamterlös von EUR 3,443 Mio. Dieser Preis liegt um gut 30 Prozent unter dem Marktmittel von derzeit etwa EUR 336,00.

Netzwerkleistungen

Die Gesamtkosten im Netzwerkbereich werden nur den kostenrelevanten Einheiten zugeordnet. Dazu muss man die konkrete Netzwerktopologie auswerten. Für IPAG führt das zu den in Tab. 3-13 dargestellten Ergebnissen.

Tab. 3–13
Leistungsdaten Netzwerke der IPAG

DFÜ- und Terminal-Steuereinheiten	Zählung als DFÜ-Steuereinheiten	Zählung als Leitungsanschlüsse an Steuereinheiten
17 lokale 3174 am Kanal	Keine	17
3 lokale 3745/6 am Kanal	3	22 zu den 3174 remote 9 zu den 3274 remote 29 zu den 3745 remote 1 zu der 3725 remote
29 remote 3745	29	Annahme, da keine Angabe: je 5, zus. 145
1 remote 3725	1	ebenfalls 5
22 remote 3174	keine, da Terminal-Steuereinheit	keine, da Terminal-Steuereinheit
9 remote 3274	keine, da Terminal-Steuereinheit	keine, da Terminal-Steuereinheit
berücksichtigt insgesamt: Das sind in Leistungseinheiten:	**33 DFÜ-Steuereinheiten** 396 Steuereinheits-Monate	**228 Leitungsanschlüsse** 2736 Leitungsanschluss-Monate

Für diese Leistungen wird kein Preis verrechnet, während der Durchschnittspreis derzeit bei EUR 2.344,00 liegt. Es ergibt sich somit aus Steuereinheiten und Leitungsanschlüssen kein Deckungsbeitrag.

RZ-Steuerung

Für Operating/AV/AN wird kein Preis verrechnet. Der gegenwärtige Durchschnittspreis liegt bei EUR 82,00 pro Produktionsstunde. Für AV-Job-Steps als eigene Leistungseinheit wird bei IPAG ebenfalls nichts berechnet.

Zusammenfassung

Gesamtwertung

Im Gesamtvergleich wurden die Mengen der IPAG mit den eigenen Kostensätzen und denen aller anderen Teilnehmer verrechnet. Daraus ergab sich die Rangposition 4. Das heißt: Drei andere Organisationen können die IPAG-Leistung günstiger erstellen. Das Mengengerüst der IPAG könnte vom ersten Ranginhaber um etwa 30 Prozent billiger geliefert werden. Die Abstände zu den Nachbarn sind mit rund EUR 0,6 Mio. zum dritten und rund EUR 1,1 Mio. zum fünften Teilnehmer so groß, dass eine Verschiebung in der Reihenfolge kaum möglich ist. Damit besteht eine große Aussagesicherheit.

Verbesserungspotenziale

Verbesserungen erscheinen vor allem durch eine höhere Verrechnungslast bei den Rechnern und dem Plattenplatz erreichbar. Auch die Einbeziehung der Mengen für bisher noch nicht gemessene – aber erbrachte – Leistungseinheiten können dazu beitragen. Zu beachten ist jedoch, dass etliche Leistungen des Standard-Warenkorbs nicht abgerechnet werden und damit aus den Erlösen für andere Leistungen finanziert werden müssen.

Kommentar des Herausgebers

Systematische Analyse der erhobenen Daten

Der Beitrag vertieft die Aussagen aus 3.3 und zeigt auf, was man mit einer systematischen und konsequenten Zahlenanalyse aufdecken kann. Der eigentliche Aufwand besteht darin, die erbrachten Leistungen so aufzubereiten, dass die Vergleichbarkeit mit dem Warenkorb gegeben ist. Die tatsächlich erbrachte Leistung muss auf standardisierte Leistungsarten aufgeteilt werden. Die nachlaufende Analyse der Werte gestaltet sich dann relativ einfach. Bemerkenswert ist zudem, dass spezielle technische Messungen nicht durchgeführt werden, so dass in diesem Umfeld technologisch unterschiedlich ausgestattete Rechenzentren verglichen werden können.

3.5 Benchmarking von SAP-Diensten

Rahmenbedingungen

Nachstehend ist der Kosten- und Leistungsvergleich für SAP-Basis-Dienste in einem anonymen Anwenderunternehmen SAAG dargestellt, wie ihn die in 3.3 dargestellte Benchmarking-Initiative bei ihren Mitgliedern durchführt. Die Zahlen sind verfremdet und rechnerisch nicht konsistent.

Die SAP-Dienste werden in den Gesellschaften der SAAG-Gruppe und bei externen Kunden angeboten. Die SAAG bezieht den größten Teil dieser Leistungen von einem externen Rechenzentrum (ERZ), fügt eigene Leistungen hinzu und bietet dieses Gesamtpaket weltweit an.

Datenerhebung

Zunächst wurden die Daten aus Kostenberichten, Installationsunterlagen und SAP-Berichtswesen in den SAP-Standardfragebogen der Benchmarking-Initiative eingebracht. Da die an ERZ zu zahlenden Entgelte größtenteils in einer Pauschale gebündelt sind, konnten die entsprechenden Bereiche im Fragebogen nicht mit detaillierten Daten ausgefüllt werden. Bei einigen Daten wurden mangels konkreter Zahlen Schätzungen durchgeführt, um die möglichen Auswirkungen auf das Gesamtergebnis nach oben und unten abzugrenzen. Nach Prüfung und Aufbereitung wurden die Eckdaten in eine Vergleichstabelle übernommen, in der auch die entsprechenden Angaben der anderen Teilnehmer verdichtet sind.

Vorgehensweise

Zunächst wird der IT-Bereich der SAAG als Anbieter in einem freien Markt von Rechenzentren gegenüber Nutzern gesehen, die ihren Bedarf ggf. auch woanders decken könnten. Gleichzeitig wird versucht, aus Sicht der Kunden zu erfassen, was sie für eine vergleichbare Leistung insgesamt aufzuwenden haben. So können Mischkalkulationen aufgedeckt und die Vergleichbarkeit der Daten sichergestellt werden.

Lizenzkosten

Für 2354 definierte (named) User werden Lizenzgebühren entrichtet, davon sind etwa

- 1000 angemeldete Nutzer
- 632 gleichzeitig aktive Nutzer (concurrent active user)

Nutzung der SAP-Arbeitsplätze

Während die Anzahl definierter Nutzer etwa 70 % über dem Mittelwert von 1380 liegt, ist die Anzahl der aktiven Nutzer nur 25 % höher als der Mittelwert 500. Die angemeldeten Nutzer liegen sogar ca. 10 % unter dem Mittelwert. Dieses Verhältnis deutet darauf hin, dass viele SAP-Arbeitsplätze selten genutzt werden. Tab. 3-14 zeigt die Zahlenverhältnisse, bezogen auf den niedrigsten Wert angemeldeter SAP-Nutzer in der Teilnehmergruppe.

Tab. 3-14
SAP-Benutzerstruktur

Verhältnis »named user« zu ...	Niedrigster Wert	Höchster Wert	SAAG	Mittelwert
aktiven Nutzern	1,35	4,20	3,72	2,26
angemeldeten Nutzern	1,00	3,00	2,35	1,24

Umrechnung der Lizenzgebühren

SAAG nutzt sämtliche allgemeinen SAP-Funktionsblöcke (Module). Zunächst wurden die Lizenzverträge mit den jeweiligen Nutzerzahlen in Beziehung gebracht. Bei der Ermittlung der Lizenzgebühren müssen die sich im Zeitverlauf verändernde Nutzeranzahl (aufgrund der benutzerabhängigen Lizenzierung) und vertragliche Regelungen (z. B. Laufzeiten) beachtet werden. Das gilt ähnlich auch für die Wartungskosten in Höhe von 17 % der Lizenzkosten. Beide Kostenarten wurden so umgerechnet, dass die Werte mit denen anderer Teilnehmer vergleichbar sind.

Lizenzgebühren pro Nutzer

Als Gesamtdurchschnitt pro Benutzer ergab sich für SAAG ein Wert von EUR 405,60. Bei 2354 lizenzierten Nutzern ergibt das ein Volumen von EUR 955.000,00 pro Jahr bzw. für den zugrunde gelegten 3-Jahres-Zeitraum ein Volumen von EUR 2,865 Mio. Als effektiver Kaufpreis für eine Nutzerlizenz wurde mittels einer separaten Kalkulation, die hier nicht wieder gegeben werden kann, ein Wert von EUR 1.243,46 ermittelt. Dieser Wert liegt etwa 50 % unter dem Listenpreis des Softwareherstellers.

SAP-Standardsupport

Einzelleistungen

Zur SAP-Basisbetreuung gehören gemäß den Definitionen der SAP-Benchmarking-Gruppe klar umrissene Einzelleistungen. Sie umfassen gut 50 Positionen, die nach folgenden Themen gegliedert sind:

- Überwachung
- Einstellungen
- SW-Level-Erhaltung
- Fehleraufnahme/First Level Support
- Systemtechnische Optimierung
- Drucker-Management
- Plattenspeicher-Management
- Sonstiges

Plausibilisierung und Anpassung der vorgelegten Werte

Viele Teilnehmer – wie auch SAAG – geben einen Preis bisher aber nur für diese Leistungen insgesamt an. Werden Einzelpositionen nicht angeboten, so erfolgt eine Preiskorrektur. Die von SAAG entrichteten Beträge umfassen nicht nur die SAP-Standardsysteme im engeren Sinne, sondern auch anteilige Betriebssystemnutzung, eigenentwickelte SAP-Anwendungen sowie weitere Leistungen. Insgesamt werden laut Kostenplanung EUR 9,384 Mio. im Jahr bezahlt. Davon sind für den Teilbereich SAP nur EUR 8,130 Mio. relevant. Von diesem Betrag müssen Anteile jedoch für eigenentwickelte SAP-Systeme abgezogen werden, da sich unser Vergleich nur auf die SAP-Standardsysteme beziehen kann. Durch gezielte Analysen konnte hier ermittelt werden, dass von diesem Volumen EUR 5,325 Mio. in den weiteren Vergleich einbezogen werden können.

Ergebnisse der Analysen

Werte anderer Teilnehmer hierzu variieren von unter EUR 1 Mio. bis über EUR 15 Mio. bei teils höheren Nutzerzahlen. Das mittlere Kostenvolumen aller Teilnehmer beläuft sich auf EUR 3,26 Mio. Damit liegt SAAG in der höchsten Gruppe aller Teilnehmer. Diese Situation ist durch folgende Ursachen erklärbar:

- Das Mengengerüst ist etwa doppelt so hoch wie der Durchschnitt.
- Fast das gesamte Leistungspaket wird durch eine einzige Pauschale abgegolten – hier könnten sich Querfinanzierung und geringe Verursachungs-Orientierung auswirken.
- Über die Gesamtkosten werden Einzelleistungen für extrem teure SAP-Plätze z. B. im Ausland abgedeckt, die normalerweise mit einem Corporate Budget zu finanzieren sind.

Diese Effekte werden im weiteren Analyseverlauf so weit neutralisiert, dass klare Kostenvergleiche möglich sind.

IT-Infrastruktur für das SAP-System

Infrastrukturbedarf

Die Infrastruktur wird geprägt von den Anforderungen an die Belastbarkeit des gesamten SAP-Systems, d. h. das Zusammenspiel von Hardware (Rechenleistung, Speicher, Archivierung, Sicherheit, zentraler Druck), Software, Netzausstattung, Client-Infrastruktur (Desktop-Ausstattung), personeller Betreuung und Umgebungsfaktoren wie Raum, Energie, Haustechnik.

Performance des SAP-Systems

SAAG überwacht Antwortzeiten, Verfügbarkeiten, Laufzeiten von Batch-Programmen und andere Performance-Kriterien. Bei Engpässen, Lastzunahme, Leistungsabfall werden ggf. neue Kapazitäten beschafft. Tuning und Optimierungsprojekte werden durchgeführt, sind allerdings nicht eng mit dem Kostenmanagement gekoppelt.

Obgleich der Service-Level für SAP-Dienste durch eine Vielzahl von Komponenten und Kriterien bestimmt wird, konzentrieren wir uns für diese Analyse auf folgende Hauptkriterien:

- Antwortzeiten, gemessen am Server und am Übergang ins Kunden-LAN
- Verfügbarkeit, gemessen in Prozent der Jahres-Maximalzeit von 8760 Stunden, ggf. unterteilt nach Monaten

Für weitere wichtige Parameter, die bei SAAG überwacht werden, hat sich im Markt noch keine einheitliche und vergleichbare Datenbasis herstellen lassen. Obgleich allgemein eine kurze Antwortzeit und hohe Verfügbarkeit als erstrebenswerte Qualitätsmerkmale genannt werden, sind die Angaben einiger Teilnehmer in diesem Punkt noch unpräzise.

Antwortzeiten

Die Antwortzeit wird bei SAAG am Client SAP-GUI gemessen und erfasst damit den gesamten Datenlauf besser, als es die Vorgabe »Übergabe-Knoten zwischen Anbieter-WAN und Kunden-LAN« verlangt. Die ermittelten Werte liegen leicht unter den Vorgaben und über den Durchschnittswerten aller Teilnehmer.

Verfügbarkeit

Verfügbar ist eine Anwendung, solange die Nutzer die richtigen Reaktionen erhalten. Diese Definition schließt alle Glieder der gesamten »Lieferkette« vom Rechner mit Datenbank und Anwendungsprogrammen über die Leitungen bis zum lokalen Netz und der Client-Software ein.

Der von SAAG genannte Wert liegt mit 99 % genau auf dem Mittelwert. Auch die Angaben der meisten anderen Teilnehmer streuen nur wenig um diesen Wert. Nur ein Teilnehmer gibt mit 96 % einen sehr niedrigen Wert an. Insgesamt ist festzustellen, dass die Qualität der SAAG-SAP-Dienste nur gering über den Mittelwerten liegt und daher kein Anlass für überdurchschnittliche Preise (oder Kosten) sein kann.

SAP-Hardware

Einflussfaktoren

Anzahl, Größe und Rechenstärke der Server sind wesentliche Kostentreiber. Die Rechenleistung, gemessen in MIPS, TPC, SPEC oder ähnlichen Benchmark-Größen hängt u. a. von der Anzahl Prozessoren, deren Kommunikation untereinander sowie der Größe des Hauptspeichers ab. Diese und die Plattenkapazität sowie die Archivierungstechnik bestimmen die Hardwarekosten.

Systemlandschaft

Im ERZ sind für SAAG derzeit 10 Entwicklungssysteme, 11 Produktions- und 8 Konsolidierungssysteme in Betrieb. Während SAAG für diese Position keine Kosten nennt, gibt es von vielen Teilnehmer differenzierte Angaben. Sie sind in Tab. 3-15, bezogen auf das mittlere Mengengerüst aller Teilnehmer, dargestellt.

Tab. 3–15
Bewertete SAP-Leistung p. a.

SAP-Hardware-System	Durchschnittsleistung in EUR
Produktion	3.969.493
Test /Abnahme	324.494
Schulung, Qualitätssicherung	221.144
Entwicklung	109.178
Optional: Backup	47.636
Optional: Hochverfügbarkeits-Cluster	57.500
Plattenspeicher	
Standard von 100 GB je SAP-System	32.502
tatsächlich kundengenutztes Speichervolumen	181.283
Sicherung und Archivierung	
Sicherung in gleichem Gebäude	295.783
Archivierung in gleichem Gebäude	keine Angaben
Sicherung baulich getrennt	65.063
Archivierung baulich getrennt	keine Angaben

Hardwarekosten

Deutlich vorn liegen die Produktionsserver mit ca. EUR 3,97 Mio. Sie schließen allerdings oft die anderen SAP-Systemserver ein. Bei den Plattenspeichern werden durchschnittlich EUR 0,181 Mio. bezahlt. Dabei ist der Einfluss unterschiedlicher Speichervolumina und -qualitäten oft nicht genau erkennbar. Für Sicherung und Archivierung werden hauptsächlich Band- und optische Speichersysteme von im Mittel ca. EUR 0,295 Mio. eingesetzt. Für SAAG kann in diesem Bereich zu Optimierungspotenzialen noch nichts gesagt werden. Hierzu wäre eine differenzierte Kosten- bzw. Preisaufschlüsselung notwendig.

Weitere Kostenanteile

Druckservice wird bei SAAG nicht mehr geboten und demzufolge nicht untersucht. Weitere Einflussfaktoren für den Kostenblock »SAP-Systeme« sind das Betriebssystem (z. B. UNIX, AIX, LINUX, WINDOWS NT/2000/XP), das Datenbanksystem und andere systemnahe Software – z. B. Systemmanagement und Accounting. Zu diesem Bereich gibt es jedoch bei kaum einem Teilnehmer aussagefähige Daten, so dass Vergleiche noch nicht möglich sind.

Infrastruktur und Personal

Netzwerk

SAAG nutzt ein Netz, das die Verbindung ERZ – SAAG, die weltweiten Außenstellen und die eigenen Liegenschaften umfasst. Mit diesem Transportweg aus drei Teilen:

- ERZ zur Zentrale
- WAN durch Carrier-Dienste geleistet
- LAN auf und in den eigenen Grundstücken bzw. Gebäuden

sowie der damit verbundenen Nutzerbetreuung wird die Informationsabnahme »an der Steckdose« ermöglicht. Das LAN zählt kostenmäßig zur Infrastruktur für Desktop Clients.

Netzwerkkosten

Bei der Infrastruktur muss beachtet werden, dass alle (!) relevanten Kosten einbezogen werden: Carrier-Kosten, Leitungsendgeräte des Carriers, eigene Netzhardware oder personeller Aufwand. Die Netzwerkgrenzen werden durch die Netztopologie bestimmt. Um diese Verschiedenheiten vergleichbar zu machen, wird zwischen dem serverseitigen und dem clientseitigen Teil unterschieden. Die Verbindungen zwischen dem Dienstleister und dem Kunden sowie seinen Zweigstellen und ggf. Backup-Leitungen werden separat aufgeführt. Viele Teilnehmer liefern entsprechende Angaben, so dass Mittelwerte berechnet werden können. Bei SAAG jedoch sind diese Leistungen mit dem Pauschalpreis für Support abgegolten. Tiefergehende Analysen sind daher (noch) nicht möglich.

Client-Kosten

Die Infrastruktur für die Desktop-Clients enthält neben der hausinternen Verkabelung mit Gebäude-Backbones, Etagenverteilern und Verkabelung alle aktiven und passiven Elemente bis zur LAN-Steckdose. Natürlich gehören PCs, Workstations mit Bildschirmen und Drucker dazu. Nicht eingeschlossen sind Plotter, Scanner, Digitizer, Papierbearbeitungsgeräte, Telefonanlagen usw.

Häufig werden diese Leistungen von einem anderen Vertragspartner bezogen als die SAP-Dienste. Sie sind aber zur Nutzung von SAP-Diensten unabdingbar und gehören daher anteilig zum Warenkorb des Vergleichs. Generell wird innerhalb des 3-Jahres-Zeitraums von einer rollierenden Neuausstattung ausgegangen, so dass jedes Jahr ein Drittel des Gerätebestands ersetzt wird.

Personalkosten

Weil Personalkosten ein bedeutendes Kostenelement sind, wird eine Relation zwischen der Kopfzahl und dem Gesamtpreis ermittelt. Das Referenzsystem benötigt zum Betrieb deutlich unter acht Personen. Bei SAAG sind es genau acht Personen bei fast doppelter Nutzerzahl, also ein guter Wert.

Gesamtbewertung

Positionierung unter allen Teilnehmern

Bei den 25 Teilnehmern der SAP-Benchmarking-Gruppe variiert der Preis »aktiver Arbeitsplatz pro Monat« von EUR 432 bis 3137, d. h. fast um das 8fache. SAAG hat in dieser Rangfolge mit EUR 783 den Platz 10 erreicht. Der Mittelwert liegt bei EUR 807. Neun andere Teilnehmer können also vergleichbare SAP-Standarddienste zu niedrigeren Preisen anbieten und SAAG liegt direkt unter dem Durchschnittspreis des Markts. Zu beachten ist, dass dieser Preis positiv dadurch beeinflusst wird, dass die Lizenzkosten etwa 50 % unter dem Listenpreis des Softwareherstellers liegen.

Charakteristische Nutzerstrukturen

Es fällt auf, dass bei SAAG das Verhältnis von definierten zu aktiven oder auch angemeldeten Nutzern deutlich höher liegt als bei den meisten anderen Teilnehmern. Während diese im Schnitt 2,28 Mal so viele definierte als aktive Nutzer haben, sind es bei SAAG 3,72 Mal so viele. Im Durchschnitt kommen auf einen angemeldeten Nutzer 1,24 definierte, bei SAAG sind es jedoch 2,35 definierte Nutzer. Daraus ist abzulesen, dass die SAP-Arbeitsplätze bei SAAG offenbar nicht so intensiv genutzt werden wie anderswo. Es scheint, dass SAAG großen Wert auf jederzeitigen Zugang zu SAP-Arbeitsplätzen legt, diese Möglichkeit jedoch nur relativ selten nutzt.

Handlungsbedarf

Daraus ergeben sich Aufgaben in drei Ebenen:

- Genauigkeit der Angaben erhöhen, um Ursachen für Auffälligkeiten gezielt aufzudecken
- Weitere Senkung der Preise je Arbeitsplatz und der Kosten für SAP-Nutzung insgesamt
- Verursachungsgerechte Weiterberechnung nach Grundpreis und Arbeitspreisen

Maßnahmen

Um diese Aufgaben konkret umzusetzen, wurden dem Unternehmen folgende Maßnahmen empfohlen:

- Die gebündelten Preise sollten deutlich genauer in ihre wesentlichen Bestandteile aufgeschlüsselt und nach SAP-bezogenen und anderen IT-Leistungen aufgegliedert werden.

- Von der heutigen Pauschale sollte auf eine stärker nutzungsbezogene Abrechnung hin umgestellt werden.
- Mit gezielten Stichproben sollte herausgefunden werden, wieso es trotz der heute relativ hohen Monatspauschalen zu der geringen SAP-Nutzung an manchen Arbeitsplätzen kommt.
- Ggf. sollten unterstützende Maßnahmen der Kostenstellen-Verantwortlichen erwogen werden, die den einzelnen Anwender mit in die Pflicht nehmen, bei geringem Arbeitsbedarf auf eigene SAP-Arbeitsplätze zu verzichten.
- Auf dem Hintergrund der geringen Nutzungsintensität sollte der gezielte Abbau von SAP-Arbeitsplätzen in Erwägung gezogen werden.

Kommentar des Herausgebers

Einfluss der Beschaffungskonditionen

Auch für das weit verbreitete Softwaresystem SAP wurde versucht, Leistungen zu standardisieren und so Vergleichbarkeit zwischen verschiedenen Betreibern herzustellen. Offenbar ist das schwierig, da die Leistungsparameter noch nicht hinreichend detailliert erfasst werden. Eine wesentliche Rolle für die Kosten spielen die erzielten Konditionen bei der Softwarebeschaffung. Auch hier zeigt es sich, dass bereits eine konsequente Analyse vorhandener Daten wesentliche Erkenntnisse zu liefern vermag, eine aufwändige technische Datenermittlung ist nicht erforderlich.

Erforderlicher Ausbau der IT-Infrastruktur

Auf ein Phänomen sollte an dieser Stelle noch einmal hingewiesen werden. Wenn eine Organisation entscheidet, SAP-Software einzusetzen, dann muss ihre Infrastruktur eine bestimmte Leistungsfähigkeit aufweisen. Wem müssen die entsprechenden Kosten zugeordnet werden? Auslöser entsprechender Investitionen ist oftmals die Entscheidung, ein solches Softwaresystem einzuführen. Vom Ausbau der Infrastruktur profitieren aber auch andere Nutzergruppen. Das muss bei der Ermittlung und Verrechnung von Leistungspreisen beachtet werden.

3.6 Steuerung von Einführungsprojekten

Das folgende Praxisbeispiel beschreibt, wie und mit welchen Kennzahlen Software-Einführungsprojekte in einer großen Handelsgruppe gesteuert werden.

Organisatorisches Umfeld

In der Unternehmensgruppe mit Holdingstruktur gibt es einen zentralen IT-Dienstleister als eigenständige Konzerngesellschaft. Das Unternehmen ist der Holding zugeordnet. Es erstellt Softwareprodukte, die von den Konzerngesellschaften eingesetzt werden können. Im Laufe der Jahre hat sich ein umfassendes Produktportfolio aus eigenen und fremden Produkten (z. B. SAP) ergeben. Möchte eine Konzerngesellschaft ein anderes Produkt entwickeln oder einsetzen, das nicht in diesem Portfolio enthalten ist, bedarf es der formalen Genehmigung eines »Steering Comittee Informatik« (zuständig für die Strategie) und einer detaillierten Vergleichsanalyse.

Projektkategorien

Es gibt im Bereich der Anwendungssysteme drei Kategorien von Projekten:

- Entwicklungsprojekte für die Erstellung von neuen Softwareprodukten
- Einführungsprojekte für die Einführung eines bereits vorhandenen Produkts in einer Konzerngesellschaft
- Wartungsprojekte, die wie (kleine) Entwicklungsprojekte abgewickelt werden (typischerweise Anpassungen aufgrund gesetzlicher Bestimmungen oder funktionale Erweiterungen von Softwareprodukten)

Support-Organisation

Die Konzerngesellschaften betreiben stets einen eigenen First Level Support (FLS), während der zentrale IT-Dienstleister nur einen Second Level Support (SLS) anbietet. Der Grund ist, dass ein zentraler FLS wegen der weltweiten Verbreitung der Produkte rund um die Uhr besetzt sein müsste. Das wäre zu kostspielig.

Vorgehensweise

Beim IT-Dienstleister hat sich folgende Vorgehensweise für die Produkteinführung in einer Konzerngesellschaft bewährt:

Übergreifendes Vorgehensmodell

Es gibt ein Minimalgerüst für alle Einführungsprojekte, deren Teilschritte je nach Projektgröße unterschiedlich zu detaillieren sind.

Machbarkeitsstudie

Für die Machbarkeitsstudie gibt es eine produktspezifische Checkliste und ein Projekthandbuch, mit denen der Inhalt der Machbarkeitsstudie erarbeitet wird. Der Prozess, die Aufwände, die Beteiligten und die minimalen Aktivitäten sind definiert. Der wichtigste Punkt der Machbarkeitsstudie ist die Darstellung des Nutzens, der sich durch den Einsatz des Systems ergeben wird. Es werden nur Projekte genehmigt, die den Unternehmenswert im Sinne des EVA steigern (EVA = Economic Value Added, vgl. [Horváth/Reichmann 2003, S. 779]).

Analysephase

In der Analysephase werden die Problempunkte bearbeitet, die in der Machbarkeitsstudie über die Checkliste festgestellt wurden. Diese Checkliste beinhaltet alle Funktionen der Software und alle Parameter. Abweichungen und zusätzliche Anforderungen werden dokumentiert. Übersteigt der Entwicklungsaufwand 40 Personentage, so sind die Folgeaufwände (Programmierung, Test usw.) proportional hochzurechnen. Alle Zusatzentwicklungen sind vom Projektlenkungsausschuss (PLA) genehmigen zu lassen.

Projektlenkungsausschuss

Der PLA wird aus folgenden Personen gebildet:

- Projektleiter IT-Dienstleister: Zulieferung Dienstleistung
- Projektleiter Kunde (IT-Bereich der Konzerngesellschaft): Verantwortlicher Projektleiter
- Fachbereich Kunde (Konzernbereich): prüft fachliche Anforderungen
- Manager IT-Dienstleister: überwacht Einhaltung strategischer Gesichtspunkte, versucht, Aufwände zu reduzieren und Standardabläufe einzuführen
- Manager Kunde: versucht, Kosten gering zu halten, aber die Bedürfnisse der Fachabteilung zu befriedigen

Der PLA tagt bei Meilensteinen oder in Krisensituationen und gibt den nächsten Projektschritt frei. Überschreitet das Entwicklungsbudget einen gewissen Rahmen oder kann keine Einigung über die Art der Realisierung herbeigeführt werden, so besteht die Möglichkeit der Eskalation an die Geschäftsführung.

Ausgewähltes Projektbeispiel

Diese Vorgehensweise wird am Beispiel der Einführung eines CRM-Systems (CRM = Customer-Relationship-Management) in Tab. 3-16 beschrieben.

Kennzahlen für die Steuerung

Kennzahlen-Übersicht

Auf dem Hintergrund dieser Planung ergeben sich folgende Kennzahlen für das Projektmanagement und entsprechende Planwerte für das konkrete Projekt:

Gesamtkosten, untergliedert in

- Beratungskosten (im Beispiel 89 PT)
- Entwicklungskosten (im Beispiel 118 PT)
- Einführungsaufwand Kunde (im Beispiel 332 PT)
- Hardwareaufwand (Server, PCs usw.)
- Softwareaufwand (Betriebssystem, Datenbank usw.)

Projektmanagement-Ziele, untergliedert in

- Phasen-, Vorgehens-, Termin-, Ressourcen-, Kostentreue
- Risikominderung (durch Machbarkeitsstudie)
- Qualität, Fehlerrate

Projektziele, untergliedert in

- Wirtschaftlichkeit (ROI, EVA usw.)
- Kundenakzeptanz
- Projektrisiko

CRM-Projekt	Geplanter Aufwand (PT)		
	Aufwand IT-Dienstleister		Landes-gesell-schaft
	Beratung	Entwick-lung	Aufwand Org./IT
Initialisierungsphase			
Projekt-Initialisierung	2	0	3
Strategiephase			
Strategieermittlung	15	3	8
Organisation, Konzeption und Analysephase			
Analyse und Konzept	10	2	8
Design-Phase			
Funktional, technisch, Migration	5	15	15
Realisierungsphase			
Entwicklung, Dokumentation, Systemtest, Integrationstest	10	55	0
Entwicklung Job Scheduling	0	5	5
Anderer Aufwand (Schulung usw.)	5	5	10
Migration	0	5	80
Implementierungsphase			
Abnahmetest	10	5	15
Testbetrieb	5	3	65
Pilotbetrieb	10	10	30
Benutzertraining/Übersetzungen	0	0	55
Basis Support (Installation usw.)	5	5	20
Qualitätsmanagement	2	0	0
Projektmanagement	10	5	18
Spaltensummen	89	118	332
Total IT/Landesgesellschaft	207		332
Gesamtsumme	539		

Tab. 3–16
Personentage (PT) bei Einführung des CRM-Systems

Festlegung der Zielwerte

In der Machbarkeitsstudie werden diese Kennzahlen ermittelt und festgeschrieben. Damit haben Projektmanager und Steuerungsgremium ihre Startposition für die zu überwachenden Kennzahlen definiert.

Verteilung des Personalaufwands

Eine prozentuale Aufteilung der Personentage (Kosten) auf die Projektphasen wird implizit genutzt, allerdings ist die Verteilung nur für das Vorgehensmodell des speziellen Produkts (hier also des CRM-

Systems) nutzbar. Die Strategiephase benötigt etwa 10 %, die Analysephase nur etwa 5 % des Projektbudgets des IT-Dienstleisters. Dies liegt daran, dass die Produkte erfolgreich im Einsatz sind und man während der Machbarkeitsstudie schon die wesentlichen Problempunkte anhand der Checkliste herausarbeitet. Bei der Analysephase werden dann nur diese speziellen Anforderungen detailliert analysiert. Die Realisierungsphase erscheint mit 50 % zu hoch, entspricht aber den Erfahrungen. Mit 28 % für den Test liegt man im normalen Bereich. Bei Einführungsprojekten anderer Produkte gibt es ähnliche Vorgehensmodelle, deren Aufwandsverteilung auf die einzelnen Projektphasen sich aber teilweise extrem von dem hier vorgestellten Beispiel unterscheidet.

Kosten-Kennzahlen

Hardware- und Softwarekosten

Hardware- und Softwarekosten müssen im laufenden Projekt nicht mehr kontrolliert werden, da man für das Projekt mindestens ein verbindliches Angebot eines Lieferanten vorliegen hat. Eine Abweichung der Beschaffungskosten nach unten ist wahrscheinlich, da der Preisverfall (Zeitraum zwischen Angebot und Kauf) bei Hardware hoch ist. Die Einführungskosten verbleiben weitgehend beim Kunden, d. h. die Ausbildung/Schulung erfolgt nach dem Train-the-Trainer-Konzept.

Personalaufwand

Seitens des IT-Dienstleisters werden insbesondere Beratungs- und Entwicklungskosten sorgfältig verfolgt. Die Qualität der Schätzungen hängt naturgemäß von der Erfahrung des Projektleiters bzw. von der Einschätzung des Entwicklers ab. Es kommt durchaus vor – wenn auch selten –, dass Projektbudgets auch bei Einführungsprojekten aus dem Ruder laufen. Da die Kosten pro Personentag auf der Seite des IT-Dienstleisters bei Auftragsvergabe fix definiert sind, erfolgt die Kontrolle der Kostenentwicklung über den Aufwand in Personentagen. Dazu wird die Planungstabelle (vgl. Tab. 3-16) um zwei zusätzliche Spalten (verbrauchte Manntage, aktueller Schätzwert) erweitert (vgl. Tab. 3-17).

Tägliche Buchung des Personalaufwands

Die Aktivitäten werden täglich mit Personentagen bebucht, so dass der Projektleiter Abweichungen schnell erkennt und (spätestens) im monatlichen Statusbericht eine Voraussage über die Veränderungen am Gesamtbudget machen kann. Nach Abschluss des Projekts wird geprüft, ob anhand der Ergebniszahlen des Projekts der Standardprojektplan angepasst werden muss (z. B. weil sehr viele erklärungsbedürftige Features dazugekommen sind).

CRM-Projekt Aktivität	Plan-Aufwand			Ist-Aufwand			Prognose		
	IT-DL		LG	IT-DL		LG	IT-DL		LG
	B	E	Org./IT	B	E	Org./IT	B	E	Org./IT
Initialisierungsphase	2	0	3	2	0	3	2	0	3
Strategiephase	15	3	8	15	3	8	15	3	8
Analysephase	10	2	8	15	2	8	15	2	8
Design-Phase	5	15	15	2	6		5	15	15
Realisierungsphase	15	70	95				20	80	95
Implementierungsphase	25	18	165				25	18	165
Basis-Support	5	5	20				5	5	20
Qualitätsmanagement	2	0	0				2	0	0
Projektmanagement	10	5	18				10	5	18
Spaltensummen	89	118	332	34	11	19	99	128	332
Summe IT-DL/LG	207		332	45		19	227		332
Gesamtaufwand	539			64			559		
Legende: IT-DL = IT-Dienstleister, LG = Landesgesellschaft, B = Beratung, E = Entwicklung									

Tab. 3-17 *Formular Projektcontrolling*

Projektmanagementziel-Kennzahlen

Phasenorientierte Planung als Grundlage

Wie gut das Projektmanagement arbeitet, kann man relativ leicht an den Kennzahlen messen. Da eine detaillierte Planung mit Terminen, Kosten und Ressourcen pro Projektphase bei Beginn zur Verfügung gestellt wird, kann die Projektleitung an dieser Planung gemessen werden, d. h. Termintreue, Ressourcen- und Kostentreue lassen sich nach jeder Projektphase, jedem Meilenstein überprüfen.

Termintreue

Die Termintreue ist besonders wichtig, da z. B. Altsysteme nicht mehr zur Verfügung stehen, Projektmitarbeiter andere Aufgaben wahrnehmen müssen oder zusätzliche Kosten entstehen. Die Vorgehenstreue spielt hingegen eine geringe Rolle, da Änderungen in der Vorgehensweise stets vom Projektlenkungsausschuss genehmigt werden müssen.

Qualität

Die Qualität der erstellten Leistung misst man typischerweise an der Kundenzufriedenheit/-akzeptanz. Diese Kennzahl wird jedoch nicht ermittelt, da sich die klassischen Befragungen in der Unternehmensgruppe nicht bewährt und durchgesetzt haben. Daher ist man auf Kennzahlen wie die Fehlerrate nach der Inbetriebnahme oder Anzahl der Change-Requests ausgewichen. Werden also viele Fehler nach der Inbetriebnahme gemeldet, kann die Kundenzufriedenheit/Qualität nicht sehr hoch sein.

Risiko

Die Projektrisiken sind in der Machbarkeitsstudie definiert und werden im Projektverlauf nach jedem Phasenabschluss erneut überprüft. Bei Einführungsprojekten von Produkten entfällt dieser Punkt, da das einzige Risiko das Überschreiten der Kosten ist und diese regelmäßig überwacht werden.

Projektziel-Kennzahlen

Überprüfung der Wirtschaftlichkeit

Nach Beendigung des Projekts ist die Wirtschaftlichkeit (Kennzahlen ROI, EVA, ...) aufgrund der tatsächlichen Projektkosten erneut zu überprüfen, allerdings nur, wenn sich die Projektkosten verändert haben. Darüber hinaus wird der Erfolg eines Projekts ein Jahr nach der Beendigung beurteilt, da dann spätestens konkrete Ergebnisse sichtbar sein müssen.

Beispiel: Einführung der CRM-Software bei der Landesgesellschaft X

Projektziele:

- Erhöhung des durchschnittlichen Umsatzes pro Kunde
- Geringerer Kundenverlust an Konkurrenz

Die Kennzahlen wurden vor der Produkteinführung gemessen und nach der Einführung. Es handelt sich um Jahreszahlen. Es zeigte sich, dass nach ein bis zwei Jahren der durchschnittliche Umsatz pro Kunde zwischen 20 und 40 % gestiegen war und der Kundenverlust durch die systematische Bearbeitung der Kunden entsprechend des Einkaufsverhaltens gering war, allerdings bei gestiegenen Personalkosten für Marketing und Kundenbetreuung. Man konnte nachweisen, dass der Mehrumsatz die zusätzlichen Personalkosten erwirtschaftet hatte und das Geschäft deutlich profitabler geworden war.

Kommentar des Herausgebers

Erfolgsfaktoren

Das hier vorgestellte Kennzahlensystem für Projekte ist einfach und in seinen Elementen wohlbekannt. Viele IT-Organisationen verwenden ähnliche Systeme. Dass es in dem hinter diesem Beispiel stehenden Unternehmen mit großem Erfolg eingesetzt wird, liegt an folgenden Punkten:

- Den Projektleitern stehen erprobte Planungs- und Arbeitshilfen zu Verfügung (Checklisten, Modelle für Aufwandsschätzungen). Diese Werkzeuge werden auf Grundlage konkreter Projekterfahrungen gepflegt und weiterentwickelt.
- Es gibt einen klar erkennbaren und arbeitsfähigen Projektlenkungsausschuss (fünf Personen).

- Planung und Controlling des Projektaufwands erfolgen über Personentage. Die Projektleiter müssen sich nicht mit unterschiedlichen Tages- oder Stundensätzen beschäftigen. Die Personentage sind leicht zu ermitteln und zu verifizieren.
- Es besteht eine regelmäßige Berichtspflicht der Projektleiter.
- Es gibt klare und strenge »Spielregeln« für die Genehmigung von Projekten, darüber hinaus eine nachlaufende Erfolgskontrolle (die nur von sehr wenigen Organisationen praktiziert wird).

Das Beispiel demonstriert zudem die beiden wesentlichen Erfolgsfaktoren für Kennzahlensysteme: Es ist einfach und aufwandsarm und wird konsequent angewendet.

3.7 Wirtschaftlichkeit von IT-Projekten

Da das Budget für IT-Projekte beschränkt ist, müssen aus der Vielzahl möglicher IT-Projekte diejenigen mit dem größten wirtschaftlichen Nutzen ausgewählt werden. Wirtschaftlichkeitsrechnungen unterstützen bei der Identifizierung dieser Projekte.

Wirtschaftlichkeitskennzahlen

Nettobarwert (NPV)

Um den wirtschaftlichen Nutzen von Investitionen zu beurteilen, hat sich die Kapitalwertmethode durchgesetzt. Sie basiert auf der Zinseszinsrechnung und vergleicht die Investition in ein Projekt sowie anschließende Erträge und Kosten mit einer alternativen Anlage auf dem Kapitalmarkt. Alle Wertflüsse werden mit dem »kalkulatorischen Zinssatz« auf den Startzeitpunkt des Projekts diskontiert (abgezinst) und aufsummiert. Ist dieser so ermittelte Nettobarwert (englisch: NPV = Net Present Value) größer als null, dann ist die Investition vorteilhaft. Weitere Wirtschaftlichkeitskennzahlen sind Return On Investment (ROI), Cumulated Return On Investment (cROI) und Amortisationsdauer.

Return on Investment (ROI)

Der Return on Investment (ROI) ist das Verhältnis der Rückflüsse (Netto Cash Flow) einer Investition zur Investitionssumme. Bei mehrjähriger Betrachtung wird der Jahresmittelwert gebildet, d. h. dieser Wert ist immer auf ein Jahr bezogen. Finanzmathematisch entspricht der ROI der Annuität eines Kredits, bezogen auf die Darlehenssumme. Der Kreditgeber (= Investor) gibt einen Betrag aus und der Kreditnehmer zahlt Darlehen und Zinsen in konstanten Raten zurück. Der Leser möge beachten, dass ROI üblicherweise etwas anders definiert ist, nämlich als Quotient aus dem erwarteten Projektgewinn und dem durchschnittlich gebundenen Kapital (vgl. [Horváth/Reichmann 2003, S. 652]).

Cumulated Return on Investment (cROI)

Der cumulated Return on Investment (cROI) gilt für den gesamten Betrachtungszeitraum. Er ist das Verhältnis aus der Summe aller (Netto-)Rückflüsse und der Investitionssumme. Dieser Wert gilt immer für einen bestimmten Zeitraum. Will man verschiedene cROI-Kennzahlen vergleichen, muss immer der gleiche Zeitraum betrachtet werden, um die Vergleichbarkeit sicherzustellen. Damit sich die Investition im Vergleich zu einer Anlage auf dem Kapitalmarkt lohnt, muss der cROI über den betrachteten Zeitraum mindestens 100 % betragen.

Amortisationsdauer

Die Amortisationsdauer ist der Zeitraum, der notwenig ist, bis der Nettobarwert einer Investition positiv wird. Zu diesem Zeitpunkt hat sich das eingesetzte Kapital, unter Berücksichtigung von Zinseffekten, wieder amortisiert. Zum Amortisationszeitpunkt ist der »Projektkredit« einschließlich der Zinsen vollständig zurückgezahlt. Ein Projekt ist umso wirtschaftlicher, je kürzer die Amortisationsdauer ist.

Lebenszyklus von Projektergebnissen

Lebenszyklus-Phasen

Der Nutzen eines Projekts wird in der Betriebsphase erwirtschaftet. Projekte sind erst dann erfolgreich, wenn sich das investierte Kapital in der Betriebsphase amortisiert. Für jedes Projekt bzw. das damit erstellte System muss daher der gesamte Lebenszyklus von der Erstellung über den Betrieb bis zur Stilllegung betrachtet werden. Diese drei Phasen lassen sich wie folgt charakterisieren:

- **Initialphase:** Phase, bis das im Projekt erstellte System in den Betrieb übergeht. Es entstehen ausschließlich Kosten.
- **Betriebsphase:** Zeitraum, in dem das erstellte System produktiv eingesetzt wird. In der Betriebsphase wird der erwartete Nutzen realisiert. Gleichzeitig fallen Betriebs-, Wartungs- und Pflegekosten an, die hier insgesamt als Betriebskosten bezeichnet werden.
- **Stilllegung:** Zeitpunkt, zu dem der Betrieb des Produkts eingestellt wird. Zum Stilllegungszeitpunkt entstehen Kosten, um das System zu »entsorgen«.

Nutzenermittlung

Konzentration auf wesentliche Nutzentreiber

Die Abschätzung der Kosten stellt erfahrungsgemäß relativ wenig Probleme dar. Weitaus schwieriger ist die Abschätzung des Nutzens. In der Praxis hat es sich bewährt, nur die wesentlichen Nutzentreiber zu betrachten und geeignet zu bewerten. Das nachfolgende Projektbeispiel aus dem Jahre 2002 zeigt diese Vorgehensweise.

Rahmenbedingungen des Projekts

Ausgangspunkt war die IT-Infrastruktur eines Unternehmens mit 500 Arbeitsplätzen in 18 Standorten. 187 Applikationen waren im Einsatz. Es gab keine automatische Softwareverteilung. Eine Konsolidierung der IT-Infrastruktur auf Basis einer Terminalserver-Technologie war angedacht. Damit ein Vergleich zwischen der vorhandenen und der zukünftigen IT-Architektur durchgeführt werden konnte, musste zunächst die Ziel-Architektur definiert werden. Dies erfolgte in Zusammenarbeit mit einem externen Berater.

Entwicklung eines Bewertungsmodells

Dann wurde in einem eintägigen Workshop ein Bewertungsmodell mit den wesentlichen Kosten- und Nutzenelementen entwickelt. Dazu wurde die vorhandene Ist-Infrastruktur mit dem zukünftigen Zielsystem verglichen. Es wurden auch indirekte Kosten und Nutzen berücksichtigt (z. B. Sicherstellung der Geschäftskontinuität durch Erhöhung der Ausfallsicherheit oder Bereitstellung von Applikationen und Kundendaten für Außendienstmitarbeiter).

Identifikation der möglichen Kosten- und Nutzenelemente

Es wurden 63 Elemente identifiziert, die dann in zwei Stufen auf 15 wesentliche Kosten- und Nutzenelemente reduziert wurden. So wurde z. B. der Mehrverbrauch des Stroms für neue Server nicht betrachtet, da er keinen wesentlichen Einfluss auf die Wirtschaftlichkeit hatte.

Zunächst wurden diejenigen Nutzenelemente untersucht, die einfach zu erheben oder abzuschätzen waren. Sollten diese Elemente eine hinreichend große Wirtschaftlichkeit des Projekts bewirken, sollte der Aufwand für Erhebung und Abschätzung der übrigen Nutzenelemente nicht mehr betrieben werden. Daraus entstand eine erste Version des Bewertungsmodells (vgl. Tab. 3-18 und 3-19). Jedes der 21 relevanten Kosten- und Nutzenelemente wurde dann bewertet. Dabei wurde die Anzahl der Elemente auf 15 reduziert.

Tab. 3–18 *Bewertungsmodell (Version 1): Kostenelemente*

Bewertung der Kostenelemente		
Kostenkategorien	**Initial**	**Laufend**
Software	Lizenzkosten	
Hardware	Hardwarekosten	
Beratung	Externe Beratung im Projekt	
Personal	Projektmitwirkung Kunden/ Mitarbeiter	Einlaufphase (3 Monate)
Sonstige		Zusätzliche Wartungsverträge mit Herstellern und Dienstleistern
Schulung	Schulung der Kunden/ Mitarbeiter	
Indirekte Kosten		Kosten durch Ausfall der Datenleitungen

Tab. 3–19 Bewertungsmodell (Version 1): Nutzenelemente

Bewertung der Nutzenelemente		
Nutzenkategorien	**Initial**	**Laufend**
Direkter Nutzen		Keine Investitionen in neue Clients oder Server erforderlich, reduzierte Betriebskosten, kleinere Technikräume, Aufwandsreduktion für Software Change, Remote Support, einheitliche Softwareversionen, weniger Umzüge
Indirekter Nutzen		Erhöhung der Verfügbarkeit (Mitarbeiterproduktivität)
Geschäftsnutzen		Einfache Home-Office-Anbindung, Vereinfachung der IT-Versorgung von Springern, Outsourcing möglich, effizientere Nutzung der Netzwerkressourcen, Network-based Learning

Erhebungsstrategien

Die Bestimmung der Nutzen- und Kostenelemente in der Betriebsphase verursacht in der Praxis die größten Probleme. Daher werden in Tab. 3-20 die wichtigsten Erhebungsstrategien aufgezeigt. Bei Abschätzungen ist es erforderlich, auch die entsprechenden Unsicherheiten darzustellen. Die Akzeptanz der Ergebnisse setzt die Dokumentation der Erhebungsmethode voraus. Externe Berater sollten eine solche Datenerhebung grundsätzlich gemeinsam mit dem Kunden durchführen.

Tab. 3–20 Datenerhebungsstrategien

Strategie	Vorteil	Nachteil	Methode
Direktes Messen aus Informationssystemen	Genaue Messwerte, wenig Aufwand	Meistens ist der Parameter nicht direkt abgebildet	Berichtswesen, System- & Network-Management usw.
Indirektes Messen	Wenig Aufwand	Ggf. ungenaue Messwerte	Berichtswesen, System- & Network-Management, Interviews usw.
Abschätzungen	Geringer Aufwand	Ungenaue Werte	Interviews, Workshops
Benchmarks	Mittlerer Aufwand	Ungenaue Werte	Eigene Erfahrungen, Internet, Consultingfirmen
Detaillierte Datenanalyse	Relativ genaue Werte	Hoher Aufwand	Berichtswesen, Interviews, Workshops usw.

Praktisch bewährt hat sich die direkte Kommunikation mit den im Betriebsprozess aktiven Mitarbeitern. Diese Art der Erhebung ist schnell und aufwandsarm und liefert bei richtiger methodischer Vorgehensweise belastbare Ergebnisse.

Ermittlung der Prozesskosten

Bei der Ermittlung von Prozesskosten hat sich folgendes Vorgehen bewährt: Da der dominierende Kostentreiber in der IT meistens die Personalkosten sind, sollten für jeden Prozess der Aufwand, die Anzahl der Vorfälle und die internen Stundensätze der Mitarbeiter ermittelt oder abgeschätzt werden. Die effektivste Methode ist auch hier wieder die systematische Befragung der in den Prozess eingebundenen Mitarbeiter.

Beispiel: Die Aufwände für eine Installation eines Standard-Desktops sollen bestimmt werden. Es wurden folgende Prozessschritte identifiziert:

- Prüfung des Auftrags
- Beschaffung
- Terminvereinbarung
- Aufspielen des Images
- Fahrt zum Anwender
- Durchführung der Installation
- Einweisung
- Rückfahrt
- Asset-Pflege

Für die Aufwände wurden in Interviews mit dem Service-Personal folgende Werte ermittelt:

- Prüfung des Auftrags, Terminvereinbarungen und Asset-Pflege: ca. 20 Minuten
- Aufspielen des Images: ca. 25 Minuten
- Fahrtzeit zu dezentralen Standorten: im Durchschnitt 45 Minuten
- Installation und Einweisung: ca. 60 Minuten

Ergebnisse:

- Aufwand einer zentralen Installation: 105 Minuten
- Aufwand einer dezentralen Installation: 150 Minuten

Eine Multiplikation dieser Zeiten mit den internen Personalkostensätzen und der Anzahl der zentralen und dezentralen Installationen ergibt den Gesamtaufwand.

Wirtschaftlichkeitsanalyse

Periodengerechte Zuordnung der Kosten- und Nutzenelemente

Anschließend mussten die erarbeiteten Werte aller Kosten- und Nutzenelemente periodengerecht zugeordnet werden. Aus diesen Zahlungsreihen konnten dann die benötigten Wirtschaftlichkeitskennzahlen abgeleitet werden.

Ergebnisdokumentation

Die Ergebnisse der Wirtschaftlichkeitsanalyse wurden in einem etwa 20-seitigen Dokument zusammengefasst. Das Honorar für den externen Berater betrug etwa EUR 5.000,00. In Tab. 3-21 bis 3-23 wird ein Überblick über die Ergebnisse gegeben. Auf Basis dieser Werte entschied der Kunde, die IT-Infrastruktur wie vorgeschlagen zu restrukturieren.

Tab. 3-21 *Übersicht Wirtschaftlichkeitskennzahlen*

Bezeichnung	Wert
Jährlicher Return on Investment (ROI in %)	63
Comulated Return on Investment (cROI in %)	171
Amortisationsdauer (Monate)	9
Nettobarwert (NPV in EUR)	401.000
Investitionsvolumen (EUR)	560.000
Gesamtkosten (3 Jahre in EUR)	601.000
Gesamtnutzen (3 Jahre in EUR, Minimum)	1.109.000

Tab. 3-22 *Übersicht Kosten (in EUR)*

Position	Beschreibung	Betrag
1	Kosten Hardware	110.000
2	Kosten Software	185.000
3	Kosten Dienstleistungen	180.000
4	Kosten Personal	9.600
5	Kosten Schulung	7.000
6	Kosten Sonstiges	70.000
7	Wartungskosten	30.000
8	Einlaufphase	9.600

Tab. 3-23 *Übersicht Nutzen (in EUR)*

Position	Beschreibung	Minimum	Maximum
1	Investitionseinsparungen Clients	344.500	344.500
2	Investitionseinsparungen Server	120.000	120.000
3	Software Change	208.800	210.000
4	Remote Support	120.000	120.000
5	Einheitliche Softwareversionen	51.840	77.760
6	Umzüge	144.000	144.000
7	Erhöhung Verfügbarkeit	120.000	120.000

Kommentar des Herausgebers

Wirtschaftlichkeitsrechnung nach der Kapitalwertmethode

Der Beitrag zeigt die klassische Form der Wirtschaftlichkeitsrechnung für IT-Projekte. Auch wenn in jüngster Zeit namhafte Beratungsunternehmen in Fachzeitschriften NPV und ROI als »ultima ratio« der Wirtschaftlichkeitsrechnung vorstellen, so muss man nüchtern festhalten, dass die Kapitalwertmethode auf Basis der Zinseszinsrechnung wohl eines der ältesten Controllinginstrumente überhaupt darstellt.

Unterlassene Nachkalkulationen in der Praxis

Zwar sind diese Verfahren in den meisten Unternehmen bekannt, werden aber nicht genutzt. Und wo Projektanträge mit Wirtschaftlichkeitsrechnungen versehen werden (müssen), sind das einmalige Aktionen. Im Sinne des Regelkreis-Denkens müsste die anfängliche Wirtschaftlichkeitsrechnung während des Projekts und im nachfolgenden Betrieb regelmäßig überprüft werden. Spätestens am Ende eines Projekts müsste gefragt werden, ob der geplante Aufwand eingehalten werden konnte und welche Auswirkungen Veränderungen (z. B. durch zusätzliche Anforderungen) auf die Wirtschaftlichkeit des Vorhabens haben. Während des betrieblichen Einsatzes müsste periodisch geprüft werden, ob der bei der Projektinitiierung behauptete Nutzen auch tatsächlich realisiert werden kann. Diese Nachkalkulationen findet man in der Praxis nur ganz selten, denn sie sind aufwändig und oftmals auch nicht gewollt.

Schwierigkeiten der Kosten- und Nutzenabschätzung

Die in dem Beitrag erläuterten Schwierigkeiten bei der Kosten- und Nutzenabschätzung sind in der Praxis ein großes Problem. Gute Ansätze, sich diesem pragmatisch zu nähern, wurden hier andiskutiert. Die Qualität und Treffsicherheit solcher Schätzungen könnte man in der Praxis spürbar verbessern, wenn die genannten Nachkalkulationen systematisch und umfassend durchgeführt würden. Dann könnte man aus den Fehleinschätzungen der Vergangenheit lernen. Viele Unternehmen sprechen über Knowledge-Management; hier könnte man damit anfangen.

Bedeutung der Zinseszinsrechnung

Zunehmend fraglich erscheint uns der immer wieder und immer noch geforderte Einsatz der Zinseszinsrechnung. Sie ist ohne Zweifel geeignet für stabile Situationen und lange Lebenszyklen. Jedoch besteht in der Praxis ein zunehmender Druck, nur solche IT-Projekte durchzuführen, die eine Amortisationsdauer von höchstens zwei bis drei Jahren haben. Längere Amortisationszeiten sind oftmals schon ein K.-o.-Kriterium für IT-Projekte. Unter diesen Randbedingungen erscheint uns der Aufwand, den man mit der Zinseszinsrechnung treiben muss, eigentlich nicht mehr gerechtfertigt. Wir plädieren an dieser Stelle dafür, sich von dem Zinseszins-Paradigma zu lösen. Zusätzlich sollten Wirtschaftlichkeitsrechnungen so angelegt werden, dass der Lebenszyklus mit dem Zeitpunkt der Projektentscheidung beginnt. Dann könnte man auf einfache Weise die Wirtschaftlichkeits-»Killer« von IT-Projekten transparent machen. Das nachfolgende Beispiel zeigt dies.

Beispiel einer Wirtschaftlichkeitsrechnung ohne Zinseffekte

Ein Projekt werde genehmigt, soll sechs Monate später gestartet werden, sechs Monate dauern und das erstellte System soll anschließend zwei Jahre eingesetzt werden. Der Aufwand im Projekt betrage 100 Einheiten, der Nettonutzen pro Jahr 80 Einheiten. Verläuft alles planmäßig, so hat man drei Jahre nach der Projektentscheidung einen Überschuss von 60 Einheiten oder cROI von 160 %. Wird das Projekt nun 50 % teurer als geplant, ansonsten aber planmäßig abgewickelt, so reduziert sich der Gesamtüberschuss nach drei Jahren auf zehn Einheiten. Der cROI beträgt nur noch 110 %. Nimmt man alternativ an, der Projektstart verzögere sich um drei Monate und das Projekt dauere statt sechs Monaten neun Monate, so verkürzt sich im Lebenszyklus des Projekts von drei Jahren die Betriebsphase auf 18 Monate. Wenn das Projekt im Rahmen des geplanten Aufwands durchgeführt wird, dann reduziert sich der Gesamtüberschuss auf 20 Einheiten. Der cROI beträgt in diesem Falle 120 %.

In der Praxis ist es nun so, dass Zeit- und Kostenüberschreitungen in Projekten erfahrungsgemäß gemeinsam auftreten. In dem oben genannten Beispiel hätte das vernichtende Auswirkungen auf die Wirtschaftlichkeit des Projekts.

Vorteile einer zinslosen Wirtschaftlichkeitsrechnung

Der Vorteil der zinslosen Betrachtung liegt darin, dass die Rechnungen elementar einfach werden, Fehler mit der Auf- und Abzinsung von Werten nicht stattfinden können und Simulationen verschiedener Szenarien leichter und schneller möglich sind. Die Zuordnung des Lebenszyklusbeginns auf den Zeitpunkt der Projektentscheidung bezieht darüber hinaus auch die Effekte ein, die durch Verschiebungen der Projekte entstehen. Wenn time to market wichtig ist, dann hat nicht nur die Projektdauer, sondern auch der Projektzeitpunkt einen wesentlichen Einfluss auf die Wirtschaftlichkeit von Vorhaben. Die Verankerung der Wirtschaftlichkeitsbetrachtung auf den Entscheidungszeitpunkt ist betriebswirtschaftlich auch deswegen sinnvoll, da sie in der Regel eine Bereitstellung und Reservierung von Ressourcen nach sich zieht.

3.8 Einführung einer IT Balanced Scorecard

Ausgangslage des Projekts

Ein deutscher Konzern hatte aufgrund zunehmender Internationalisierung einen wachsenden Bedarf an konsolidierten Informationen. Im Bereich der Informationstechnologie führte die hohe Autonomie der Beteiligungsgesellschaften dazu, dass die Zentrale nur unzureichend über die im Konzern vorhandenen IT-Architekturen und IT-Systeme informiert war. Der Zentralbereich Informationsmanagement wurde immer wieder mit Fragen zur IT-Strategie konfrontiert, die er nicht beantworten konnte, da Informationen fehlten.

Ziele des Projekts

Ziel des Projekts war es daher, Informationen schnell verfügbar zu machen. Da die Konzerngesellschaften im In- und Ausland unter lokal sehr unterschiedlichen rechtlichen und ökonomischen Rahmenbedingungen arbeiten, war es ein weiteres Ziel des Projekts, ein gemeinsames Verständnis für die strategische Ausrichtung der IT im Konzern zu entwickeln.

Außerdem sollten Synergiepotenziale identifiziert und realisiert werden. Es wurde erwartet – und im Projekt dann auch bestätigt –, dass Unternehmen mit gleichem Geschäftszweck und vergleichbaren Märkten ähnliche Anforderungen an die Unterstützung der Geschäftsprozesse durch die IT haben. Die identifizierten Synergiepotenziale führten schon im Projekt zu ersten Kosteneinsparungen. So wurde z. B. bei der Beschaffung von Softwarelizenzen durch Offenlegung von Rahmenvertragsinformationen eine Einsparung in Millionenhöhe realisiert.

Vorgehen

Werbung für das Projekt

Ein Projekt steht oder fällt mit der Beteiligung der Betroffenen. Aber was tut man, wenn die Verantwortlichen sich nicht betroffen fühlen? Also wurde zunächst eine »Networking«-Initiative gestartet, die alle IT-Verantwortlichen an einen Tisch bringen sollte und ihre Motivation zur Teilnahme am Projekt zum Ziel hatte.

Bildung des Projektteams

Nachdem alle IT-Manager umfassend informiert waren, erklärten sich die IT-Leiter von vier nationalen und sechs internationalen Gesellschaften zur Teilnahme am Projekt bereit. Mit dieser Gruppe wurde das Projekt gestartet.

Einheitliche Begriffsdefinitionen

Im Vordergrund standen zunächst Bedarfsermittlung und Aufbau einer einheitlichen Informationsbasis. Dabei stellte sich heraus, dass grundlegende Begriffe extrem unterschiedlich definiert und verstanden wurden.

Am Beispiel der IT-Kosten lässt sich das sehr gut erläutern. Gehörten im einen Land nur die reinen IT-Kosten für Hard- und Software und IT-Projekte zum Budget, ging es in anderen Ländern weit darüber hinaus, beispielsweise durch Integration der Telefonsysteme oder der Kopierer in die Budgetierung. In einem Fall wurden sogar die Kuvertierungskosten für Rechnungen (inkl. Papier und Porto) dem IT-Budget zugeordnet.

Pragmatisches Vorgehen

Auf der Suche nach einem Best-Practice-Ansatz ist das Projekt leider gescheitert, da eine einheitliche Regelung nicht durchgesetzt werden konnte. Also wurden bestimmte Elemente als IT-Budget-Positionen definiert und die operativen Einheiten hatten die »Produktion« dieser Zahlen in der vereinbarten Definition zu gewährleisten. Auf dieser Basis wurde versucht, ein internes Benchmarking zu entwickeln und die Gesellschaften untereinander zu vergleichen.

Projektorganisation

Kernteam

Neben den Teammitgliedern aus der Zentrale nahmen die IT-Manager der Pilotländer als Kernteam am Projekt teil. Geleitet wurde das Projekt von einem externen Berater, der auch das »Networking« der Teilnehmer untereinander sicherstellen sollte. Diese Initiative ist mittlerweile zu einer eigenständigen Institution geworden: die jährliche »CIO Conference«. Das Kernteam bestand aus sechs IT-Managern der beteiligten Gesellschaften, zwei Mitarbeitern aus der Zentrale sowie dem Projektmanager und einer Assistenzkraft; zu einzelnen Fachthemen oder Projekten wurden »Gastteilnehmer« hinzugezogen.

Information des Umfelds

Die Information der anderen Gesellschaften erfolgte per Protokoll, auf halbjährlichen Informationsveranstaltungen und im Rahmen der neu geschaffenen »CIO Conference«.

Herausforderung Internationalität

Eine der größten Herausforderungen war die Internationalität des Teams – angefangen bei den sprachlichen Anforderungen bis hin zu der Frage, wo die Projektmeetings stattfinden sollten. Die Projektmeetings wurden dann reihum in den beteiligten Gesellschaften durchgeführt. Als positiven Begleiteffekt erhielten alle Teilnehmer einen Einblick in die Gegebenheiten der einzelnen Schwesterfirmen, da natürlich jeder Gastgeber sein Unternehmen eingehend darstellte.

Projektdauer

Es war klar, dass das Projekt nicht in wenigen Monaten zu bewältigen war. Aus der Planung ergab sich eine Projektlaufzeit von etwa zwei Jahren.

Projektinhalte

Projektphasen

Für das Projekt wurden folgende Phasen definiert:

- Anforderungsdefinition
- Perspektiven der Balanced Scorecard
- Spezifikation der Schlüsselkenngrößen (KPIs = Key Performance Indicators)
- Pilotanwendung bzw. Rollout

Die Ermittlung der Anforderungen zeigte sehr schnell die unterschiedlichen Erwartungshaltungen der einzelnen Teilnehmer. Es gab eine Vielzahl von Anforderungen und Interessenlagen, die Kompromisse erforderlich machten. Die Überzeugungsarbeit für die erforderliche Kompromissbereitschaft war eine der ersten Nagelproben für das Projekt.

Anforderungen und Erwartungshaltungen

Um Dimensionen und Inhalte der geplanten Balanced Scorecard zu bestimmen, wurden eine Reihe von Brainstorming-Sitzungen durchgeführt. Sie lieferten eine große Zahl an Einzelinformationen und Inhalten, die in Kleinarbeit strukturiert und systematisiert wurden. Die endgültige Festlegung der Inhalte wurde in vielen Fällen davon bestimmt, welche Daten überhaupt erhoben werden konnten bzw. welchen Aufwand die Datenbeschaffung bedeutet hätte.

Brainstorming und Ergebnisaufbereitung

Folgende Inhalte wurden schlussendlich definiert (hier nur in Auszügen wiedergegeben):

Ergebnisse

- Gesellschaftsdaten (Name, Adresse, Business Lines, CIO, Programme/Projekte usw.)
- Basiszahlen des Unternehmens (Umsatz, Mitarbeiter, Kunden, Budgets usw.)
- Zahlen zum IT-Budget
- Daten zum IT-Personal (Zahl, externe Kräfte, Trainingstage usw.)
- IT-Strategie (Businessintegration, Programme, Projekte usw.)
- Standards in der IT (Anwendungsentwicklung, Datenbanken, Arbeitsplatzausstattung, Office-Lösung usw.)
- Business-Anwendungen (konzernweite Lösungen)
- Projekte (Termintreue, Kostentreue, Qualität, Synergien durch Gemeinschaftsprojekte usw.)
- Prozesse (Grad der Prozessorientierung, Prozesskosten usw.)
- Performance (Leistung, Nutzenbeitrag, Wertschöpfung usw.)
- IT-Management-Informationen (Change-/Quality-/Risk-Management, Innovation, Service-Levels usw.)

Nach dieser zwar aufwändigen, aber vergleichsweise einfachen Aufgabe ging es dann an die Ermittlung der Schlüsselkenngrößen.

Erarbeitung der Schlüsselkenngrößen

In der Diskussion wurde immer wieder nach externen Referenzen und Benchmarks für die Leistungsindikatoren gefragt. Es gelang auch, für einige Standardindikatoren normierte Definitionen zu erstellen, aber bei der weitaus größeren Zahl wurde Neuland betreten. Hier zeigten sich dann die Früchte der Integrationsarbeit und der Teambildung.

Für alle gewählten Indikatoren konnten geeignete Definitionen erarbeitet werden. Die Struktur war im Vorfeld abgestimmt worden, so dass eine klare Aufgabenteilung im Projektteam und eine zügige Bearbeitung möglich waren. Tab. 3-24 zeigt das Beispiel einer KPI-Definition und die Tab. 3-25 bis 3-28 geben einen Überblick über die definierten Kenngrößen.

Tab. 3-24 *Beispiel für eine Schlüsselkenngröße (KPI)*

PRODUKTIVITÄTSINDEX
Identifizierungs-Code: F-007
Formel: Aufwand (Ressourcen) zur Erstellung/Anzahl bzw. Menge der Output-Elemente
Beschreibung: Ressourceneinsatz je Output-Element (z. B. Anzahl bearbeiteter Trouble-Tickets oder Desktop-Installationen) Anwendbar z. B. für die nachkalkulierten Aktivitäten des Berichtszeitraums
Definition der Input-Parameter: Standardisierte Output-Elemente (z. B. Trouble Tickets, UHD Calls, Bereitstellung von Arbeitsplätzen) Aufwand (Personalkosten und sonstige Aufwendungen)
Nutzen: Indikator für die Effizienz der Leistungserbringung in der IT; Identifikation von Kostensenkungspotenzialen
Datenquelle: Reporting-Datenbank
Zielwert: xxx EUR/Output-Element

Tab. 3-25 *Balanced Scorecard (Teil 1)*

Schlüsselkenngrößen Finanzwirtschaft		
Lfd. Nr.	**Code**	**Bezeichnung**
1	F001	IT-Budget
2	F002	IT-Ausgaben pro IT-Mitarbeiter
3	F003	IT-Kostenstruktur
4	F003-a	Personalkosten
5	F003-b	Abschreibungen
6	F003-c	Sonderabschreibungen
7	F003-d	Verwaltungskosten
8	F003-e	Hardware
9	F003-f	Software
10	F003-g	Wartung
11	F004	IT-Produktivität
12	F005	Anteil IT-Kosten an Gesamtkosten

Tab. 3–26 Balanced Scorecard (Teil 2)

Schlüsselkenngrößen Geschäftsprozessunterstützung		
Lfd. Nr.	**Code**	**Bezeichnung**
13	P001	IT-Unterstützung pro Prozess
14	P002	Anteil abgeschlossener IT-Projekte »in time«
15	P003	Anteil abgeschlossener IT-Projekte »in budget«
16	P004	Fehlerrate je IT-Produkt
17	P005	Konformität zu Konzernstandards
18	P006	Einhaltung von SLAs
19	P007	IT-Management-Performance

Tab. 3–27 Balanced Scorecard (Teil 3)

Schlüsselkenngrößen Kunde		
Lfd. Nr.	**Code**	**Bezeichnung**
20	K001	Zufriedenheit Prozessmanager
21	K002	Kundenzufriedenheit
22	K003	Benutzerzufriedenheit

Tab. 3–28 Balanced Scorecard (Teil 4)

Schlüsselkenngrößen Mitarbeiter/Organisation		
Lfd. Nr.	**Code**	**Bezeichnung**
23	M001	Anteil fest angestellter IT-Mitarbeiter
24	M002	Anteil externer IT-Kräfte
25	M003	Mitarbeiterzufriedenheit
26	M004	Fluktuationsrate
27	M005	Mitarbeiterqualifikation

Pilotierung

Nach Definition der Schlüsselkenngrößen ging es in der nächsten Phase um die Umsetzung im Rahmen einer Pilotanwendung. Diese erfolgte in zwei Stufen. In der ersten Stufe beschränkte sich der Teilnehmerkreis auf die Projektbeteiligten. In der zweiten Stufe wurde er auf weitere Länder ausgedehnt, deren Teilnahme auf freiwilliger Basis erfolgte.

Anforderungen an die Pilotanwendung

Es gab zwei grundsätzliche Anforderungen an den Piloten: Erstens sollte er schnell und mit einfachen Mitteln realisierbar sein und zweitens sollte er den Datenzugriff via Intranet/Internet und Browser-Technologie ermöglichen (sowohl Datenerfassung als auch Ergebnisdarstellung).

Realisierung der Pilotanwendung

Bei der Realisierung entschied man sich für eine Eigenentwicklung, da nur so die erste Anforderung zu erfüllen war. Die Ergebnisse wurden zum Download via Internet/Intranet zur Verfügung gestellt und konnten in einer Tabellenkalkulation visualisiert werden. Sie bilden die Grundlage für die quartalsweisen Reviews des Konzern-CIO mit den einzelnen Gesellschaften.

Aufwand für die periodische Datenbereitstellung

Quartalsweise Reviews bedeuten quartalsweise Scorecards und deren zeitnahe Bereitstellung (innerhalb zwei bis drei Wochen) durch die Gesellschaften. Diese Periodizität stellte in der Anfangsphase eine enorme Einstiegshürde dar, da sie in den Beteiligungsgesellschaften zu einem erhöhten Arbeitsaufkommen führte, und das in einer Zeit (nach Quartalsschluss), in der ohnehin alle Einheiten erhöhte Anforderungen an die Informationsbereitstellung haben.

Erfolgsfaktoren

Verfügbarkeit der Mitarbeiter

Die Aufgabenstellung erforderte eine intensive, konstruktive und vertrauensvolle Zusammenarbeit. Wesentliche Voraussetzung für die erfolgreiche Projektarbeit war die Verfügbarkeit aller erforderlichen (internen) Informationen. Es standen sowohl in der Zentrale als auch in den beteiligten Gesellschaften Ansprechpartner mit den notwendigen Befugnissen und dem notwendigen Zeitbudget zur Verfügung. Trotzdem gestaltete sich die Zusammenarbeit oftmals schwierig, angefangen von Terminproblemen bis hin zu teilweise kaum überbrückbaren Gegensätzen bei der Realisierung von Einzelelementen der BSC.

Konflikte zwischen Projekt- und Linienarbeit

Auch für Balanced-Scorecard-Projekte gilt: Tagesgeschäft und Projektarbeit stehen im Konflikt. Darüber hinaus waren Volumen und Komplexität des Projekts größer als angenommen. Die Gegenströmungen und unterschiedlichen Interessenlagen haben die Projektarbeit spürbar erschwert. Hinzu kamen die unterschiedlichen rechtlichen Rahmenbedingungen in den jeweiligen Teilnehmerländern (Handels-/Steuerrecht).

Moderation durch neutralen Dritten

Ein erfahrener und neutraler Partner ist sinnvoll und sichert die zielgerichtete Projektarbeit. Er objektiviert und moderiert die schwierigen Diskussionen und kann Erkenntnisse aus laufenden oder durchgeführten Projekten einbringen.

Schnelle Ergebnisbereitstellung

Gerade für die Balanced Scorecard gilt: »Start small, think big!« Es ist für den Erfolg des Projekts entscheidend, wesentliche Ergebnisse in kurzer Zeit zu realisieren und dann den Rest kontinuierlich zu ergänzen und zu verbessern. Das gilt auch und gerade für die Realisierung von benötigter Software.

Offene Kommunikation

Ein weiterer Erfolgsfaktor ist die offene Kommunikation aller Beteiligten von Anfang an. Dies bedeutet vor allem die vollständige Integration der beteiligten Partner in das Projekt. Ihnen muss klar werden, dass der Nutzen eines solchen Projekts für jeden Einzelnen umso größer ist, je mehr er sich einbringt.

Kommentar des Herausgebers

Schwierigkeiten bei Definition der Ziele

Die knappe Projektschilderung lässt erahnen, welche Konflikte in dem Projekt zu überwinden waren. Eine solche für alle Beteiligten zum Teil schmerzvolle Entwicklung tritt bei Scorecard-Projekten immer wieder auf und ist geradezu typisch. Wer sich nämlich ernsthaft auf das Thema Balanced Scorecard einlässt, muss sagen, welche Ziele er hat und wie er den Grad der Zielerreichung messen will. Das erfordert Offenheit und Transparenz, mit der sich aber viele Führungskräfte schwer tun. Das geht so weit, dass Balanced-Scorecard-Projekte auch wieder abgebrochen werden.

Schwierigkeiten bei Definition der Kennzahlen

Bemerkenswert an diesem Beispiel ist die Aussage, dass die Ermittlung der Kenngrößen die größten Schwierigkeiten bereitet hat. Auch das ist nicht untypisch für Projekte dieser Art. Neben der Tatsache, dass die Definition von »guten« Kennzahlen nicht einfach ist, kommt insbesondere im Fall der Balanced Scorecard noch hinzu, dass jede Kennzahl, mit der man sich schwer tut, ein Indiz dafür ist, dass die dahinter stehenden Inhalte – nämlich Ziele und Umsetzungsstrategien – noch nicht belastbar geklärt und abgesichert sind. Auffällig ist, dass offenbar die Perspektivenbildung keine Schwierigkeiten bereitet hat. Man hat, wie Tab. 3-25 bis 3-28 vermuten lassen, weitgehend die von Kaplan und Norton eingeführten Perspektiven übernommen.

Kommunikationsfunktion von Kennzahlensystemen

Was sich aus diesem Praxisfall ebenfalls sehr gut erkennen lässt, ist die Kommunikationsfunktion von Balanced Scorecards. Das gilt für jedes Kennzahlensystem. Es ist stets auch ein Kommunikationsvehikel für den Dialog zwischen dem Verantwortlichen für das Steuerungsobjekt und den so genannten »stakeholders«. Gerade in Konzernumgebungen beobachtet man immer wieder, dass es bei der Einführung von Balanced Scorecards weniger um die von Kaplan und Norton angestrebte strategische Steuerung geht, sondern (zunächst) um die Entwicklung eines gemeinsamen Verständnisses der eigenen Organisation.

3.9 IT-Performance-Management

IT als Kosten- und Leistungsfaktor

Aus der Sicht vieler Unternehmensleitungen ist IT eine Technologie, die selten funktioniert und zu teuer ist. Nach dem Ende der Internet-Euphorie stehen die Kosten der IT wieder im Vordergrund. Der »Erfolg« von IT wird fast ausschließlich über die Kostenseite definiert. Typische Kennzahlen sind IT-Kosten in Relation zum Umsatz, IT-Kosten je Benutzer, Anzahl IT-Mitarbeiter im Verhältnis zur Anzahl der Benutzer. Um aber ein vollständiges Bild von der IT zu bekommen, muss die Kostenseite um die Leistungsseite – die »Performance« –

ergänzt werden. Wie kann die Leistung der IT bestimmt werden? Und wie können die Ergebnisse »vorstandstauglich« kommuniziert werden?

IT-Performance-Management als Methode

IT-Performance-Management hilft, diese Fragen zu beantworten. Es handelt sich um eine Methode, die über das traditionelle Berichtswesen hinausgeht. Sie stützt sich auf eine begrenzte Zahl von Schlüsselkenngrößen, sogenannte Key Performance Indicators (KPIs), die die Leistung der IT messen und aus den Zielen der IT abgeleitet werden. IT-Performance-Management will den Bedürfnissen unterschiedlicher Führungsinstanzen wie dem Vorstand, dem CIO oder den Leitern operativer IT-Einheiten genügen. Es besteht aus einer ausgewogenen Mischung von Finanzdaten und nichtfinanziellen Daten, die Stärken und Schwächen der IT-Leistung eines Unternehmens transparent machen. Die Ergebnisse sind zielgruppenspezifisch anpassbar.

Vorgehensweise

Diese Methode wurde in den unterschiedlichsten Umgebungen und Organisationen erfolgreich eingesetzt. In der Praxis hat sich eine fünfstufige Vorgehensweise zur Einführung des IT-Performance-Managements bewährt (vgl. Abb. 3-4).

Abb. 3–4 *Vorgehenskonzept IT-Performance-Management*

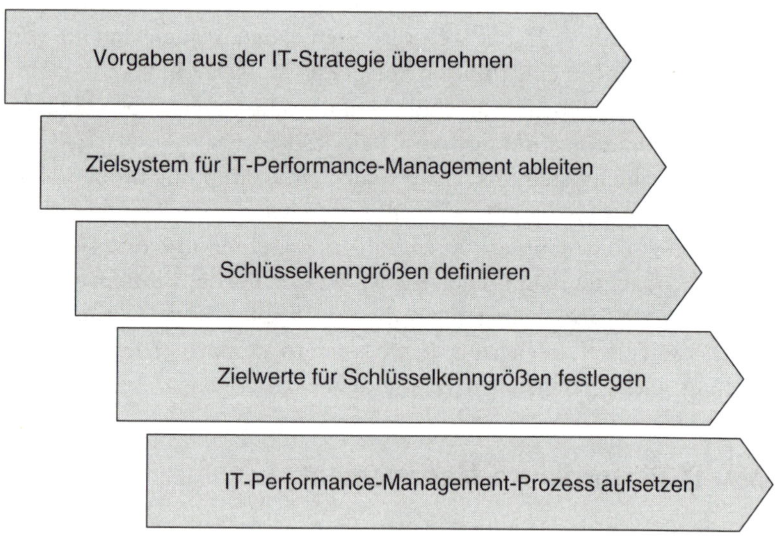

Vorgaben aus der IT-Strategie übernehmen

IT-Strategie als Basis

Aus der Unternehmensvision und der aus ihr entwickelten Unternehmensstrategie wird die IT-Strategie abgeleitet. Sie ist Basis des IT-Performance-Managements. Die Unternehmensvision enthält die Geschäftsprinzipien, konsolidiert Geschäftsideen und ist eine Darstellung der zukünftigen Rolle des Unternehmens. Die IT-Strategie greift die Implikationen für die IT auf und verankert sie in einer validen Zielvorgabe. Sie trifft Aussagen über IT-Management, Applikationen, Technologie, IT-Organisation und IT-Performance-Management (vgl. Abb. 3-5).

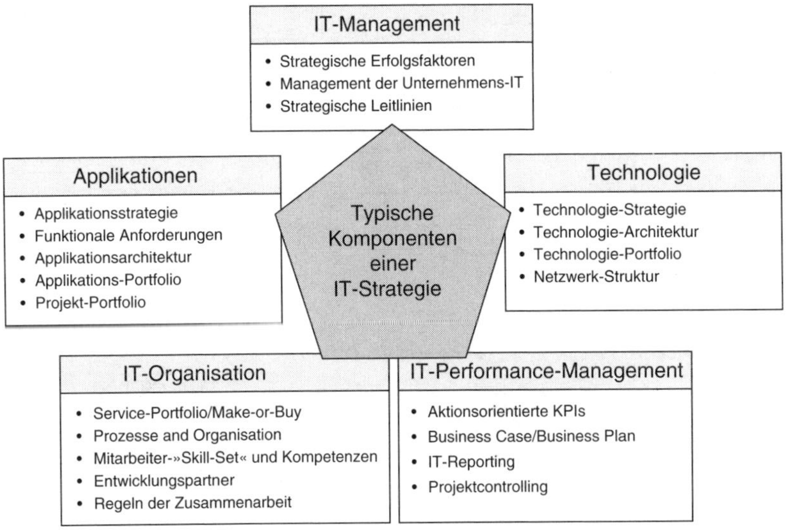

Abb. 3–5
Typische Komponenten einer IT-Strategie

Zielsystem für IT-Performance-Management ableiten

Operationalisierung der IT-Strategie

Die IT-Strategie muss dann über konkrete Ziele operationalisiert werden. IT-Ziele müssen umsetzbar und in sich konsistent sowie umfassend und überschneidungsfrei sein. Zielkonflikte müssen aufgelöst werden, z. B. durch Priorisierung nach Relevanz oder Implementierungsrisiko. Ergebnis ist eine in der Regel mehrstufige IT-Zielhierarchie (vgl. Abb. 3-6 und 3-7).

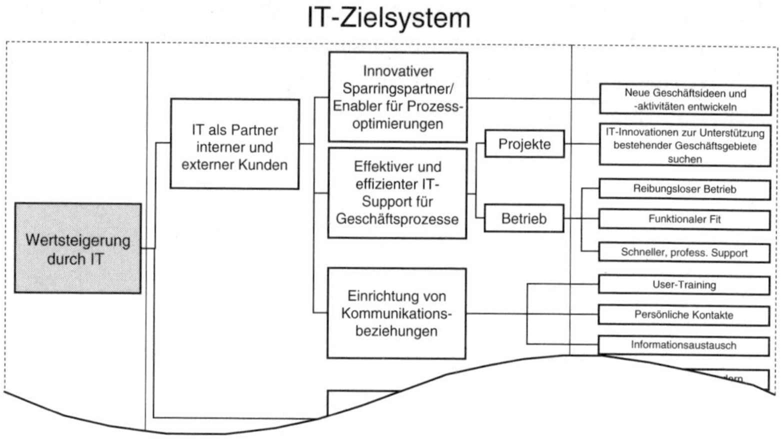

Abb. 3–6
Beispiel 1 für ein Zielsystem

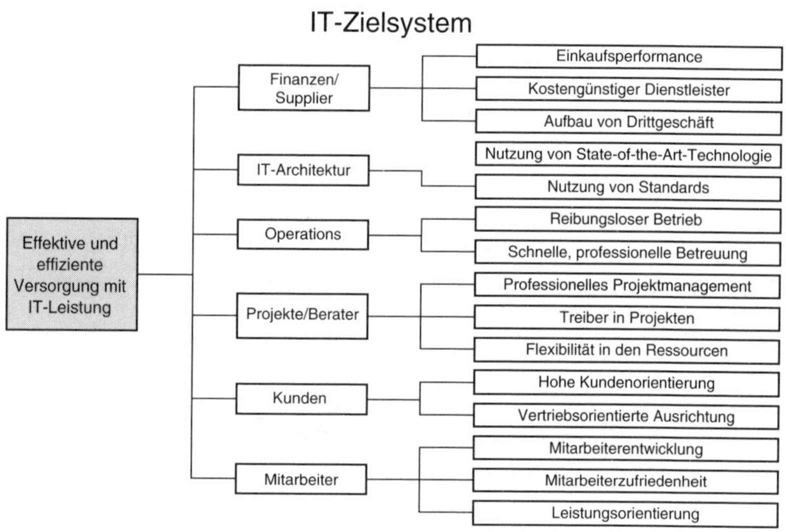

Abb. 3–7
Beispiel 2 für ein Zielsystem

Schlüsselkenngrößen definieren

Key Performance Indicators (KPI)

Um den Grad der Zielerreichung zu messen, werden Schlüsselkenngrößen, so genannte Key Performance Indicators (KPIs) gebildet. Der Weg von IT-Zielen zu Schlüsselkenngrößen ist beschwerlich. Das liegt daran, dass messbare Größen bestimmte formale und methodische Anforderungen erfüllen müssen (vgl. auch 2.2).

- **Beziehungskardinalität:** Jede Schlüsselkenngröße misst den Erreichungsgrad genau eines definierten IT-Ziels. Ein IT-Ziel kann von mehreren Schlüsselkenngrößen gemessen werden. So wird eine klare Abgrenzung zwischen den IT-Zielen sichergestellt.

- **Verständlichkeit:** Eine Schlüsselkenngröße muss verständlich bezeichnet und definiert sein. Nur so ist die Verwendung im Unternehmen gesichert.
- **Dokumentation:** Eine Schlüsselkenngröße wird durch eine mathematische Formel und quantifizierbare Größen konsistent beschrieben. Damit wird die Wertermittlung nachvollziehbar.
- **Maßnahmen-Orientierung:** Schlüsselkenngrößen werden so definiert, dass aus den gemessenen Werten unmittelbar Maßnahmen abgeleitet werden können.
- **Beeinflussbarkeit:** Der Verantwortliche, der für das Erreichen des zugehörigen IT-Ziels verantwortlich ist, muss in der Lage sein, den Wert »seiner« Schlüsselkenngröße(n) zu beeinflussen. Nur dann wird IT-Performance-Management von den Verantwortlichen akzeptiert.
- **Messbarkeit:** Die Daten für Schlüsselkenngrößen müssen in definierten Zyklen verfügbar sein. Die Datenermittlung muss mit vertretbarem Aufwand durchführbar sein. Idealerweise sind die Daten bereits in bestehenden Berichtssystemen gespeichert.

Kennzahlen-Steckbriefe und Scorecards

Das IT-Ziel »Reibungsloser Betrieb« kann beispielsweise durch den »Verfügbarkeitsgrad« und das »Antwortzeitverhalten« für ausgewählte Transaktionen konkretisiert werden. Jede Schlüsselkenngröße wird anhand einheitlicher Kennzahlen-Steckbriefe beschrieben, um Konsistenz und Verständlichkeit sicherzustellen (vgl. 2.2). Ausgewählte Schlüsselkenngrößen werden in zielgruppenspezifischen Scorecards konsolidiert.

Zielwerte für Schlüsselkenngrößen festlegen

Vorgehen bei der Zielwertermittlung

Für jede Schlüsselkenngröße sind Zielwerte zu definieren. Die Festlegung realistischer und zugleich ehrgeiziger Zielwerte ist schwierig, nicht zuletzt wegen unterschiedlicher Interessenlagen der involvierten Personen. In der Praxis hat sich eine dreistufige Vorgehensweise bewährt:

- **Analyse der Istwerte.** Zum Verständnis der aktuellen IT-Performance werden die Istwerte der Schlüsselkenngrößen ermittelt und Referenzwerte für vergangene Perioden berechnet.
- **Bestimmung der Zielwerte.** Ist der aktuelle Performancegrad bekannt, werden Zielwerte für die Schlüsselkenngrößen mit ausgewählten Methoden wie Benchmarking, Top-Down-Evaluation, inkrementellem Weg oder Szenario-Technik ermittelt.
- **Etablierung der Zielwerte.** Für die Erreichung der KPI-Zielwerte werden Verantwortliche benannt.

Benchmarking

Für die Bestimmung von Zielwerten der Schlüsselkenngrößen hat sich Benchmarking bewährt. Dabei werden Zielwerte auf Grundlage interner oder externer Best Practices bzw. Best-in-class-Werte definiert.

Top-Down-Evaluation

Eine Alternative zum Benchmarking ist die Top-Down-Evaluation der Zielwerte aus den Unternehmenszielen. So wird die Konsistenz der operativen Ziele mit den Unternehmenszielen sichergestellt. Die inkrementelle Methode bezieht sich bei Festlegung der Zielwerte auf Vergangenheitswerte und hebt die Messlatte in »vertretbarem« Maße an. Vorteil dieses Ansatzes sind realistische Zielwerte.

Szenario-Technik

Die Szenario-Technik schließlich definiert Einflussfaktoren, die in Abhängigkeit von ihrer Ausprägung zu verschiedenen Szenarios zusammengesetzt werden. Einflussfaktoren könnten beispielsweise die Verfügbarkeit spezieller Softwareversionen sein, auf deren Basis die Szenarios »Alter Versionsstand« und »Neuer Versionsstand« gebildet werden. Je nach Szenario können dann die Zielwerte definiert werden. Für das Szenario »Neuer Versionsstand« könnten beispielsweise höhere Zusagen im Rahmen der Schlüsselkenngröße »Performancegrad« getroffen werden als im Szenario »Alter Versionsstand«. Auf diese Weise können zukünftige Entwicklungen realistisch eingeschätzt und Zielwerte besser festgelegt werden.

IT-Performance-Management-Prozess aufsetzen

Integration in die Planungs- und Steuerungsprozesse

IT-Performance-Management muss kontinuierlich angepasst und weiterentwickelt werden, insbesondere vor dem Hintergrund der Änderungen von Applikationen und Technologien. Daher muss das IT-Performance-Management in die Planungs- und Steuerungsprozesse der Organisation integriert sein. Ausgehend von der strategischen Unternehmens- und IT-Planung werden die Schlüsselkenngrößen zyklisch angepasst und mit neuen Zielwerten versehen. Die nachgelagerte regelmäßige Messung der Istwerte führt zu Abweichungsanalysen und entsprechender Berücksichtigung im folgenden Planungsprozess. Schwierig ist neben der inhaltlichen Integration die Einbettung in den meist engen Terminrahmen der bestehenden Planungsprozesse.

Ganzheitliche Steuerung der IT

Anpassungsfähigkeit und Akzeptanz

Mit IT-Performance-Management können ebenso pragmatisch wie unternehmensspezifisch nicht nur die Kosten, sondern auch die Leistungen der IT gemessen und analysiert werden. Der IT-Nutzen wird konkretisiert und messbar. IT-Zielhierarchien und entsprechend abgestufte Kennzahlensysteme erlauben eine zielgruppenspezifische Aggregation der Kenngrößen bis hin zur Verdichtung in eine unternehmensweite Balanced Scorecard. Insbesondere die Integration in die Balanced Scorecard sichert erfahrungsgemäß die Akzeptanz und auch die Verwendung der neu zur Verfügung gestellten Informationen auf Top-Management-Ebene.

Zügige Einführung

Ein weiterer Pluspunkt des IT-Performance-Managements ist die vergleichsweise gut handhabbare Einführung. Je nach Unternehmensgröße, vorhandenen IT-Strategien sowie Tiefe und Breite des präferierten IT-Performance-Management-Konzepts ist die Entwicklung und Implementierung in drei bis sechs Monaten möglich. Wesentliche Erfolgsfaktoren sind Pragmatismus und die Verfügbarkeit so genannter »KPI-Container«, aus denen vordefinierte Schlüsselkenngrößen übernommen werden können (vgl. Tab. 3-29).

Tab. 3-29 *Beispiel eines KPI-Containers*

Bezeichnung	Häufigkeit	Einheit
Kundenzufriedenheit	Halbjahr	[1..5]
Benutzerschulungsumfang	Quartal	Tage
Anzahl Treffen mit Fachbereich	Quartal	Anzahl
Anteil elektronisch angebundener Lieferanten	Quartal	%
Anteil in CRM erfasster Kunden	Quartal	%
Anteil Web-basierter Services	Quartal	%
Anwendungsnutzungsgrad	Halbjahr	%
Anwendungspassgenauigkeit	Halbjahr	[1..5]
Anzahl Benutzer pro Mitarbeiter	Quartal	Anzahl
Anzahl Fachveröffentlichungen der IT-Mitarbeiter	Quartal	Anzahl
Geschäftsprozess-Know-how der »key user«	Halbjahr	[1..5]
Marktanteil	Halbjahr	%
Anteil der mit CRM-Software ausgestatteten Vertriebsmitarbeiter	Quartal	%
Zugriffsrate Website	Quartal	Anzahl
Zugriffsrate Website pro Benutzer	Quartal	Anzahl pro Mitarbeiter
Anteil IT-Kosten am Umsatz	Quartal	%

Kommentar des Herausgebers:

Ähnlichkeit zur Einführung einer Balanced Scorecard

Das hier vorgestellte IT-Performance-Management beschreibt kein konkretes Kennzahlensystem, sondern eine sinnvolle Methodik zur Entwicklung fokussierter Kennzahlensysteme. Der Ansatz zeigt große Ähnlichkeiten zu dem in 2.1 genannten Konzept selektiver Kennzahlen. Das Vorgehensmuster ähnelt dem, das für die Entwicklung von

Balanced Scorecards üblicherweise empfohlen wird und sich bewährt hat. Eine Aggregation der IT-Kennzahlen bis hin zur unternehmensweiten Balanced Scorecard wird ja auch explizit angesprochen. Kritisch anzumerken ist, dass ein eigentlich bekanntes Muster zwar sinnvoll variiert wurde, jedoch durch Entwicklung eigenständiger Begriffe der Eindruck entsteht, es handele sich um einen grundsätzlich neuartigen Ansatz.

Festlegung von Zielwerten

Positiv fällt bei dem hier dargestellten Vorgehensmodell auf, dass die Festlegung von Zielwerten als eigenständiger Schritt definiert wurde. Die Zielwertbildung wird in vielen konzeptionellen Ansätzen und praktischen Umsetzungen vernachlässigt oder sogar vergessen.

Periodische Überprüfung von Kennzahlensystemen

Ebenso wichtig ist der Hinweis, dass Kennzahlensysteme regelmäßig überprüft und an veränderte Bedingungen angepasst werden. Sie sollen zwar stabil, dürfen aber nicht statisch sein.

Kennzahlenkataloge

Ein weiterer wichtiger Hinweis sind die abschließend genannten »KPI-Container«. Für den Praktiker wäre es wirklich hilfreich, vordefinierte und vorgeprüfte Kataloge von Kennzahlen zu haben, aus denen er seine spezifischen Kennzahlensysteme »montieren« könnte. Zwar gibt es verschiedene Kennzahlensammlungen (vgl. Kap. 4), aber einen allgemein akzeptierten Kennzahlkanon gibt es in der IT aktuell nicht. Dieses Buch möchte zu einer entsprechenden Diskussion anregen.

3.10 Frühwarnsysteme in der IT

Gesetzliche Rahmenbedingungen

Am 1. Mai 1998 wurde das »Gesetz zur Kontrolle und Transparenz im Unternehmensbereich« (KonTraG) verabschiedet. Das Gesetz verlangt von der Unternehmensleitung, geeignete Maßnahmen zu treffen, damit die den Fortbestand der Organisation gefährdenden Entwicklungen frühzeitig erkannt werden. Dazu werden in der Praxis Frühwarnsysteme implementiert – natürlich auch in IT-Bereichen.

Definition und Verwendung von Frühwarnsystemen

Aufspüren von Risiken und Chancen

Frühwarnsysteme sind eine »spezielle Art von Informationssystemen, die ihren Benutzern latente, d. h. verdeckt bereits vorhandene Gefährdungen in Form von Reizen, Impulsen oder Informationen mit zeitlichem Vorlauf vor deren Eintritt signalisieren« (vgl. [Gabler 2001, S. 1922]). Sie sollen möglichst früh auf Veränderungen der Umwelt, des Marktes und des Wettbewerbs aufmerksam machen. Identifiziert werden sollen vor allem jene Veränderungen, die die eigene Organisation betreffen (können). Mit Frühwarnsystemen sollen sich anbahnende

Risiken, aber auch Chancen aufgespürt werden. Auftretenden Risiken kann umso besser begegnet werden, je früher sie geortet werden. Identifizierte Chancen kann man umso erfolgreicher nutzen, je eher man sie erkennt.

Frühwarnsysteme und Kennzahlen

Frühwarnsysteme sind spezielle Kennzahlensysteme. Während herkömmliche Kennzahlensysteme eher auf den Grad der Zielerreichung fokussieren, konzentrieren sich Frühwarnsysteme darauf, eine mögliche Gefährdung dieser Zielerreichung zu erkennen.

Wirkungsketten

Während existenzgefährdende Unternehmenskrisen durch Zahlungsunfähigkeit, Gewinneinbrüche oder hohe Mitarbeiterfluktuation von außen erkennbar werden, spielen sich krisenhafte Entwicklungen in IT-Bereichen eher im Verborgenen ab. Massive Restrukturierungen oder umfassende Outsourcing-Maßnahmen sind typische Endstadien solcher Entwicklungen. Zuvor gibt es in der Regel Leistungseinbrüche und Qualitätskrisen. Diese wiederum lassen sich meistens auf fehlende Strategien und unklare Leitbilder der IT-Organisation zurückführen.

Erfolgsfaktor Zeit

Die erfolgreiche Bewältigung von Krisen hängt stark von der verbleibenden Reaktionszeit ab. In der Endphase können nur noch Maßnahmen ergriffen werden, die zu einer schnellen Verbesserung der Situation führen. Das Spektrum der Möglichkeiten ist gering. Je frühzeitiger eine Bedrohung erkannt wird, desto mehr Handlungsspielraum hat das Management. Das zeigt die Bedeutung von Frühwarnsystemen. Sie richten die Aufmerksamkeit des Managements auch auf den Faktor Zeit.

Formen von IT-Frühwarnsystemen

Historisch lassen sich drei Generationen von Frühwarnsystemen (vgl. [Krystek/Müller-Stewens 1992, S. 339]) aufzeigen.

Frühwarnsysteme der ersten Generation

Frühwarnsysteme der ersten Generation entstanden aus Berichtssystemen. Sie analysieren die bisherige Entwicklung und extrapolieren die Vergangenheit in die Zukunft. Dabei werden z. B. Methoden der Zeitreihenanalyse eingesetzt.

Frühwarnsysteme der zweiten Generation

Frühwarnsysteme der zweiten Generation arbeiten mit Frühindikatoren. Diese Kennzahlen melden frühzeitig, dass sich in der betrachteten Organisation Veränderungen anbahnen. Ihnen liegen Modelle über Wirkungsketten und Kausalzusammenhänge innerhalb der betrachteten Strukturen zugrunde. Typisches Beispiel eines Frühindikators ist der Auftragsbestand. Sinkt er, so werden nachfolgend Beschäftigung, Umsatz und Erträge zurückgehen.

Identifizierung von Frühindikatoren

Die Identifizierung der »richtigen« Kennzahlen ist von zentraler Bedeutung – und zugleich eine der schwierigsten Aufgaben. Nachfolgend sind mehrere Beispiele typischer Frühindikatoren für die IT genannt, wie sie in der Praxis immer wieder eingesetzt werden:

- Anzahl Beratungsanfragen
- Bestand an Auftrags- und Projektanfragen
- Stornierung von Aufträgen und Projekten
- Änderungsanforderungen in laufenden Projekten
- Anzahl Change Requests für produktive Systeme
- Anteil von Innovationsprojekten
- Anzahl von Störungsmeldungen
- Qualitätsmängel in Projekten oder nach Produktivsetzung
- Mitarbeiterzufriedenheit
- Anzahl von Verbesserungsvorschlägen
- Mitarbeiterfluktuation
- Krankheitsrate
- Anzahl Mitarbeiter in den Fachbereichen
- Umsatz-/Ertragsentwicklung des Unternehmens
- Kundenzufriedenheit
- Benutzerzufriedenheit
- Anteil offene Ausgangsrechnungen
- Entwicklung von Beschaffungspreisen
- Entwicklung von Personalkosten
- Anteil bestimmter Kostenarten
- Anteil Wartungsaufwand an IT-Kosten
- Anteil externer IT-Berater
- Prozesskostensatz für IT-Prozesse
- Umsatz/Deckungsbeitrag nach Kunden bzw. Kundengruppen

Frühwarnsysteme der dritten Generation

Frühwarnsysteme der dritten Generation fußen auf dem von Ansoff eingeführten Konzept der »schwachen Signale«. Seine Grundidee ist, dass Diskontinuitäten (Richtungsänderungen, Strukturbrüche, Niveauveränderungen, Unstetigkeiten) durch »Umbrüche im sozialen, politischen und technologischen Bereich stets von Menschen initiiert werden und sich durch entsprechende Stellungnahmen und Meinungsäußerungen von Schlüsselpersonen bzw. -organisationen ankündigen« (vgl. [Horváth 2002, S. 392-394]). Diese Signale müssen erkannt und ausgewertet werden. Man spricht daher auch von einem »strategischen Radar«.

Typische Diskontinuitäten

Nachfolgend sind einige Themen genannt, die auf einzelne IT-Organisationen erhebliche Auswirkungen haben können:

- Technologische Entwicklungen
- Restrukturierungen, Fusionen, Übernahmen bei IT-Lieferanten und IT-Dienstleistern
- Änderungen in der Lizenzierungspolitik von Softwareunternehmen
- Verschiebung von in- oder ausländischen Gehaltsniveaus
- Veränderungen auf dem Arbeitsmarkt
- Angriffe und Manipulationen der öffentlichen Datennetze
- Restrukturierung im eigenen Unternehmen/bei den Kundenorganisationen
- Veränderungen im Management
- Änderungen der Geschäftspolitik des IT-Eigentümers
- Veränderungen im konjunkturellen Umfeld oder in der Branche der Kundenorganisation

Aufbau von IT-Frühwarnsystemen

Anpassung vorhandener Kennzahlensysteme

Die Elemente für Frühwarnsysteme der ersten und zweiten Generation sind in zahlreichen IT-Organisationen bereits vorhanden und in den etablierten Berichtssystemen zu finden. Jedoch muss der Frühwarnaspekt deutlicher herausgearbeitet werden. Es muss klar identifiziert werden, welche der vorhandenen Kennzahlen eher den Grad der Zielerreichung messen und welche der vorhandenen Kennzahlen mögliche Gefährdungen der Zielerreichung signalisieren. Es geht also in der Praxis nicht um den Aufbau völlig neuer Kennzahlensysteme, sondern um die gezielte Optimierung und Anpassung der bereits vorhandenen Systeme.

Früh- und Spätindikatoren

Dabei muss beachtet werden, dass viele Kenngrößen ambivalent sind und je nach Kontext sowohl als Frühindikator wie auch als Spätindikator interpretiert werden können. So wird die gemeinhin als Spätindikator angesehene Budgetausschöpfung zum Frühindikator, wenn man sie in der zeitlichen Veränderung betrachtet und zum Betrachtungszeitpunkt Istwert und Sollwert (vgl. 2.3) in Beziehung setzt. Ähnlich ist es mit dem Innovationsgrad, den man gemeinhin als Frühindikator für zukünftigen wirtschaftlichen Erfolg darstellt. Umgekehrt ist der aktuelle wirtschaftliche Erfolg durchaus ein Frühindikator für die zukünftige (finanzielle) Innovationsfähigkeit einer Organisation.

Typische IT-Frühindikatoren

Bewährte Frühindikatoren in IT-Organisationen sind:

- Entwicklung von Service- oder Projektanfragen, z. B. unterschieden nach Kunden aus dem eigenen Unternehmen oder Drittkunden
- Auftragsreichweite für IT-Projekte
- Anzahl von Change Requests (IT-Produktion) und Änderungsanforderungen (IT-Projekte)

- Verbrauch von Rechner-, Speicher- oder Netzwerkleistung (Ausschöpfung der technischen Kapazitäten)
- Anzahl der Mitarbeiterkündigungen

Darstellungsformen

Eine entscheidende Rolle bei der Frühwarneignung von Kennzahlensystemen spielt die Darstellung der Kennzahlen. Neben der Ableitung von Prognosewerten (für zukünftige Zeitpunkte bzw. das Ende der Planungsperiode) spielt eine geeignete (grafische) Darstellung der zeitlichen Entwicklung von (ausgewählten) Kennzahlen eine wichtige Rolle. Diese Darstellungen können z. B. mit den Methoden der Aktienkursanalysen angereichert werden.

Entwicklung eines »strategischen Radars«

Bei der Entwicklung eines »strategischen Radars« (Frühwarnsystem der dritten Generation) gibt es zwei Basisaktivitäten für das Aufspüren von schwachen Signalen: das »scanning« und das »monitoring«. Beim »scanning« handelt es sich um die permanente Suche nach schwachen Signalen. Wird ein solches Signal »geortet«, setzt das »monitoring« ein, d. h., es wird versucht, zielgerichtet genauere Informationen aus dem »Empfangsbereich« des Signals zu erhalten (vgl. [Krystek/Müller-Stewens 1992, S. 350]). In das »scanning« müssen alle IT-Mitarbeiter und möglichst viele Ansprechpartner der Lieferanten und Kunden der IT-Organisation aktiv eingebunden sein. Gerade unter den IT-Mitarbeitern muss die ausdauernde »Jagd« auf solche Signale zum Selbstverständnis werden und mit sportlichem Ehrgeiz betrieben werden.

Aufbereitung schwacher Signale

Die erfassten Signale werden strukturiert dokumentiert und bewertet. Hilfreich ist eine Segmentierung nach Signalen aus den Bereichen Technologie, Lieferanten und Kunden. Bewährt haben sich Formulare, die durch entsprechende Felder die Beantwortung folgender Fragen initiieren:

- Was wurde beobachtet?
- Wo wurde das Signal beobachtet?
- Wie konnte die Beobachtung abgesichert werden?
- Welche Bereiche der eigenen Organisation sind möglicherweise betroffen?
- Wie wirkt sich das Signal auf die betroffenen Organisationsteile aus?
- Wie sollte die Organisation auf das Signal reagieren?
- Welche Reaktion wird beschlossen?
- Wer ist für die Umsetzung verantwortlich?

Die Auswertung erfolgt entweder im Führungsgremium der IT-Organisation oder in einem spezifischen Strategieausschuss, der vom Senior-Management der IT-Organisation geleitet wird.

Bewertung schwacher Signale

Die Bewertung schwacher Signale ist schwierig und mit hohen Risiken einer Fehlinterpretation oder Fehleinschätzung verbunden. Aus schwachen Signalen Entscheidungen abzuleiten heißt, Entscheidungen über zukünftige und gegebenenfalls völlig anders geartete Realitäten zu treffen. Hier bietet sich der Einsatz von Szenario-Techniken an.

Die Bewertung der schwachen Signale erfolgt über Kenngrößen, die als Mittelwerte der subjektiven Urteile der beteiligten Verantwortlichen definiert sind. Die Gewichtung verschiedener Merkmale ist organisationsspezifisch. Jedoch kann darüber die Bewertung eines Signals zurückverfolgt werden. Sie ist transparent und erfüllt damit die Grundforderung des Controllings. Insgesamt liegen Frühwarnsysteme der dritten Generation an der Grenze von Kennzahlensystemen, wie sie in diesem Buch verstanden werden. Das schmälert aber nicht ihre Bedeutung für das IT-Management.

Kommentar des Herausgebers

Das Prognoseproblem

Der Beitrag behandelt das Grundproblem von Kennzahlen und Kennzahlensystemen in einer spezifischen Weise. Kennzahlen beschreiben angestrebte Systemzustände (über Ziel- und Sollwerte) oder messen über Istwerte einen aktuellen Systemzustand, reflektieren also die Vergangenheit.

Der Entscheider will aber wissen, was passieren wird, nicht, was passieren soll oder passiert ist. Der Controller versucht, dieses Problem dadurch zu lösen, dass er die vergangene Entwicklung analysiert und extrapoliert bzw. Kennzahlen findet, die möglichst früh anzeigen, dass sich in dem zu steuernden System Veränderungen anbahnen (die so genannten Frühindikatoren).

Annahmen für Prognosen

In beiden Fällen operiert er jedoch mit (impliziten) Annahmen. Bei Zeitreihenanalysen wird angenommen, dass Veränderungsmuster (z. B. Trends) stabil sind. Bei Frühindikatoren werden Wirkungsketten beschrieben, von denen man annimmt, dass sie auch in der Zukunft stabil sein werden. Es wird also in beiden Fällen mit grundlegenden Hypothesen über die Stabilität des Systems auch in der Zukunft operiert. Das strategische Radar öffnet sich hier und versucht, Signale zu erkennen, die die Destabilisierung oder grundlegende Veränderung des Systems oder seiner Umwelt erkennen lassen. Es versucht insofern, unvoreingenommen in die Zukunft zu schauen. Damit ergänzt es die »konservativen« Kennzahlensysteme in sinnvoller Weise.

Integration der Frühwarnsysteme in Kennzahlensysteme

Kritisch anzumerken ist, dass auch in diesem Bereich der Aufbau eigenständiger Begriffe und Bezeichnungen dazu führt, dass in der Praxis Frühwarnsysteme oftmals isoliert neben bestehenden Kennzahlensystemen aufgebaut werden. Damit entstehen Redundanzen, gleiche oder ähnliche Informationen werden parallel erfasst, aufbereitet und berichtet. Die Frühwarnfunktion ist jedoch eine Grundaufgabe jedes Steuerungssystems und muss daher integraler Bestandteil sein. Eine »echte« Ergänzung der traditionellen Kennzahlensysteme ist das strategische Radar. Mit diesem Instrument bewegt man sich jedoch im Grenzbereich der hier diskutierten Kennzahlensysteme.

4 IT-Kennzahlensysteme in der Literatur

In diesem Kapitel stellen wir einige IT-Kennzahlensysteme vor, die seit 1980 veröffentlicht worden sind. Natürlich können wir hier keine detaillierten Beschreibungen, sondern nur Überblicke geben und auf die Originalquellen verweisen. Wir bewerten und kommentieren jedoch die ausgewählten Systeme im Hinblick auf die in 2.4 abgeleiteten Perspektiven für den IT-Bereich:

- Kundenmanagement (K)
- Prozessmanagement (P)
- Lieferantenmanagement (L)
- Mitarbeitermanagement (M)
- Innovationsmanagement (I)
- Finanzmanagement (F)

Kennzahlen und Perspektiven

Nach einer kurzen Beschreibung führen wir die Kennzahlen des jeweiligen Systems in einer Tabelle auf und ordnen sie den genannten Perspektiven zu. Diese Zuordnung ist eine subjektive Interpretation durch uns und der Leser wird in einigen Fällen vielleicht eine andere Zuordnung für sinnvoller halten. In etlichen Fällen sind Kennzahlen nicht eindeutig einer Perspektive zuzuordnen, dort wird der Leser Mehrfachzuordnungen finden. Auch Kennzahlen aus dem Projekt- oder Multiprojektmanagement ordnen wir hier diesen sechs Perspektiven zu.

Rahmenbedingungen für die Darstellung

Eine kritische Einzeldiskussion der Kennzahlen hätte den Rahmen dieses Buchs gesprengt und muss daher an dieser Stelle unterbleiben. Der Leser wird auch an vielen Stellen keine präzise Vorstellung der genannten Kennzahlen haben. Das liegt an dieser hier nicht möglichen Einzeldiskussion, aber auch daran, dass diese Kennzahlen in den Originalarbeiten ebenfalls nicht präzise definiert wurden. So wird z. B. kaum etwas über die Berichtsfrequenz der ausgewählten Kennzahlen gesagt (täglich, wöchentlich, monatlich, ...). Soweit es uns möglich war, haben wir durch entsprechende Umformulierung der Kennzahlenbezeichnung diese Konkretisierung versucht. Dabei haben wir auch eine behutsame »Modernisierung« vorgenommen. Die Bezeichnungen EDV (elektronische Datenverarbeitung) und DV (Datenverarbeitung) haben wir durch die heute gebräuchliche IT (Informationstechnologie) ersetzt. Die englischen Bezeichnungen der Kennzahlen von van der Zee (vgl. 4.7) und CobiT (vgl. 4.10) haben wir ins Deutsche übertragen.

Größe der Kennzahlensysteme

Die Anzahl der genannten Kennzahlen schwankt erheblich. Bei den »kleineren« Kennzahlensystemen haben die Autoren einen praktischen Einsatz angedacht, bei den umfangreichen Kennzahlensystemen handelt es sich eher um Systematiken (vgl. 2.1), die mögliche Kennzahlen nach bestimmten Ordnungskriterien strukturieren. Gleichwohl bieten alle Beispiele wichtige Hinweise auf mögliche Strukturierungen von Kennzahlensystemen und »Kandidaten« für konkrete Kennzahlen.

Eignung für die Praxis

Es muss jedoch angemerkt werden, dass die meisten Kennzahlensysteme für einen direkten Einsatz in der Praxis nicht geeignet sind. Das liegt neben der Fülle der aufgeführten Kennzahlen auch daran, dass viele Kennzahlen nicht hinreichend präzise definiert sind und eine Beschaffung der erforderlichen Input-Daten nur mit unverhältnismäßig hohem Aufwand möglich wäre.

Chronologische Darstellung

Die hier beschriebenen Kennzahlensysteme werden chronologisch nach der zeitlichen Folge ihrer Veröffentlichung angeordnet. Demzufolge beginnen wir mit dem ältesten und schließen mit dem jüngsten Kennzahlensystem. Klare Trends für die Gestaltung von IT-Kennzahlensystemen sind allerdings nicht erkennbar.

Bezeichnung der Kennzahlensysteme

Bei der Benennung der Kennzahlensysteme haben sich eigenständige Bezeichnungen nicht durchgesetzt. Daher nutzen wir die Namen der veröffentlichenden Autoren oder Instanzen und die Jahreszahl der Veröffentlichung.

4.1 SVD 1980

Struktur

Das Kennzahlensystem der Schweizerischen Vereinigung für Datenverarbeitung (SVD, im Jahre 2000 im Schweizerischen Verband der Informations- und Kommunikationstechnologie, SwissICT, aufgegangen (vgl. [SVD 1980, S. 109–119]), ist ein mehrdimensionales, nach Bereichen gegliedertes Ordnungssystem für Kennzahlen. Es unterscheidet vier Kennzahlengruppen:

- Kosten: 15 Kennzahlen (Kodierung Kxx)
- Leistung: 9 Kennzahlen (Kodierung Lxx)
- Nutzen: 5 Kennzahlen (Kodierung Nxx)
- Sonstige: 5 Kennzahlen (Kodierung Sxx)

Die Kennzahlen werden zusätzlich nach unterschiedlichen Adressaten kategorisiert:

Adressaten

- Management
- Benutzer
- IT-Ebene (Entwicklung)
- IT-Ebene (Betrieb)

Die Orientierung an unterschiedlichen Adressatengruppen in Verbindung mit der relativ geringen Anzahl von 34 Kennzahlen zeigt, dass man sich hier Gedanken über die Tauglichkeit dieses Kennzahlensystems für die praktische Steuerung einer IT-Organisation gemacht hat.

Gesamtbewertung

Damit ist dieses Kennzahlensystem, obgleich es zeitlich das früheste Beispiel darstellt, ein gutes Beispiel für ein Kennzahlensystem im engeren Sinne. Allerdings dominieren – wie bei vielen älteren Ansätzen – die Finanz- und die Prozessperspektive.

Tab. 4–1 *Kennzahlensystem nach SVD 1980*

Bezeichnung	K	P	L	M	I	F
Managementebene						
K01: Anteil je Kostenart an IT-Gesamtkosten						X
K11: Anteil IT-Gesamtkosten am Umsatz						X
N03: Nutzen-Kosten-Kennzahl						X
N04: Computerisierungsgrad		X				
N05: IT-Produktivitätsindex		X				
Benutzerebene						
N01: Nutzenpunkte	X					
N02: Nutzen-Mengen-Punkte	X	X				
K05: Kosten eines Anwendungsgebiets						X
K10: IT-Kosten pro Produkt						X
IT-Ebene/Entwicklung						
K02: Personenstundensatz						X
K04a: Anteil Anwendungssoftwarekosten an IT-Gesamtkosten						X
K06: Anteil Neuentwicklungs- bzw. Betreuungs- und Änderungskosten an Gesamtkosten für Organisation und Programmierung						X
K07: Systembetreuungs- bzw. Entwicklungsquote		X				
K08: Wert des Programm-Portfolios						X
K09a: Maintenance-Quote		X				
K12a : IT-Umsatz pro IT-Mitarbeiter				X		X
L08: Anzahl Arbeitstage pro Programm		X				

Tab. 4–1 *Kennzahlensystem nach SVD 1980 (Fortsetzung)*

Bezeichnung	K	P	L	M	I	F
IT-Ebene/Entwicklung						
L09: Rerun-Quote		X				
S01: Anzahl IT-Mitarbeiter				X		
S02: Altersstruktur IT-Mitarbeiter				X		
S03: Ausbildungskennzahlen				X	X	
IT-Ebene/Betrieb						
K03: Computerstundensatz						X
K04b: Anteil Hardware- bzw. Betriebssoftwarekosten an IT-Gesamtkosten						X
K09b: Maintenance-Quote		X				
K12b : IT-Umsatz pro IT-Mitarbeiter						X
L01: Verfügbarkeit		X				
L02: Mean Time between Failures (MTBF)		X				
L03: Mean Time to Repair (MTTR)		X				
L04: Servicegrad	X	X				
L05: Durchschnittliche Verspätung		X				
L06: Durchschnittliche Antwortzeit		X				
L07: Auslastung		X				
S04: Anzahl Programme bzw. Statements		X				
S05: Terminaldichte	X	X				
Legende: K = Kunden, P = Prozesse, L = Lieferanten, M = Mitarbeiter, I = Innovationen, F = Finanzen						

4.2 Diebold 1984

Struktur

Das Kennzahlensystem von Diebold (vgl. [Diebold 1984]) hat fünf Ebenen:

- Spitzenkennzahl
- Kennzahlenbereich
- Kennzahlenunterbereich
- Kennzahlengruppe
- Kennzahlenuntergruppe

Zwar gibt es eine Spitzenkennzahl und die definierten Kennzahlenmengen sind hierarchisch geschichtet, aber die verschiedenen Ebenen sind rechentechnisch nicht miteinander verbunden. Das geht auch nicht, denn konkrete Kennzahlen werden nicht genannt. Es handelt sich um eine Ordnungssystematik für IT-Kennzahlen.

Unterhalb der Spitzenkennzahl gibt es zwei Kennzahlenbereiche:

- Wirkungen des IT-Einsatzes im Hinblick auf die Unternehmensleistung
- Wirtschaftlichkeit der Leistungserstellung

Die Wirkungen des IT-Einsatzes werden in Bezug auf das Gesamtunternehmen und auf seine Hauptfunktionsbereiche kennzahlenmäßig dargestellt. Für die Leistungserstellung wird nach Rechenzentrum und IT-Entwicklung unterschieden. Innerhalb der einzelnen Gruppen wird nach folgenden Bereichen unterschieden:

- Leistungsfähigkeit
- Zukunftsvorsorge
- Struktur der Kapazitätsnutzung (nur im Bereich Wirtschaftlichkeit)

Schwerpunkte

Es dominiert die Prozessperspektive, jedoch ist das Thema Innovation auffällig intensiv vertreten. Die jeweils genannten Inhalte wie z. B. Zukunftsorientierung und Innovationsverhalten geben keine Hinweise, wie konkrete Kennzahlen in diesem Bereich aussehen könnten. Klar zu erkennen ist der Versuch, die IT weniger von der technischen Seite, sondern mehr von der betriebswirtschaftlich-unternehmerischen Seite her zu betrachten. Es wird allerdings nicht klar, in welcher Weise diese Systematik die Steuerung einer IT-Organisation praktisch unterstützen kann. Mit der Spitzenkennzahl »IT-Kosten/Umsatz« (vgl. 5.1) hat man eine gängige Größe gewählt, die aber isoliert über den nachgeordneten Ebenen liegt.

Hoher Bekanntheitsgrad

In der Controlling-Literatur und unter IT-Controllern gilt das System von Diebold als »das« IT-Kennzahlensystem. Es wird immer wieder zitiert – allerdings unkritisch, wie z. B. die Zuordnung zu den Typ-A-Systemen (rechentechnische Verknüpfung der Kennzahlen) zeigt (vgl. z. B. [Jäger-Goy 2002, S. 133]). Der hohe Bekanntheitsgrad dieses Systems dürfte auf die zeitweise führende und meinungsbildende Rolle des Beratungsunternehmens Diebold im Bereich des IT-Managements zurückzuführen sein.

Tab. 4–2
Kennzahlensystem nach Diebold 1984

Bezeichnung	K	P	L	M	I	F
Spitzenkennzahl: Anteil der IT-Kosten, bezogen auf den Umsatz						X
Kennzahlenbereich A: Wirkungen des Einsatzes der IT im Hinblick auf die Unternehmensleistung						
Kennzahlenunterbereich AA: ... bezogen auf das Gesamtunternehmen						
Kennzahlengruppe AAA: Leistungsfähigkeit der IT-Nutzung	X	X				
Kennzahlenuntergruppe AAAA: Umfang der IT-Nutzung	X	X				
Kennzahlenuntergruppe AAAB: Produktivität		X				
Kennzahlenuntergruppe AAAC: Durchdringungsgrad	X	X				
Kennzahlenuntergruppe AAAD: Arbeitsplatzorientierung	X	X				
Kennzahlenuntergruppe AAAE: Grad der Arbeitsplatz-orientierung	X	X				
Kennzahlengruppe AAB: Zukunftsvorsorge					X	
Kennzahlenuntergruppe AABF: Wartungsanfälligkeit		X				
Kennzahlenuntergruppe AABG: Innovationsverhalten					X	
Kennzahlenunterbereich AB: ... je Hauptfunktionsbereich						
Kennzahlengruppe ABA: Leistungsfähigkeit der IT-Nutzung	X	X				
Kennzahlenuntergruppe ABAA: Umfang der IT-Nutzung *Verkauf: Anzahl Rechnungen oder Aufträge* *Einkauf: Anzahl Bestellungen* *Produktion: Anzahl Fertigungsaufträge oder Lohnstunden, Konten, Verträge, Schadensfälle usw.* *Personalbereich: Anzahl verwaltete Mitarbeiter* *Lager: Anzahl Materialbewegungen* *Rechnungswesen: Anzahl Buchungspositionen*	X	X				
Kennzahlenuntergruppe ABAB: Produktivität		X				
Kennzahlenuntergruppe ABAC: Durchdringungsgrad	X	X				
Kennzahlenuntergruppe ABAD: Arbeitsplatzorientierung	X	X				
Kennzahlenuntergruppe ABAE: Grad der Arbeitsplatz-orientierung	X	X				
Kennzahlengruppe ABB: Zukunftsvorsorge					X	
Kennzahlenuntergruppe ABBF: Wartungsanfälligkeit		X				
Kennzahlenuntergruppe ABBG: Innovationsverhalten					X	

Tab. 4-2
Kennzahlensystem nach Diebold 1984 (Fortsetzung)

Bezeichnung	K	P	L	M	I	F
Kennzahlenbereich B: Wirtschaftlichkeit der Leistungserstellung der zentralen Organisation und Informationsverarbeitung						
Kennzahlenunterbereich BF: Rechenzentrum						
Kennzahlengruppe BFA: Leistungsfähigkeit des Rechenzentrums		X				
Kennzahlenuntergruppe BFAC: Automatisierungsgrad des Rechenzentrums		X				
Kennzahlenuntergruppe BFAD: Nutzungsgrad je IT-Anlage		X				
Kennzahlengruppe BFB: RZ-interne Zukunftsvorsorge					X	
Kennzahlenuntergruppe BFBF: Zukunftsorientierung vorhandener Verfahren					X	
Kennzahlenuntergruppe BFBG: Innovationsverhalten					X	
Kennzahlengruppe BFE: Struktur der Kapazitätsnutzung		X				
Kennzahlenunterbereich BH: Zentrale IT-Entwicklung						
Kennzahlengruppe BHA: Leistungsfähigkeit der IT-Entwicklung		X				
Kennzahlenuntergruppe BHAC: Automatisierungsgrad		X				
Kennzahlengruppe BHB: Innovationsverhalten der IT-Entwicklung					X	
Kennzahlengruppe BHE: Struktur der Kapazitätsnutzung		X				
Legende: K = Kunden, P = Prozesse, L = Lieferanten, M = Mitarbeiter, I = Innovationen, F = Finanzen						

4.3 Lippold 1985

Struktur

Das Kennzahlensystem von Lippold (vgl. [Lippold 1985]) hat zwei Segmente:

- Kosten
- Struktur, Leistung, Nutzen

Das erste Segment umfasst 16, das zweite Segment 14 Kennzahlen. Es handelt sich fast ausschließlich um Finanz- und Prozesskennzahlen. Trotz dieser Beschränkung versucht dieses Kennzahlensystem, die Wirtschaftlichkeit einer IT-Organisation darzustellen. Das zeigt auch die Verbindung von IT-Daten mit Unternehmensdaten. Der Autor hat versucht, mit der Beschränkung auf 30 Kennzahlen ein überschaubares und handhabbares System zu erstellen.

Gesamtbewertung

Etliche Kennzahlen entstammen dem Bereich der Stapelverarbeitung. Die individuelle Datenverarbeitung ist noch nicht einbezogen. Auch daran ist erkennbar, dass es sich um ein älteres Kennzahlensystem handelt. Für einen praktischen Einsatz müsste der mehrfach verwendete Begriff der Leistungseinheit konkretisiert werden. Offenbar handelt es sich um Arbeitsergebnisse bzw. Geschäftsprozesse im Fachbereich. Ob die genannten Kostenarten aus den (seinerzeit) verfügbaren Berichtssystemen ermittelbar wären, erscheint fraglich.

Tab. 4–3
Kennzahlensystem nach Lippold 1985

Bezeichnung	K	P	L	M	I	F
Teil 1: Kosten						
Anteil einzelner Kostenarten an IT-Gesamtkosten						X
Anteil der IT-Betriebskosten an IT-Gesamtkosten						X
Anteil IT-Betriebskosten an Gesamt-Betriebskosten des Unternehmens						X
IT-Betriebskosten je Leistungseinheit						X
IT-Betriebskosten je Unternehmensmitarbeiter						X
Relative Höhe der IT-Programmwartungskosten gegenüber den IT-Betriebskosten						X
Anteil der IT-Neuentwicklungskosten an den IT-Gesamtkosten						X
IT-Neuentwicklungskosten je Unternehmensmitarbeiter						X
Anteil der IT-Programmwartungs- und IT-Neuentwicklungskosten an den IT-Gesamtkosten						X
IT-Kosten je Leistungseinheit, für die IT eingesetzt wird						X
IT-Kosten eines Anwendungsgebiets						X
Personalkosten je IT-Mitarbeiter						X
IT-Ausbildungskosten je Unternehmensmitarbeiter						X
IT-Mannstundensatz: IT-Personalkosten pro geplante, verrechenbare Personalstunde						X
Kosten für softwaretechnologische Methoden und Werkzeuge je IT-Mitarbeiter						X
Computerstundensatz: IT-Betriebskosten pro geplante, verrechenbare CPU-Stunde						X
Teil 2: Struktur, Leistung, Nutzen						
Anteil IT-Mitarbeiter an Gesamtmitarbeiteranzahl				X		
Anzahl Mitarbeiter pro Terminal bzw. Anzahl Terminals pro 100 Mitarbeiter	X	X				
Termintreue Stapelbetrieb: Anteil gehaltener Termine		X				
Durchsatzrate Stapelbetrieb: Zahl ausgeführter Aufträge pro Zeiteinheit		X				

Bezeichnung	K	P	L	M	I	F
Teil 2: Struktur, Leistung, Nutzen						
Mittlere Antwortzeit Dialogbetrieb: in sec		X				
Transaktionsrate Dialogbetrieb: Anzahl Transaktionen pro Zeiteinheit		X				
Verfügbarkeit der Rechnerleistung		X				
Anzahl der Unterbrechungen pro Periode		X				
Mittlere Dauer einer Unterbrechung (MTTR)		X				
Mittlere Zeit zwischen zwei Unterbrechungen (MTBF)		X				
Anzahl der Programmabbrüche pro Periode		X				
Anzahl der Platten- und Bandwechsel pro Periode		X				
Auslastung der Zentraleinheit und Peripherie, bezogen auf die Kapazität		X				
Anteil IT-gestützt erbrachter Leistungseinheiten am Gesamtvolumen aller Leistungseinheiten	X	X				
Legende: K = Kunden, P = Prozesse, L = Lieferanten, M = Mitarbeiter, I = Innovationen, F = Finanzen						

Tab. 4-3
Kennzahlensystem nach Lippold 1985 (Fortsetzung)

4.4 Zilahi-Szabó 1988

Struktur

Das Kennzahlensystem von Zilahi-Szabó (vgl. [Zilahi-Szabó 1988; S. 185–194]) besteht aus drei Gruppen von Kennzahlen, die sich an den Grundelementen des Leistungserstellungsprozesses orientieren:

- Kapazitäten (= Input)
- Einsatz (= Leistungserstellung)
- Ergebnis (= erbrachte Leistungen)

Die ersten beiden Kennzahlengruppen umfassen fast ausschließlich Prozesskennzahlen, während in der dritten Gruppe finanzwirtschaftliche Kennzahlen dominieren. Die Kennzahlen haben folgende mengenmäßige Verteilung:

- 4 Kapazitätskennzahlen
- 12 Einsatzkennzahlen
- 17 Ergebniskennzahlen

Schwerpunkte

Obwohl das Kennzahlensystem eigentlich nur zwei der hier zugrunde gelegten Perspektiven einbezieht, ist es eher ergebnis- als ressourcenorientiert. Die definierten Kennzahlen sind für Profit-Center-Strukturen nutzbar. Es eignet sich auch für eine Kommunikation mit externen Stellen.

Gesamtbewertung

Man erkennt unschwer, dass es sich um ein (für IT-Verhältnisse) älteres System handelt, denn etliche Kennzahlen entstammen dem Bereich der Stapelverarbeitung und sind in dieser Form heute nicht mehr relevant. Bei geeigneter Neuinterpretation wären diese Kennzahlen in den meisten Fällen auf aktuelle Verhältnisse übertragbar. Das System wäre dann auch heute noch einsetzbar.

Ein Nachteil des Systems ist, dass es produktionsorientiert konzipiert wurde und Aspekte der Systementwicklung (Projektarbeit) kaum einbezieht. Dazu müsste ein weiteres Kennzahlensystem ergänzend hinzugezogen werden.

Tab. 4–4
Kennzahlensystem nach Zilahi-Szabó 1988

Bezeichnung	K	P	L	M	I	F
Teil 1: Kapazitäten						
Arbeitsleistung (geplant, erbracht, Veränderung), z. B. in Personentagen (PT), unterteilt nach Tätigkeitsfeldern		X				
Rechenkapazitäten: in MB		X				
Speicherkapazitäten: in GB		X				
Datentransfer: in Bit-Raten		X				
Teil 2: Einsatz						
Automatisierungsgrad 1: Anzahl der Mitarbeiter in der Programmentwicklung pro Unternehmensmitarbeiter im Programmeinsatz		X		X		
Automatisierungsgrad 2: Kosten der IT pro Mitarbeiter						X
Arbeitsplatzorientierung: Anzahl der Dialogstationen pro Unternehmensmitarbeiter	X	X				
Verfügbarkeit: Ist-Stunden pro Soll-Stunde		X				
Servicegrad: planmäßige Realisierungen pro geplante Realisierung (Bereich Stapelverarbeitung)		X				
Auslastung: Ist-Leistungseinheiten pro Soll-Leistungseinheit		X				
Stapelbetriebsrate: Anteil Programmläufe im Stapelbetrieb an Gesamtläufen		X				
Dialogbetriebsrate: Anteil Programmläufe im Dialogbetrieb an Gesamtläufen		X				
Produktionszeit: Anteil an Gesamtzeit		X				
Testzeit: Anteil an Gesamtzeit		X				
Verweilzeit von Programmläufen		X				
Ausfallzeit		X				

Tab. 4-4
Kennzahlensystem nach Zilahi-Szabó 1988 (Fortsetzung)

Bezeichnung	K	P	L	M	I	F
Teil 3: Ergebnis						
Kostenartenstruktur: Anteil einzelner Kostenarten an IT-Gesamtkosten						X
Kostenartenveränderung						X
Kostensatz: Budget pro Bezugsgrößeneinheit						X
Variator: Anteil proportionaler Kosten an IT-Gesamtkosten						X
Beschäftigungsgrad: Verhältnis aus Ist-Beschäftigung und Soll-Beschäftigung		X				
Verrechnungskostenindex: Verhältnis aus Verrechnungskosten der aktuellen Periode zu den Verrechnungskosten der Vorperiode						X
Kostenindex: Verhältnis aus Kosten der aktuellen Periode zu den Kosten der Vorperiode						X
Stückpreis: Kosten einer Leistungseinheit						X
Preisuntergrenze: proportionale Kosten einer Leistung, ggf. zzgl. Deckungsbeiträge entfallender anderer Leistungen (als Opportunitätskosten)						X
Wirtschaftlichkeit: Verhältnis aus (bewerteten) Leistungen und Kosten						X
Leistungsfähigkeit: Verhältnis aus Kosten und Umsatz						X
Gewinnschwelle: Break Even Point						X
Auslastungsgrad des Produktionspotenzials: Verhältnis aus tatsächlicher Auslastung und möglicher Auslastung		X				
Deckungsbeitrag: Leistungen abzgl. variabler Kosten						X
Zukunftsvorsorge 1: Anteil der Wartungskosten am Umsatz					X	X
Zukunftsvorsorge 2: Anteil der Entwicklungskosten am Umsatz					X	X
Wartungsanfälligkeit: Anteil Wartungskosten an IT-Gesamtkosten						X
Legende: K = Kunden, P = Prozesse, L = Lieferanten, M = Mitarbeiter, I = Innovationen, F = Finanzen						

4.5 Kargl 1996

Struktur

Das Kennzahlensystem von Kargl (vgl. [Kargl 1996, S. 151–157], und unverändert [Kargl 1999, S. 151–157]) ist nach fünf so genannten Koordinationsfeldern gegliedert:

- Strategische IT-Planung
- Planung und Durchführung von IT-Projekten
- Wirtschaftlichkeit

- Anwendungsbetrieb und IT-Infrastruktur
- Verrechnung von Kosten und Leistungen

Die aufgeführten Kennzahlen entstammen allen hier betrachteten Perspektiven. Sie sind vielfach in dem Sinne ambivalent, dass sie mehreren Perspektiven zugeordnet werden können. Aufgrund der Fülle an Kennzahlen handelt es sich um eine Kennzahlensystematik (vgl. 2.1), aus der man sich beim Aufbau eines konkreten Kennzahlensystems bedienen kann.

Gesamtbewertung

Viele der aufgeführten Kenngrößen sind im Sinne dieses Buchs keine Kennzahlen, sondern beschreiben eine steuerungsrelevante Fragestellung wie z. B. die »Ergebnisse der Zero-Base-Budgeting-Analyse«, die bei einer praktischen Umsetzung zu mehreren Kennzahlen führen könnten. Bemerkenswert ist, dass viele Kenngrößen Strukturinformationen vermitteln sollen, z. B. Altersstruktur von Anwendungen, ABC-Verteilung von Projekten. Die Adressaten der Kenngrößen sind jedoch oftmals nicht klar: IT-Management, Fachbereichsmanagement oder Unternehmensleitung. In der Mehrzahl der Fälle sind die aufgeführten Kenngrößen aber wohl an das IT-Management gerichtet.

Tab. 4–5 *Kennzahlensystem nach Kargl 1996*

Bezeichnung	K	P	L	M	I	F
Teil 1: Strategische IT-Planung						
Geschäftsfelder des Unternehmens						
Geschäftsfeldziele	X	X	X	X	X	X
Kritische Erfolgsfaktoren	X	X	X	X	X	X
Geschäftsprozesse mit definierter Leistung und mit Messgrößen		X				
Strategische Defizite	X	X	X	X	X	X
Unternehmens- und geschäftsfeldspezifische Attraktivität von IT-Technik und IT-Systemen	X	X			X	
Geschäftsprozessbezogene und funktionale Durchdringung mit IT-Technik und IT-Systemen		X			X	
Defizite in der Nutzung von IT-Technik und IT-Systemen	X	X				
Anwendungsportfolio						
Anteil Anwendungen von strategischer Bedeutung	X	X			X	
Anteil Anwendungen mit »added value«	X	X			X	X
Anteil Anwendungen zur Unterstützung der Administration		X				X
Anzahl Online-Anwendungen	X	X		X		
Anzahl Stapel-Anwendungen		X				
Altersstruktur der Anwendungen: z. B. %-Anteil nach Nutzungsjahren		X			X	

Tab. 4-5
Kennzahlensystem nach Kargl 1996 (Fortsetzung)

Bezeichnung	K	P	L	M	I	F
Teil 1: Strategische IT-Planung						
Anwendungsportfolio						
Betriebskosten der Anwendungen						X
Wartungskosten der Anwendungen						X
ABC-Verteilung der Anwendungen nach Betriebs- oder Wartungskosten						X
Lebenszykluskosten der Anwendungen						X
Projektportfolio						
Anteil Projekte von strategischer Bedeutung	X				X	
Anteil Projekte mit »added value«	X				X	
Anteil Pflichtprojekte (Ersatzinvestitionen, gesetzliche Änderungen)	X					
Anteil Projekte zur Unterstützung der Administration						X
Kosten eigener Entwicklungen						X
Kosten für Fremdbezug von Software						X
Projekt-Folgekosten						X
ABC-Verteilung der Projekte nach Kosten/Investitionsbedarf/Nutzen	X					X
Terminstau der Entwicklungsvorhaben					X	
IT-Infrastruktur						
Anteil Betriebskosten an IT-Gesamtkosten						X
Anteil Wartungs- und Software-Sanierungskosten an IT-Gesamtkosten						X
Anteil Neuentwicklungskosten an IT-Gesamtkosten					X	X
Relation Wartungskosten/Entwicklungskosten					X	X
Investitionen in Hardware und Software in Relation zu den IT-Gesamtkosten					X	X
Relation Sicherheitskosten/IT-Gesamtkosten						X
Auslastung der IT-Personalkapazität		X		X		
Auslastung der technischen IT-Kapazitäten		X				
Teil 2: Planung und Durchführung von IT-Projekten						
Einzelne Projekte						
Termineinhaltung des Projekts: Ist-Termin/Soll-Termin	X	X				
Termineinhaltung von Projektabschnitten: Ist-Termin/Soll-Termin	X	X				
Kosteneinhaltung des Projektes: Ist-Kosten/Soll-Kosten						X
Kosteneinhaltung von Projektabschnitten: Ist-Kosten/Soll-Kosten						X

Tab. 4–5
Kennzahlensystem nach Kargl 1996 (Fortsetzung)

Bezeichnung	K	P	L	M	I	F
Teil 2: Planung und Durchführung von IT-Projekten						
Einzelne Projekte						
Kostenverteilung über die Projektphasen						X
Projekteigenleistungen: z. B. Kosten, Personalmonate		X		X		X
Projektfremdleistungen: z. B. Kosten, Personalmonate		X	X			X
Projektfertigstellungsgrad: Prozentsatz fertiggestellter Teilprojekte		X				
Projektstatus: Projektfortschritt Ist/Projektfortschritt Soll		X				
Reibungsfaktor der Projektarbeit: unproduktive Projektzeit/ produktive Projektzeit		X				
Rerun-Quote: Zeit für projektbezogene Test- und Wiederholungsläufe, bezogen auf die gesamte Projektzeit		X				
Fehlzeitenquote der Projektmitarbeiter: Fehlzeiten/ Soll-Anwesenheitszeiten				X		
Anwendungsentwicklung allgemein						
Anzahl laufende Projekte nach Kategorien: z. B. Eigenentwicklung, Neuentwicklung, Ergänzung, Ersatz; Standardsoftware: Konzeptionierung, Anpassung		X			X	
Verteilung laufende Projekte nach Prioritäten: z. B. Muss-/ Kann-Projekte oder nach Maßgabe des Projektportfolios		X				
Verteilung laufende Projekte nach ABC-Klassifizierung: z. B. Investitionssumme, gebundene Personalkapazität		X		X	X	X
Anzahl Projekte oberhalb einer bestimmten Investitionssumme					X	X
Verteilung der Projekte nach Fertigstellungsterminen: z. B. Soll-Termine, Ist-Termine		X				
Anzahl Projekte, bei denen kritische Werte erreicht wurden: z. B. Terminverzug, Kostenüberschreitung		X				X
Projekte mit externen Auflagen: z. B. Anzahl, Investitionssumme, Terminstand, Kostenstand		X				X
Anteil Softwareentwicklungskosten an IT-Gesamtkosten						X
Anteil Softwarewartungskosten an IT-Gesamtkosten						X
Personalstunden-Verrechnungssatz: Gesamt-Personalstunden/verrechenbare Personalstunden						X
Termintreue der Projektarbeit: Gesamtprojektzeit Ist / Gesamtprojektzeit Soll		X				
Servicegrad der Projektarbeit: Zahl der Projektrealisierungen Ist / Zahl der Projektrealisierungen Soll		X				
Entwicklungsproduktivität: Anzahl Function Points pro Entwicklerstunde		X		X		

Tab. 4-5
Kennzahlensystem nach Kargl 1996 (Fortsetzung)

Bezeichnung	K	P	L	M	I	F
Teil 2: Planung und Durchführung von IT-Projekten						
Anwendungsentwicklung allgemein						
Auslastung der Personalkapazität: Ist-Kapazität/Plan-Kapazität		X		X		
Auftragsstau: z. B. Personenmonate		X				
Zur Anwendungsentwicklung verwendete Methoden und Werkzeuge		X			X	
CASE-Arbeitsplätze/Anzahl der Mitarbeiter in der Softwareentwicklung		X		X	X	
CASE-Verfügbarkeit		X				
Teil 3: Wirtschaftlichkeit						
Einzelne Projekte						
Projektkostenstruktur: z. B. Anteil einmalige Kosten, Anteil laufende Kosten						X
Sondereinzelkosten des Projekts						X
Monetärer Nutzen nach Nutzenkategorien	X					X
Rechnerische Wirtschaftlichkeit: z. B. Kosteneinsparungen, Amortisationsdauer, Kapitalverzinsung						X
Nicht monetäre Nutzeffekte	X					
Prioritätskennzahl		X				
Risikokennzahl		X				X
Kostenverteilung über die Projektphasen						X
Eigenleistungen im Projekt: z. B. Kosten, Personalmonate		X				X
Fremdleistungen im Projekt: z. B. Kosten, Personalmonate		X	X			X
Projektportfolio						
Investitionssumme gesamt						X
Gesamt-Wirtschaftlichkeit						X
ABC-Verteilung der Projekte nach Investitionsmitteln					X	X
Rangfolge der Projekte nach Wirtschaftlichkeitskriterien						X
Deckungsausgleich im Investitionsportfolio: z. B. geforderte Verzinsung, Wettbewerbsrelevanz	X					X
Anteil Projekte mit strategischer Bedeutung	X				X	
Anteil Projekte mit »added value«	X				X	
Anteil Pflichtprojekte	X					
Anteil Projekte zur Unterstützung der Infrastruktur		X				

Tab. 4–5
Kennzahlensystem nach Kargl 1996 (Fortsetzung)

Bezeichnung	K	P	L	M	I	F
Teil 3: Wirtschaftlichkeit						
Anwendungssysteme						
Betriebskosten						X
Wartungskosten						X
ABC-Verteilung nach Betriebs- und/oder Wartungskosten						X
Altersstruktur der Anwendungssysteme		X			X	
Lebenszykluskosten: z. B. Entwicklungskosten + akkumulierte Folgekosten						X
Teil 4: Anwendungsbetrieb und IT-Infrastruktur						
Sicherheitsmanagement						
Risikofelder und zugehöriges Gefahrenpotenzial	X	X	X	X	X	X
ABC-Verteilung der Anwendungssysteme nach Meldeklassen: z. B. erforderliche Reaktionszeiten	X	X				
ABC-Verteilung der Anwendungssysteme nach präsumptiven Schadenshöhen		X				X
Präsumptive Schadenshöhe je Anwendungssystem: z. B. direkte + indirekte Schadenskosten						X
ABC-Verteilung der Anwendungssysteme nach Risikorelevanzzahlen	X	X				
Risikorelevanz je Anwendungssystem	X	X				
Klassifizierung der Anwendungssysteme nach Risikoklassen	X	X				
Kosten für Backup-Maßnahmen						X
Kosten für Fremdversicherungen						X
Sicherheitskosten je Risikofeld						X
Anteil Sicherheitskosten an IT-Gesamtkosten						X
Wartungsmanagement						
ABC-Verteilung der Anwendungssysteme nach Wartungskosten						X
Wartungsintensität der Anwendungssysteme: z. B. Aufteilung der Wartungskosten je Anwendungssystem nach Anpassungswartung, korrigierende Wartung, Verbesserungswartung						X
Häufigkeiten von Wartungsmaßnahmen pro Anwendungssystem		X				
Anteil akkumulierte Wartungskosten an Entwicklungskosten, bezogen auf die Entwicklungskosten des Anwendungssystems						X
Fortgeschriebene Lebenszykluskosten je Anwendungssystem: z. B. Entwicklungskosten, Einführungskosten, Folgekosten						X

Bezeichnung	K	P	L	M	I	F
Teil 4: Anwendungsbetrieb und IT-Infrastruktur						
Wartungsmanagement						
Gesamt-Softwarewartungskosten bezogen auf Gesamt-Softwareentwicklungskosten						X
Gesamt-Softwarewartungskosten bezogen auf IT-Gesamtkosten						X
Altersstruktur der Anwendungssysteme: Klassenbildung nach Nutzungsdauer		X			X	
Durchschnittliche Lebensdauer der Anwendungssysteme		X			X	
Produktionsmanagement						
Systemtechnische Infrastruktur: z. B. Hardwarekonfiguration, Netzwerkkonfiguration		X				
Transaktionen: z. B. Anzahl		X				
Durchschnittliche Antwortzeiten: z. B. Mainframe, Netz		X				
Kapazität externer Datenspeicher		X				
Netzdaten: z. B. Anzahl Netzteilnehmer, Übertragungskapazitäten		X				
Zentraler Output: z. B. Druck-Output in Seiten, Archivierung		X				
Anteil Produktionszeit an Gesamtbetriebszeit		X				
Systemverfügbarkeit: Ist-Stunden/Soll-Stunden	X	X				
Anzahl der Betriebsunterbrechungen pro Periode		X				
Mittlere Dauer einer Betriebsunterbrechung		X				
Dialog-Betriebsrate: Anteil Dialog-Betriebszeit an Gesamt-Betriebszeit		X				
Stapel-Betriebsrate: Anteil Stapel-Betriebszeit an Gesamt-Betriebszeit		X				
Belastungsprofil der Systemkomponenten nach Tageszeit		X				
Belastungsprofil der Systemkomponenten nach Anwendungssystemen		X				
Kapazitätsauslastung der Systemkomponenten nach Benutzern	X	X				
Nutzungsgrad von Anwendungssystemen: Anzahl Transaktionen pro Zeiteinheit		X				
Ressourcenverbrauch pro Transaktionstyp		X				
Systementwicklung und Wartung						
Anteil Compilierzeiten an Gesamt-Betriebszeit		X				
Anteil Testzeiten an Gesamt-Betriebszeit		X				
Anteil Wartungszeiten an Gesamt-Betriebszeit		X				

Tab. 4–5
Kennzahlensystem nach Kargl 1996 (Fortsetzung)

Tab. 4–5
Kennzahlensystem nach Kargl 1996 (Fortsetzung)

Bezeichnung	K	P	L	M	I	F
Teil 4: Anwendungsbetrieb und IT-Infrastruktur						
Service-Management						
Service-Level-Vereinbarungen pro Anwendungssystem	X	X				
Einhaltung der Service-Level-Vereinbarungen	X	X				
Benutzerservice						
Anteil IDV-Kosten an IT-Gesamtkosten (IDV = Individuelle Datenverarbeitung)						X
Anteil IDV-Personalkosten an IT-Personalkosten						X
Anteil IDV-Hardwarewartungskosten an IDV-Gesamtkosten						X
Anteil IDV-Softwarewartungskosten an IDV-Gesamtkosten						X
Anteil IDV-Schulungskosten an IDV-Gesamtkosten						X
Betreuungskosten pro Benutzer						X
Betreuungszeit pro Benutzer		X				
Hotline-Anfragen pro Stunde	X	X				
Servicegrad des Hotline-Dienstes: z. B. Anteil sofort beantwortbarer Anfragen an Gesamtanzahl der Anfragen	X	X				
Durchschnittliche Bearbeitungsdauer pro Störungsmeldung		X				
Personalverfügbarkeit: z. B. durchschnittliche Wartezeit pro Störungsmeldung		X				
Schulungsangebot nach Bedarfsfeldern	X					
Schulungshäufigkeit pro Anwender	X					
Schulungsdauer pro Anwender	X					
Anteil CBT-Software im Software-Angebot (CBT = Computer Based Training)		X				
Teil 5: Verrechnung von Kosten und Leistungen						
Budgetierung						
Zusammensetzung der Budgets: z. B. nach Kostenarten, Leistungsbereichen						X
Anteil der Kosten der Leistungsbereiche am Gesamtbudget						X
Investitionen in Hardware und Software absolut					X	X
Anteil der Investitionen in Hardware und Software am Gesamtbudget					X	X
Sicherheitskosten absolut						X
Anteil der Sicherheitskosten am Gesamtbudget						X
Bindungsfristen von Miet-, Leasing- und Lizenzverträgen						X
Ergebnisse der Zero-Base-Budgeting-Analyse		X				X

Tab. 4-5
Kennzahlensystem nach Kargl 1996 (Fortsetzung)

Bezeichnung	K	P	L	M	I	F
Teil 5: Verrechnung von Kosten und Leistungen						
Verrechnung von Kosten und Leistungen						
Belastungsprofile der Hardwarekomponenten der IT-Infrastruktur		X				
Gesamtbelegungsübersichten pro Planperiode und Hardwaresystem: z. B. zentrale Systeme, dezentrale Systeme		X				
Batch-Statistik: z. B. Anzahl Jobs, Jobdauer		X				
TSO-Statistik: z. B. Anzahl Log-ons, Sessionzeit, Beanspruchung der Ressourcen pro TSO-User		X				
Transaktionsstatistik: z. B. Anzahl der Transaktionen je Transaktionstyp, Anzahl der Service-Units je Transaktion		X				
Netzstatistik: z. B. Anzahl aktive Nutzer, übertragene Datenmengen		X				
Output-Statistik: z. B. Anzahl Druckzeilen, Anzahl Druckseiten, Anzahl archivierte Druckseiten		X				
Betriebskosten pro Leistungsobjekt: z. B. Anwendungssystem, Dienstleistung						X
Betriebskosten pro Anwender						X
ABC-Verteilung der Anwendungssysteme nach Ressourcennutzung		X				
ABC-Verteilung der Anwendungssysteme nach Betriebskosten						X
Betriebskosten pro Hardware-Komponente						X
Verrechnungssatz pro Bezugsgröße						X
Kostensatz pro Teilprozess						X
Kostensatz pro Geschäftsprozess						X
Legende: K = Kunden, P = Prozesse, L = Lieferanten, M = Mitarbeiter, I = Innovationen, F = Finanzen						

4.6 Brogli 1996

Struktur

Dem Kennzahlensystem von Brogli (vgl. [Brogli 1996]) liegt ein Prozessmodell für IT-Organisationen zugrunde, das auf acht Kernprozessen basiert (vgl. Abb. 4-1).

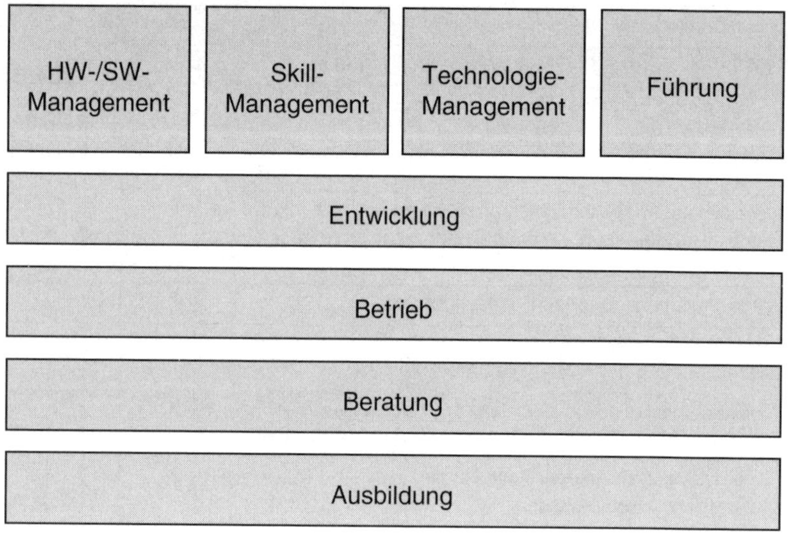

Abb. 4–1
Prozessmodell nach M. Brogli

Für jeden der acht Prozesse schlägt Brogli Kennzahlen vor, die er nach den zwei Kategorien »Effektivität« und »Effizienz« gliedert. Die Effektivität eines Informatikprozesses beschreibt, inwieweit die Leistungen des Prozesses die Bedürfnisse und Erwartungen des Prozesskunden erfüllen. Die Effizienz eines Prozesses wird definiert als benötigter Ressourceneinsatz zur Erstellung einer Output-Einheit (vgl. [Brogli 1996, S. 16]).

Prozessorientierung

Durch das Prozessmodell sichert der Autor, dass die Aspekte einer IT-Organisation umfassend adressiert werden (in dem Maße, in dem das Prozessmodell vollständig ist). Es werden alle in diesem Buch zugrunde gelegten Perspektiven über entsprechende Kennzahlen angesprochen. Naturgemäß dominieren Prozesskennzahlen.

Hoher Index-Anteil

Auffällig ist der hohe Anteil an Indices. Beim praktischen Einsatz dieser Kennzahlen müsste daher geklärt werden, wie die Indices zu definieren und zu berechnen sind.

Praxistauglichkeit der Kennzahlen

Die meisten Kennzahlen sind konzeptionell gut angedacht, dürften in der praktischen Umsetzung jedoch auf Schwierigkeiten stoßen. So ist z. B. im Entwicklungsprozess ein Nutzungsquotient aufgeführt, der das Verhältnis zwischen geplanter und tatsächlicher Nutzung eines Anwendungssystems dokumentieren soll. Sicher ist es technisch durchaus möglich, die Nutzung einer Anwendung zu ermitteln, jedoch müsste das System dafür entsprechende Funktionalitäten beinhalten. Auffällig sind auch die nicht oder nur schwer zu realisierenden Kennzahlen im Führungsprozess. Hier häufen sich die Indices. Dieses Phänomen beobachtet man immer wieder. Bei komplexen und schwer zu quantifizierenden Sachverhalten greifen viele Autoren intensiv zum Index.

Gesamtbewertung

Das Verdienst des Autors ist es, auf Basis eines Prozessmodells eine vollständige Kennzahlensystematik für eine IT-Organisation entworfen zu haben. Für einen praktischen Einsatz müsste aus den hier präsentierten Kennzahlen jedoch eine sinnvolle und strenge Auswahl getroffen werden.

Tab. 4–6 *Kennzahlensystem nach Brogli 1996*

Beschreibung	K	P	L	M	I	F
1. Entwicklungsprozess						
Effektivität						
Index Auftraggeberzufriedenheit	X					
Verhältnis zwischen tatsächlicher und geplanter Verwendung eines Systems	X	X				
Verhältnis zwischen erfolgreich abgeschlossenen Projekten (aus Auftraggebersicht) und allen abgeschlossenen Projekten	X	X				
Return on Investment (ROI)						X
Effizienz						
Index Ausmaß der Beteiligung der Benutzer an der Projektarbeit	X	X				
Ist-Projektkosten/Anzahl Function Points						X
Kostenvergleich Ist/Soll: für einzelne Projekte, Gruppen von Projekten oder sämtliche Projekte						X
Anzahl Function Points/Anzahl Personentage		X		X		
Index Prozessqualität		X				
Aufwand für vorhersehbare Änderungen/Aufwand für sämtliche Änderungen		X				
Index Benutzerzufriedenheit	X					
Soll-Projektdauer/Ist-Projektdauer		X				
2. Ausbildungsprozess						
Effektivität						
Index Auftraggeberzufriedenheit	X					
Index Teilnehmerzufriedenheit	X			X		
Effizienz						
Anteil Ausbildungskosten an IT-Gesamtkosten						X
Kosten pro Teilnehmertag						X
Anzahl Bedarfsanalysen	X	X				
Kursauslastung: Anzahl Ist-Teilnehmer/Anzahl Soll-Teilnehmer		X				

Tab. 4–6
Kennzahlensystem nach Brogli 1996 (Fortsetzung)

Beschreibung	K	P	L	M	I	F
2. Ausbildungsprozess						
Effizienz						
Teilnehmerstunden: Kursdauer * Anzahl Teilnehmer		X				
Index Ausbilderqualität		X		X		
Bewertung der Schulung nach 3 Monaten: Anteil der Teilnehmer nach Bewertungsstufen	X					
Durchschnittliche Dauer von Kursanmeldung bis Teilnahmebestätigung		X				
Durchschnittliche Dauer vom Ausbildungszeitpunkt bis zum Anwendungszeitpunkt	X	X			X	
Anzahl Vorbereitungstage pro Teilnehmertag		X				
3. Beratungsprozess						
Effektivität						
Index Klientenzufriedenheit	X					
Effizienz						
Index Beraterimage	X			X		
Beratererfahrung: Erfahrungsstufe * Anteil im Projektteam		X		X		
Kostenabweichung						X
Anteil fakturierbare Arbeitszeit an Gesamtarbeitszeit		X				
Einschaltintensität: Quotient aus Klientenaufwand und Berateraufwand	X	X				
Anzahl Besuche	X	X				
Anteil von Follow-up-Aufträgen an Gesamtauftragsvolumen	X					X
Index Beraterleistung		X		X		
Termintreue: Soll-Projektdauer/Ist-Projektdauer		X				
Durchschnittliche Dauer vom Zeitpunkt der Beauftragung bis zum Zeitpunkt der Abschlusspräsentation		X				
4. Betriebsprozess						
Effektivität						
Index Auftraggeberzufriedenheit	X					
Index Helpdesk-Beurteilung	X					
Effizienz						
Anteil freier Kapazität an Gesamtkapazität		X				
Anzahl Problemarten nach Typ		X				
Kosten pro Prozess						X
Anteil Sicherheitskosten an IT-Gesamtkosten						X
In Marktpreisen bewertete Leistung bezogen auf die Ist-Kosten der Leistungserstellung						X

Tab. 4-6
Kennzahlensystem nach Brogli 1996 (Fortsetzung)

Beschreibung	K	P	L	M	I	F
4. Betriebsprozess						
Effizienz						
Kosten pro Transaktion						X
Kosten der Datenhaltung						X
Kosten der Ausgabe						X
Durchschnittliche Antwortzeit	X	X				
Verfügbarkeit	X	X				
Sicherheitsprobleme pro Zeiteinheit		X				
Index Sicherheitsmanagement		X				
Durchschnittliche Dauer zwischen Problemannahme und Problemlösung		X				
5. HW-/SW-Managementprozess						
Effektivität						
Index Auftraggeberzufriedenheit	X					
Index Benutzerzufriedenheit	X					
Effizienz						
Komplexitätsgrad 1: i.W. Anzahl von Komponenten in einer Zentralrechnerumgebung		X				
Komplexitätsgrad 2: i.W. Anzahl von Komponenten in einer Client-Server-Umgebung		X				
Anzahl Lieferanten			X			
Mean Time between Changes: durchschnittliche Standzeit von Technologien oder Systemen oder Komponenten		X				
Verfügbarkeit	X	X				
Infrastrukturkosten pro Arbeitsplatz						X
Durchschnittliche Zeitdauer von Bestellung bis Übergabe	X	X				
Termintreue: Istdauer/Solldauer		X				
Antwortzeit		X				
6. Skill-Managementprozess						
Effektivität						
Index Auftraggeberzufriedenheit	X					
Effizienz						
Durchschnittliche Qualifikationsstufe pro Mitarbeiter mit gewählter Qualifikation				X		
Summe aller Qualifikationsstufen pro Skill im Unternehmen				X		
Lernfortschritt: Veränderung der Qualifikationsstufen für einzelne Mitarbeiter, Gruppen von Mitarbeitern oder sämtliche Mitarbeiter				X		

Tab. 4–6
Kennzahlensystem nach Brogli 1996 (Fortsetzung)

Beschreibung	K	P	L	M	I	F
6. Skill-Managementprozess						
Effizienz						
Skill-Verteilung nach Altersgruppen				X		
Deckungsbeitrag pro Mitarbeiter: Einnahmen pro Mitarbeiter abzüglich Ausgaben pro Mitarbeiter						X
Fluktuation: Anzahl der Austritte bezogen auf alle Mitarbeiter				X		
Index Mitarbeiterzufriedenheit				X		
7. Technologiemanagement-Prozess						
Effektivität						
Index Auftraggeberzufriedenheit	X					
Effizienz						
Anteil Technologiemanagement an IT-Gesamtkosten					X	X
Kosten pro Evaluation: durchschnittliche Kosten einer Technologieevaluation						X
Durchschnittliche Erfahrung auf dem Gebiet: nach Erfahrungsstufen				X		
Anfragen nach Evaluationen	X				X	
Quellen pro Technologie					X	
Evaluationen pro Jahr		X			X	
Anteil der umgesetzten Vorschläge					X	
Index: Bewertung von Risiken bei der Einführung neuer Technologien					X	
Beurteilung der Technologie: Hinsichtlich Nutzen und Resteinsatzdauer					X	
Durchschnittliche Dauer zwischen Beauftragung und Abschluss von Evaluationen		X				
Lebenszyklusabschnitt: Altersstufe der eingesetzten Technologien		X			X	
8. Führungsprozess						
Effektivität						
Index Effektivität des Leistungsausweises gegenüber Unternehmensleitung	X					
Index Planungs-/Budgetierungseffektivität aus Sicht der Unternehmensleitung	X					
Index Verrechnungseffektivität	X	X				
Index Controlling-Effektivität	X	X				

Tab. 4–6
Kennzahlensystem nach Brogli 1996 (Fortsetzung)

Beschreibung	K	P	L	M	I	F
8. Führungsprozess						
Effizienz						
Index Planungsflexibilität		X				
Anteil verplanter Zeit an Gesamtarbeitszeit		X				
Anteil Verwaltungskosten an IT-Gesamtkosten						X
Anteil Planungskosten an IT-Gesamtkosten						X
Budgetabweichung: Ist-Aufwand bezogen auf geplanten Aufwand						X
Kosten der Leistungsverrechnung						X
Priorisierungstabelle für Projekte: durchschnittlicher Fertigstellungsgrad, gewichtet nach Prioritäten		X				
Entwicklungsanteil am Gesamtinvestitionsvolumen					X	X
Index Planungsprozess		X				
Index pro Einzelplan		X				
Anteil verrechenbarer Aufwand am Gesamtaufwand						X
Index Verrechnungsqualität		X				
Index Controlling-Qualität		X				
Termintreue: Soll-Projektdauer/Ist-Projektdauer		X				
Planungs-Durchlaufzeit: Planungszeit bezogen auf Dauer der Plangültigkeit		X				
Legende: K = Kunden, P = Prozesse, L = Lieferanten, M = Mitarbeiter, I = Innovationen, F = Finanzen						

4.7 van der Zee 1996

Struktur

Dieses Kennzahlensystem wurde vom Autor im Rahmen seiner (englischsprachigen) Dissertation entwickelt (vgl. [van der Zee 1996, S. 315–336]). Es lehnt sich strukturell und methodisch an die Balanced Scorecard an. Unter den fünf Bereichen

- IT-Leistungsmanagement
- IT-Entwicklungsmanagement
- IT-Infrastrukturmanagement
- IT-Kundenmanagement
- IT-Benutzersupport

werden jeweils die von Kaplan/Norton eingeführten vier Perspektiven für Balanced Scorecards aufgeführt (vgl. [Kaplan/Norton 1997, S. 23–27]):

- Kundenperspektive
- Interne Perspektive

- Innovations- und Lernperspektive
- Finanzperspektive

Zielorientierung

Das dargestellte Kennzahlensystem wurde deutlich erkennbar im Hinblick auf Steuerungsaufgaben konzipiert. Unter jeder Perspektive werden Zielsetzungen genannt. Jeder Zielsetzung werden konkrete Kennzahlen zugeordnet. Damit kommt dieses Kennzahlensystem dem hier vertretenen Ansatz sehr nahe.

Redundante Kennzahlen

Der Leser möge beachten, dass eine Reihe von Kennzahlen mehrfach genannt, also als Indikatoren für verschiedene Zielsetzungen genutzt werden.

Gesamtbewertung

Für einen praktischen Einsatz müsste aus der Fülle der dargestellten Kennzahlen eine strenge Auswahl getroffen werden. Viele der Kennzahlen müssten vor einem praktischen Einsatz weiter konkretisiert werden.

Tab. 4–7
Kennzahlensystem nach van der Zee 1996

Bezeichnung	K	P	L	M	I	F
Teil 1: IT-Leistungsmanagement						
Kundenperspektive						
Ziel: ein attraktiver Dienstleister sein						
Bekanntheitsgrad des Produkt- und Dienstleistungsportfolios	X					
Anteil der Angebote, die zum Vertrag führen	X					
Allgemeine Benutzerzufriedenheit	X					
Ziel: ein bevorzugter Dienstleister sein						
Marktanteil beim Kunden	X					
Anteil der unterstützten Arbeitsstationen beim Kunden	X	X				
Anzahl der Kundenbesuche pro Periode	X					
Ziel: ein Geschäftspartner sein						
Anteil am vereinbarten Budget, der tatsächlich ausgenutzt wurde	X					X
Anteil der Umsätze, die auf Basis von (Rahmen-) Verträgen erzielt wurden	X					X
Anteil der zeitnah erstellten Rechnungen	X	X				
Interne Perspektive						
Ziel: ein guter Arbeitgeber sein						
Mitarbeiterzufriedenheit				X		
Fluktuationsrate				X		
Anteil von Abwesenheits- und Krankheitstagen				X		
Wettbewerbsfähigkeit der Gehälter				X		

Bezeichnung	K	P	L	M	I	F
Teil 1: IT-Leistungsmanagement						
Interne Perspektive						
Ziel: eine schlanke Organisation sein						
Verhältnis produktives vs. Support-Personal		X		X		
Verhältnis fakturierbare vs. nicht fakturierbare Stunden		X				
Ziel: kompetent sein						
Verlorene Aufträge aufgrund fehlender Expertise				X		
Anteil eingesetzter externer Berater bezogen auf eigenen Mitarbeiterstamm			X	X		
Innovations- und Lernperspektive						
Ziel: ein innovativer Dienstleister sein						
Anteil Trainingskosten an IT-Gesamtkosten				X	X	X
Anteil F&E-Kosten an IT-Gesamtkosten					X	X
Durchschnittliches Alter von Hardware- und Anwendungssystemen					X	
Anteil bzw. Nutzungsgrad von alten und neuen Technologien					X	
Anzahl von neuen Produkten bzw. Dienstleistungen, die pro Jahr eingeführt werden					X	
Ziel: innovatives Denken fördern						
Anzahl von Verbesserungsvorschlägen, die jährlich umgesetzt werden					X	
Ziel: neue Märkte erschließen						
Umsatzanteil aus neuen Anwendungen, Produkten oder Partnerschaften					X	X
Finanzperspektive						
Ziel: eine profitable Geschäftseinheit sein						
ROS: Revenues on Sales						X
Gewinn bzw. Umsatz pro Mitarbeiter						X
Ziel: ein zuverlässiger Planer sein						
Grad der Budgeteinhaltung						X
Ziel: im finanziellen Gleichgewicht sein						
Budgetstruktur nach Funktionsbereichen: z. B. Entwicklung, Wartung, Betrieb, Kommunikation						X
Budgetstruktur nach Ressourcen: z. B. Personal, Technik, Sonstiges						X

Tab. 4–7
Kennzahlensystem nach van der Zee 1996 (Fortsetzung)

Tab. 4–7
Kennzahlensystem nach van der Zee 1996 (Fortsetzung)

Bezeichnung	K	P	L	M	I	F
Teil 2: IT-Entwicklungsmanagement						
Kundenperspektive						
Ziel: ein reaktionsstarker Dienstleister sein						
Reaktionszeiten für Systemverbesserungen: z. B. Anzahl von Stunden bzw. Tagen bei kleinen Änderungen bzw. Fehlermeldungen	X	X				
Reaktionszeit, um auf Anforderungen für neue Anwendungen zu reagieren	X	X				
Zeitdauer, um Projekte zu liefern: große Änderungen und Neuentwicklungen, z. B. Anzahl von LOCs bzw. Function Points pro Monat	X	X				
Ziel: kostenwirksam sein						
Gesamte Entwicklungskosten pro geliefertem Function Point						X
Gesamte Wartungskosten pro Function Point im produktiven Einsatz						X
Ziel: ein zuverlässiger Planer sein						
Budgeteinhaltung (Kosten, Zeit) im Rahmen vorgegebener Toleranzwerte						X
Anteil der Projekte, die »in time« und »in budget« abgeschlossen wurden		X				X
Ziel: ein Qualitätslieferant sein						
Kundenzufriedenheit	X					
Benötigte Trainingstage pro Benutzer bei der Einführung neuer Systeme	X	X				
Anzahl der Überarbeitungsversionen für geschriebene Dokumentationen	X	X				
Anzahl der Fehler im Abnahmetest: nach Fehlerkategorien	X	X				
Anzahl der Fehler in den ersten drei Monaten des produktiven Einsatzes	X	X				
Anzahl der erforderlichen Änderungen in den ersten drei Monaten des produktiven Einsatzes: nach Größenordnungen	X	X				
Umfang der funktionalen Änderungen in den ersten drei Monaten des produktiven Einsatzes, bezogen auf den Erstimplementierungsaufwand		X				
Ziel: teamorientiert arbeiten						
Anteil der zum oberen Management eskalierten Probleme		X				

Bezeichnung	K	P	L	M	I	F
Teil 2: IT-Entwicklungsmanagement						
Interne Perspektive						
Ziel: ein effizienter Entwickler sein						
Anzahl von Personentagen nach Projektgröße und Projektphase		X				
Wartungsaufwand in Personentagen nach Systemkategorie		X				
Wiederverwendungsintensität nach Komponentenkategorie: z. B. Design, Module, Code, Dokumentation		X			X	
Durchdringungsgrad mit Werkzeugen		X			X	
Ziel: ein Qualitätsentwickler sein						
Anzahl von Fehlern in Modultests und Systemtests: nach Fehlerklassen		X				
Qualitätsmaße aus Sicht der Entwicklung: z. B. Design, Wartbarkeit		X				
Qualitätsmaße aus Sicht der Produktion: z. B. Handhabbarkeit in Produktivumgebung		X				
Qualitätsmaße aus Sicht der Auditoren: z. B. Auditierbarkeit, Sicherheit, Kontrollierbarkeit		X				
Ziel: kompetent sein						
Fähigkeits- bzw. Erfahrungsniveau in Jahren: nach Tätigkeitskategorien				X		
CASE-Fähigkeit nach [Rubin 1991]		X				
CMM-Level (CMM = Capability Maturity Model)		X				
Geschäftskenntnis				X		
Ziel: im operativen Gleichgewicht sein						
Planeinhaltung (Zeit, Kosten) nach Projektphasen innerhalb definierter Toleranzgrenzen		X				
Anteil Projektphasen, die »in time« und »in budget« abgeschlossen wurden		X				X
Anzahl an Änderungsanforderungen pro Jahr: z. B. pro Anwendung, pro Benutzergruppe	X	X				
Anzahl bzw. Volumen unbearbeiteter Projektanfragen		X				
Anteil von Anwendungen unter Release-Management		X				
Anteil von Anwendungen unter Configuration-Management		X				

Tab. 4–7
Kennzahlensystem nach van der Zee 1996 (Fortsetzung)

Tab. 4-7
Kennzahlensystem nach van der Zee 1996 (Fortsetzung)

Bezeichnung	K	P	L	M	I	F
Teil 2: IT-Entwicklungsmanagement						
Innovations- und Lernperspektive						
Ziel: ein schneller Anpasser sein						
Durchschnittliche Zeitdauer, um neue Entwicklungsverfahren, Technologien, Werkzeuge vollständig zu beherrschen				X	X	
Durchschnittliche Zeitdauer, um neue Entwicklungsverfahren, Technologien, Werkzeuge einzuführen				X	X	
Ziel: Innovation fördern						
Anzahl von State-of-the-art-Projekten pro Jahr					X	
Anteil von State-of-the-art-Projekten am Gesamtvolumen der Projekte					X	
Anzahl von Untersuchungen an neuen Lösungen bzw. Produkten pro Jahr					X	
Anzahl von Trainingstagen pro Jahr				X	X	
Anteil der Trainingszeit an Gesamtarbeitszeit				X	X	
Finanzperspektive						
Ziel: ein profitabler Entwickler sein						
Gewinn bzw. Kostenerstattung pro Entwicklungsprojekt						X
Gewinn bzw. Kostenerstattung pro gewartetem System						X
Gewinn pro Mitarbeiter						X
Anteil fakturierbarer Stunden an Gesamtarbeitszeit für einzelne Mitarbeiter oder Gruppen von Mitarbeitern		X				X
Ziel: im finanziellen Gleichgewicht sein						
Anteil Wartungskosten an Gesamtkosten						X
Volumen der Wartungskosten, bezogen auf Gesamt-Betriebskosten						X
Teil 3: IT-Infrastrukturmanagement						
Kundenperspektive						
Ziel: ein leistungsfähiger Dienstleister sein						
Antwortzeit – am Endgerät – für Online-Transaktionen: nach Komplexitätsstufen	X	X				
Laufzeit für geplante Batchjobs	X	X				
Laufzeit für ungeplante Batchjobs	X	X				

Tab. 4–7
Kennzahlensystem nach van der Zee 1996 (Fortsetzung)

Bezeichnung	K	P	L	M	I	F
Teil 3: IT-Infrastrukturmanagement						
Kundenperspektive						
Ziel: kostengünstig sein						
Verarbeitungskosten pro Geschäftstransaktion (online)						X
Verarbeitungskosten pro Report (batch): z. B. pro Seite						X
Rechenzentrums- und Kommunikationskosten pro Benutzer bzw. Workstation						X
Verarbeitungskosten pro Geschäftstransaktion: z. B. Auftrag, Lieferung, Kunde, Passagier						X
Ziel: ein zuverlässiger Planer sein						
Pünktliche Lieferung bzw. Bereitstellung von wichtigem Batch Output	X	X				
Grad der Budgeteinhaltung						X
Ziel: ein Qualitätsdienstleister sein						
Kundenzufriedenheit	X					
Anteil an Technologien außerhalb festgelegter Standards		X			X	
Verfügbarkeit 1: Mean Time between Failures (MTBF) pro Anwendung in Tagen oder Stunden		X				
Verfügbarkeit 2: Mean Time to Repair (MTTR) in Minuten oder Stunden		X				
Anzahl störungsfreier Tage pro Periode		X				
Anzahl von fehlerhaften Geschäftstransaktionen, bezogen auf das Gesamtvolumen an Transaktionen		X				
Anzahl von fehlerhaften Berichten, bezogen auf das produzierte Gesamtvolumen an Berichten		X				
Anzahl von Ereignissen, die Verletzungen von SLAs darstellen (pro Periode)		X				
Anzahl von Eingriffen durch das obere Management, die aufgrund von Störungen erforderlich wurden		X				
Interne Perspektive						
Ziel: effizient sein						
Gesamtausgaben pro eingesetzte MIPS bzw. 1.000 Netzwerkknoten						X
Hardwareausgaben pro eingesetzte MIPS bzw. 1.000 Netzwerkknoten						X
Softwareausgaben pro eingesetzte MIPS bzw. 1.000 Netzwerkknoten						X
Personalausgaben pro eingesetzte MIPS bzw. 1.000 Netzwerkknoten						X

Tab. 4–7
Kennzahlensystem nach van der Zee 1996 (Fortsetzung)

Bezeichnung	K	P	L	M	I	F
Teil 3: IT-Infrastrukturmanagement						
Interne Perspektive						
Ziel: effizient sein						
Kommunikationsausgaben pro 1.000 Netzwerkknoten						X
Sonstige Ausgaben pro eingesetzte MIPS bzw. 1.000 Netzwerkknoten						X
Kosten pro Arbeitseinheit: z. B. Tape Mount, Speicherplatznutzung pro Monat, Seitendruck, Verwaltung von 1.000 Netzwerkknoten						X
Ziel: Systeme optimal nutzen						
CPU-Auslastung: z. B. generell, Tagschicht, Nachtschicht		X				
Speicherplatznutzung: z. B. allokiert, aktuell belegt		X				
Nutzung von externen Speichermedien: z. B. Anzahl von Tape Mounts pro Job, Anteil von Dateien über mehrere »tapes«, Anteil kleiner Banddateien, Anteil optimal geblockter Dateien		X				
Druckernutzung: Zeitanteil aktiver Drucker		X				
Netzwerknutzung: Anteil belegter Kapazitäten		X				
Ziel: Personal optimal strukturieren						
Grad der Durchdringung mit Produktivitätstools		X			X	
Anzahl Mitarbeiter pro eingesetzte MIPS bzw. Schicht bzw. 1.000 Netzwerkknoten		X				
Anzahl Konsoloperator pro eingesetzte MIPS		X				
Anzahl I/O-Operator pro 10.000 Produktionsjobs bzw. 100.000 Druckseiten		X				
Anzahl Arbeitsvorbereiter pro 10.000 Produktionsjobs		X				
Anzahl Systemprogrammierer pro Betriebssystem bzw. eingesetzte MIPS		X				
Anzahl Datenbankadministratoren pro 10.000 Tabellen		X				
Anzahl Kapazitätsplaner pro eingesetzte MIPS bzw. 1.000 Netzwerkknoten		X				
Anzahl Sicherheitsspezialisten pro eingesetzte MIPS bzw. 1.000 Netzwerkknoten		X				
Anzahl Netzwerkmanager pro 1.000 Netzwerkknoten		X				
Ziel: ein Qualitätsdienstleister sein						
Anzahl von Systemausfällen, Fehlern, Störungen		X				
Anteil Reruns von Batchjobs		X				
Anteil gesicherter Daten		X				
Anteil von Datenbeständen, die einem Zugriffsschutzverfahren unterliegen		X				

Bezeichnung	K	P	L	M	I	F
Teil 3: IT-Infrastrukturmanagement						
Interne Perspektive						
Ziel: kompetent sein						
Fähigkeits- bzw. Erfahrungsniveau in Anzahl von Jahren pro Tätigkeitskategorie				X		
Ziel: im operativen Gleichgewicht sein						
Budgeteinhaltung, bezogen auf Anwendungen bzw. Benutzergruppen						X
Durchschnittliches Volumen offener Änderungsanforderungen für das Netzwerk		X				
Durchschnittliches Volumen noch nicht erledigter Batchjob-Anforderungen		X				
Anteil von Netzwerkänderungen, die termingerecht durchgeführt wurden		X				
Anteil der Hardware und Software, die einem Configuration-Management unterzogen wird		X				
Anteil qualitätsgesicherter Abläufe (z. B. ITIL)		X				
Innovations- und Lernperspektive						
Ziel: ein schneller Anpasser sein						
Durchschnittlicher Zeitbedarf, um neue Technologien bzw. Produkte sicher zu beherrschen		X			X	
Durchschnittlicher Zeitbedarf, um neue Technologien bzw. Produkte vollständig einzuführen					X	
Ziel: Innovation fördern						
Anzahl von Trainingstagen pro Jahr				X		
Anteil der Trainingszeit an Gesamtarbeitszeit				X		
Anzahl von Versuchen mit neuen Technologien (pro Periode)					X	
Finanzperspektive						
Ziel: profitabel sein						
Gewinn bzw. Kostenerstattung pro Serviceeinheit						X
Gewinn bzw. Kostenerstattung pro Benutzergruppe						X
Gewinn pro Mitarbeiter						X
Ziel: im finanziellen Gleichgewicht sein						
Umfang des Anlagevermögens						X
ROA = Return on Assets						X
ROI = Return on Investment						X

Tab. 4–7 Kennzahlensystem nach van der Zee 1996 (Fortsetzung)

Tab. 4–7
Kennzahlensystem nach van der Zee 1996 (Fortsetzung)

Bezeichnung	K	P	L	M	I	F
Teil 4: IT-Kundenmanagement						
Kundenperspektive						
Ziel: informativ sein						
Bekanntheitsgrad der Produkte und Leistungen des Dienstleisters	X					
Anteil Benutzergruppen, für die regelmäßig Informationsveranstaltungen durchgeführt werden	X					
Anteil von Informationsanfragen, die sofort vollständig beantwortet werden können	X	X		X		
Anzahl von Beschwerden über schlechte Information: pro Periode	X					
Ziel: verfügbar sein						
Zeitanteil, der direkt mit dem Kunden verbracht wird, bezogen auf die Gesamtarbeitszeit	X	X				
Anteil der Telefonanrufe, die noch am selben Tag beantwortet werden	X	X				
Ziel: ein bevorzugter Dienstleister sein						
Marktanteil beim Kunden: Anteil des eigenen Umsatzes mit dem Kunden an den gesamten IT-Ausgaben des Kunden bzw. Anteil der betreuten Workstations des Kunden	X					
Anzahl der formellen bzw. informellen Kundenbesuche pro Periode	X					
Anteil der beim Kunden im Wettbewerb mit anderen Dienstleistern gewonnenen Verträge	X					
Ziel: ein Geschäftspartner sein						
Realisierungsgrad des mit dem Kunden vereinbarten Jahresbudgets	X					X
Anteil des Umsatzes mit dem Kunden, der durch formale Verträge/Rahmenverträge abgedeckt ist	X					
Anzahl von Verbesserungsvorschlägen für den Kunden	X				X	
Anteil der Rechnungen, die zeitnah versandt wurden		X				
Durchschnittliche Zahlungsfrist des Kunden						X
Kundenzufriedenheit	X					
Interne Perspektive						
Ziel: marketingorientiert sein						
Anteil der Benutzergruppen, für die es einen Marketingplan gibt	X					
Anteil der Benutzergruppen, bei denen IT-Einsatz und IT-Bewusstsein systematisch verfolgt werden	X					
Anteil der Benutzergruppen, für die Profile mit allen wichtigen Daten gepflegt werden	X					

Bezeichnung	K	P	L	M	I	F
Teil 4: IT-Kundenmanagement						
Interne Perspektive						
Ziel: effizient sein						
Kosten von Marketingprogrammen, Veranstaltungen, Werbematerial, bezogen auf den Umsatz						X
Ziel: informiert sein						
Anzahl von Veranstaltungen, die pro Periode besucht werden: z. B. Kundenmessen, Kongresse, Branchenveranstaltungen				X	X	
Innovations- und Lernperspektive						
Ziel: ein innovativer Vermarkter sein						
Budgetanteil für Marktentwicklung						X
Anteil des neuen Werbematerials, bezogen auf das Gesamtvolumen		X				
Durchschnittliches Alter des Werbematerials		X				
Anzahl neuer Produkte bzw. Dienstleistungen, die pro Jahr entwickelt werden					X	
Ziel: innovatives Denken fördern						
Anzahl von Verbesserungsideen, die im Marketing gemacht, genehmigt und umgesetzt werden: pro Periode					X	
Budgetanteil für Marketing-Training						X
Ziel: neue Märkte erschließen						
Anteil neuer Anwendungen, Produkte bzw. Kundenbeziehungen am Gesamtumsatz					X	
Finanzperspektive						
Ziel: ein profitables Geschäft sein						
ROS: Revenues on Sales					X	X
Umsatz pro Benutzergruppe						X
Marketing- und Vertriebsausgaben, bezogen auf den Umsatz						X
Teil 5: Benutzersupport						
Kundenperspektive						
Ziel: kundenorientiert sein						
Verfügbarkeitszeiten des Benutzersupports: z. B. pro Tag, pro Woche	X	X				
Durchschnittliche Wartezeit bis zur Entgegennahme eines Anrufs: z. B. in Sekunden	X	X				
Durchschnittliche Anzahl vergeblicher Anrufe: z. B. pro Woche	X	X				

Tab. 4–7
Kennzahlensystem nach van der Zee 1996 (Fortsetzung)

Tab. 4–7 Kennzahlensystem nach van der Zee 1996 (Fortsetzung)

Bezeichnung	K	P	L	M	I	F
Teil 5: Benutzersupport						
Kundenperspektive						
Ziel: kundenorientiert sein						
Durchschnittliche Zeitdauer zwischen Eingang einer Anfrage und Eintreffen des Service-Mitarbeiters vor Ort	X	X				
Durchschnittliche Zeitdauer zwischen Schulungsanfragen und Schulungsdurchführung	X	X				
Durchschnittliche Wartezeiten für Benutzer, die ins Servicezentrum kommen	X	X				
Servicegrad pro Benutzergruppe	X	X				
Ziel: kostengünstig sein						
Verrechnete Kosten pro Anruf						X
Verrechnete Kosten für On-Site-Support						X
Verrechnete Kosten für Training bzw. Trainingstage						X
Verrechnete Kosten für Full-Service-Vertrag pro Benutzer bzw. Workstation						X
Ziel: ein zuverlässiger Planer sein						
Pünktliche Durchführung vereinbarter Trainings bzw. Services	X	X				
Ziel: Qualität liefern						
Kundenzufriedenheit	X					
Anzahl von Ereignissen, die SLAs verletzen	X	X				
Anzahl von Eskalationen zum oberen Management		X				
Ziel: informativ sein						
Anzahl von Informationsblättern, Visitenkarten, Notizzetteln etc., die pro Jahr verteilt werden	X	X				
Interne Perspektive						
Ziel: effizient sein						
Durchschnittliche Anzahl von Benutzern bzw. Workstations pro Service-Mitarbeiter		X				
Anzahl von Telefonanrufen pro Service-Mitarbeiter und Monat		X				
Anzahl von On-Site-Einsätzen pro Service-Mitarbeiter und Monat		X				
Anzahl von Benutzer-Trainingstagen pro Service-Mitarbeiter und Jahr	X	X				

Tab. 4–7
Kennzahlensystem nach van der Zee 1996 (Fortsetzung)

Bezeichnung	K	P	L	M	I	F
Teil 5: Benutzersupport						
Interne Perspektive						
Ziel: eine qualitätsbewusste Serviceeinheit sein						
Anteil der dokumentierten Telefonanrufe bzw. Benutzerkontakte		X				
Anteil der dokumentierten Ereignisse bzw. Problemlösungen bzw. Problemlösungszeiten		X				
Automatisierungsgrad in der Unterstützung des Service-Personals		X				
Ziel: kompetent sein						
Fähigkeits- bzw. Erfahrungsniveau in Anzahl von Jahren pro Tätigkeitskategorie				X		
Ziel: im operativen Gleichgewicht sein						
Grad der Budgeteinhaltung pro Anwendung bzw. Benutzergruppe						X
Innovations- und Lernperspektive						
Ziel: ein schneller Anpasser sein						
Durchschnittliche Zeitdauer, bis eine neue Anwendung bzw. eine neue Technologie unterstützt werden kann				X	X	
Durchschnittliche Zeitdauer, bis eine neue Anwendung bzw. Technologie vollständig beherrscht wird		X		X	X	
Durchschnittliche Zeitdauer, bis eine neue Anwendung bzw. Technologie eingeführt wird					X	
Ziel: Innovation fördern						
Anzahl von Trainingstagen pro Jahr				X	X	
Anteil der Trainingszeit an Gesamtarbeitszeit				X	X	
Anzahl der Erprobung neuer Support-Technologien pro Jahr					X	
Finanzperspektive						
Ziel: profitabel sein						
Gewinn bzw. verrechnete Kosten pro Serviceeinheit						X
Gewinn bzw. verrechnete Kosten pro Benutzergruppe						X
Gewinn pro Mitarbeiter						X
Legende: K = Kunden, P = Prozesse, L = Lieferanten, M = Mitarbeiter, I = Innovationen, F = Finanzen						

4.8 Baumöl/Reichmann 1996

Struktur

Das von Baumöl und Reichmann (vgl. [Baumöl/Reichmann 1996] und [Reichmann 2001, S. 682–689]) veröffentlichte Kennzahlensystem umfasst 17 Kennzahlen, die in vier Blöcken zusammengefasst sind (vgl. Abb. 4-2).

Abb. 4–2 *Struktur des Kennzahlensystems Baumöl/Reichmann 1996*

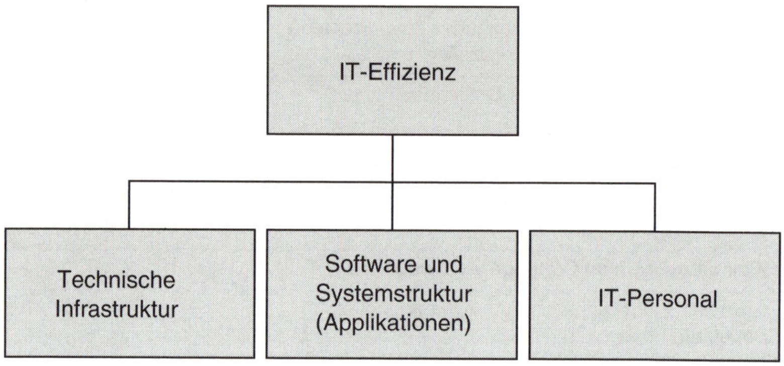

Obgleich die Kennzahlenblöcke hierarchisch angeordnet sind, handelt es sich auch hier um ein Ordnungssystem ohne arithmetische Verknüpfung der Kennzahlen. Das IT-Kennzahlensystem von Baumöl und Reichmann ist ein Teilbereich des erweiterten RL-Kennzahlensystems (RL = Rentabilität/Liquidität) von Reichmann (vgl. [Reichmann 2001, S. 65 ff.]). Die enthaltenen Kennzahlen basieren zum Teil auf dem Kennzahlensystem der Schweizerischen Vereinigung für Datenverarbeitung (vgl. 4.1). Zum Teil wurden sie aber auch völlig neu entwickelt (vgl. [Baumöl 1998, S. 113]).

Kritische Anmerkungen

Das Kennzahlensystem von Reichmann und Baumöl ist mit seinen 17 Kennzahlen eines der wenigen Systeme, das von seiner Größe und Komplexität her praxis- oder managementtauglich erscheint. Auch die Einbindung in ein unternehmensweites Kennzahlensystem sowie der Versuch der Nutzenquantifizierung tragen dazu bei. Kritisch zu beurteilen sind jedoch folgende Punkte:

- Das System ist auf die Prozess- und Finanzperspektiven beschränkt und deckt wichtige Bereiche der IT-Steuerung nicht ab (vgl. 2.4).
- Mehrere Kennzahlen erfordern die Bewertung eines Nutzens. Das ist praktisch kaum möglich und lässt eine konkrete Nutzung kaum möglich erscheinen. Darauf haben schon die Autoren selbst hingewiesen (vgl. [Baumöl 1998, S. 123]). Missverständlich ist in diesem Zusammenhang, dass nur von Effizienz der IT gesprochen wird. Die Nutzenbewertung deutet darauf hin, dass man eigentlich Effektivität gemeint hat.

- Einige der Kennzahlen entstammen der Mainframe-Zeit und sind auf vernetzte/verteilte Systeme nicht anwendbar. Andere beschreiben offenbar eine Situation aus der klassischen RZ-Produktion mit hohen Stapelverarbeitungsanteilen. Zudem sind die Grenzlinien zwischen technischer Infrastruktur und Anwendungen fließend (vgl. z. B. Middleware).
- Sämtliche Kennzahlen erfordern einen hohen Datenbeschaffungsaufwand und können daher erst dann dargestellt werden, wenn die Datenbeschaffung hochgradig automatisiert werden kann.
- Eine Reihe von Kennzahlen sind Indices und erfordern eine Dokumentation und Diskussion der Gewichtung der verschiedenen Input-Größen.

Gesamtbewertung

Wollte man dieses Kennzahlensystem praktisch einsetzen, so müsste es strukturell und von den Kennzahlen her vollständig überarbeitet werden. Das Verdienst der Autoren ist es jedoch, auch die IT in das Konzept eines unternehmensweiten kennzahlengestützten Controllings integriert zu haben.

Tab. 4–8
Kennzahlensystem nach Baumöl/Reichmann 1996

Bezeichnung	K	P	L	M	I	F
Übergeordnete Kennzahlen						
IT-Effizienz: Verhältnis von (bewertetem) IT-Nutzen zu IT-Kosten						X
Servicegrad der IT: Verhältnis von termingerecht ausgeführten zu sämtlichen auszuführenden Aufträgen		X				
Verfügbarkeit der IT-Systeme: Verhältnis von effektiver Verfügbarkeit zur technisch möglichen Verfügbarkeit		X				
Kennzahlen der technischen Infrastruktur						
IT-Leistungsgrad: Verhältnis von (bewertetem) IT-Nutzen zu IT-Kosten der technischen Infrastruktur						X
Beschäftigungsgrad der IT: Verhältnis von effektiver Nutzung zu geplanter Verfügbarkeit (jeweils in CPU-min/h)		X				
Kapazitätsauslastungsgrad der IT: Verhältnis von effektiver Nutzung zu technisch möglicher Nutzung (jeweils in CPU-min/h)		X				
Ausfallzeiten der IT: Verhältnis von reparaturbedingter Downtime zu geplanter Verfügbarkeit		X				
Wartungskostenanteil: Verhältnis von Wartungskosten zu IT-Kosten		X				

Tab. 4–8
Kennzahlensystem nach Baumöl/Reichmann 1996 (Fortsetzung)

Bezeichnung	K	P	L	M	I	F
Kennzahlen der Software- und Systemstruktur						
Softwaretechnischer Leistungsgrad: Verhältnis von (bewertetem) Softwarenutzen zu Softwarekosten						X
Systemintegrationsnutzen: Verhältnis von Durchlaufzeit zur Anzahl der Teilprozesse		X				
Benutzerfreundlichkeit/Bearbeitungseffizienz: Verhältnis von Eingabezeit zur Gesamtbearbeitungszeit		X				
Systembetreuungsgrad: Verhältnis von System-betreuungskosten zum Wert des Programm-Portfolios						X
Rerun-Quote: Verhältnis von Rerun-Zeit zu produktiver Verarbeitungszeit		X				
Kennzahlen des IT-Personals						
Service-Leistungsgrad: Verhältnis vom Servicegrad der IT zu benötigten IT-Mitarbeiterstunden zur Erzielung des Servicegrads		X				
IT-Mitarbeiteranteil: Verhältnis von Anzahl der IT-Mitarbeiter zur Gesamt-Mitarbeiteranzahl		X		X		
IT-Mitarbeiterquote: Verhältnis von Anzahl der IT-Mitarbeiter zur durchschnittlichen Anzahl der IT-Mitarbeiter in der Branche		X		X		
IT-Ausbildungsaufwand: Verhältnis von IT-Ausbildungskosten zur Anzahl der IT-Mitarbeiter				X		X
Legende: K = Kunden, P = Prozesse, L = Lieferanten, M = Mitarbeiter, I = Innovationen, F = Finanzen						

4.9 Wies/Lohmann/Picot 1997

Struktur

Dieses Kennzahlensystem wurde nach Aussage der Autoren für IT-Abteilungen verschiedener Automobil- und Telekommunikationskonzerne entwickelt (vgl. [Wies/Lohmann/Picot 1997]). Es unterscheidet insgesamt sechs Bereiche:

- Erfolg
- Wirtschaftlichkeit
- Rentabilität
- Produktivität
- Qualität
- Flexibilität

Die ersten drei Bereiche werden wie folgt umrissen:

- Erfolg = Leistung – Kosten
- Wirtschaftlichkeit = Leistung/Kosten
- Rentabilität = Erfolg/eingesetztes Kapital

und mit dem Verweis darauf, dass diese Kennzahlen meist vom Kosten-Controlling geliefert würden, nicht weiter behandelt. Die letzten drei Bereiche werden als technische Kennzahlen bezeichnet und weiter detailliert. Bei den aufgeführten Kennzahlen handelt es sich überwiegend um prozessorientierte Kennzahlen.

Maschinelle Datenerhebung

Leider werden viele der genannten Kennzahlen nur kurz angerissen und nicht genau beschrieben. Daher ist ihre praktische Eignung auf Basis der zitierten Veröffentlichung kaum zu verifizieren. Für einige Beispiele werden komplexe Berechnungsformeln dargestellt (Nutzungsdauer, Nutzungsintensität, Verfügbarkeitsgrad). Diese Kennzahlen sind nur mit geeigneter technischer Unterstützung zu ermitteln und zu berechnen. Überhaupt gehen die Autoren davon aus, dass für dieses Kennzahlensystem eine IT-Lösung realisiert werden muss, die die meisten ihrer Daten aus entsprechenden operativen Systemen übernimmt:

- Operations-Management und Automation
- Change- und Workflow-Management
- Auftrags- und Request-Management
- Problem- und Helpdesk-Management
- Performance-Management
- Security-Management
- Accounting-Management

Gesamtbewertung

Gerade der Fokus auf eine systemtechnische Lösung zeigt, dass es sich hier um eine Datenbasis »auf Vorrat« handelt und der Fokus der zugrunde liegenden Beratungsaufträge offenbar darin lag, ein chaotisch gewachsenes Kennzahlen-»Gebirge« zu strukturieren. Es wird von Basisdaten gesprochen, aus denen systemgestützt Berichts- und Kontrollkennzahlen generiert werden. Die eigentliche Steuerungsaufgabe und die damit verbundenen Regelkreise werden nicht konkretisiert.

Tab. 4–9
Kennzahlensystem nach Wies/Lohmann/Picot 1997

Bezeichnung	K	P	L	M	I	F
Produktivität						
1. Betrieb Anwendungen						
Anzahl Anwendungen		X				
Nutzungscharakteristika: Häufigkeit, Nutzungsdauer, Nutzungsintensität	X	X				
Verfügbarkeit: systemlokaler Verfügbarkeitsgrad, Verfügbarkeit am Betriebsstandort, Verfügbarkeit an dezentralen Standorten		X				
Ausfallzeiten		X				
Wartungsintensität		X				

Tab. 4-9
Kennzahlensystem nach Wies/Lohmann/Picot 1997 (Fortsetzung)

Bezeichnung	**K**	**P**	**L**	**M**	**I**	**F**
Produktivität						
1. Betrieb Anwendungen						
Supportintensität		X				
Technologie-Innovationsgrad: Index, der u. a. die Merkmale »Version des Betriebssystems« und »Integrationsgrad von Anwendungen« einbezieht					X	
2. Betrieb Systemplattformen						
Anzahl Plattformen		X				
Nutzungscharakteristika		X				
Verfügbarkeit		X				
Ausfallzeiten		X				
Auslastungsgrad je Plattform und Standort		X				
Wartungsintensität		X				
Supportintensität		X				
Systemleistung (z. B. in MIPS)		X				
Automatisierungsgrad		X			X	
Technologie-Innovationsgrad					X	
3. Betrieb Netzinfrastruktur						
Verfügbarkeit Netzkomponenten		X				
Durchsatz bzw. Antwortzeitverhalten		X				
Ausfallzeiten		X				
Verfügbarkeit Netzdienste		X				
Ausbaugrad		X				
Automatisierungsgrad		X			X	
Technologie-Innovationsgrad					X	
4. Personal						
Anzahl der Mitarbeiter				X		
Arbeitskapazität				X		
Fehlzeiten				X		
Fluktuation				X		
Personalstruktur				X		
Qualität						
1. Kundenzufriedenheit						
Kundenzufriedenheit (Ergebnisse aus Kundenbefragungen, gemeldeten Problemen usw.)	X					

Tab. 4-9 Kennzahlensystem nach Wies/Lohmann/Picot 1997 (Fortsetzung)

Bezeichnung	K	P	L	M	I	F
Qualität						
2. Servicequalität						
2.1 Servicegrad						
Anzahl Serviceaufträge pro Zeiteinheit	X	X				
Anzahl termingerecht ausgeführter Aufträge, bezogen auf die Anzahl geplanter Aufträge		X				
Anzahl Fehlermeldungen pro Tag, Woche, ..., Hauptbetriebszeit		X				
Bearbeitungsstruktur von Problemreports: sofort gelöste Probleme, sofort bearbeitete Probleme, bekannte Probleme		X				
2.2 Erreichbarkeit des Servicepersonals						
Erreichbarkeitsstruktur: Anzahl Stunden Vor-Ort-Service, Anzahl Stunden Rufbereitschaft		X				
Erreichbarkeit Soll		X				
Erreichbarkeit Ist		X				
2.3 Entstörungsstruktur						
Durchschnittliche Entstörungsdauer (Summe Entstörungsdauer, bezogen auf Anzahl Entstörungen) nach Software, Plattform usw.		X				
Entstörungsgrad (gelöste vs. ungelöste Probleme pro Tag, Woche usw.)		X				
2.4 Servicestruktur						
Technische Komplexität der betreuten Komponenten bzw. Arbeitsplätze		X				
Vernetzungsgrad der betreuten Arbeitsplätze		X				
Anzahl Servicepersonal, bezogen auf Anzahl betreuter Arbeitsplätze		X		X		
2.5 Auftragsstruktur						
Anzahl Serviceaufträge	X	X				
Anzahl Beratungsaufträge	X	X				
Anzahl Planungsaufträge	X	X				
Anzahl Entstörungsaufträge	X	X				
3. Prozessqualität						
Grad der Prozesseinhaltung		X				
Vollständigkeit der Prozesse		X				
Integrationsgrad der Prozesse		X				
Technologieeinsatzgrad		X			X	
Änderungsdynamik der Prozesse		X			X	

Tab. 4–9
Kennzahlensystem nach Wies/Lohmann/Picot 1997 (Fortsetzung)

Bezeichnung	K	P	L	M	I	F
Flexibilität						
1. Prozessdynamik						
Häufigkeit von Prozessveränderungen (Verbesserungsvorschläge, Problemmeldungen)		X				
2. Reaktionszeiten						
Reaktionszeiten bei Änderungswünschen		X				
Reaktionszeiten auf Probleme		X				
3. Veränderung des Technologieeinsatzgrads						
Anzahl der neu eingeführten Systeme, bezogen auf Anzahl der genutzten Systeme		X			X	
Legende: K = Kunden, P = Prozesse, L = Lieferanten, M = Mitarbeiter, I = Innovationen, F = Finanzen						

4.10 CobiT 2000

Struktur

Das CobiT-Kennzahlensystem der amerikanischen Organisation ISACA (CobiT = Control Objectives for Information and related Technology, ISACA = Information Systems Audit and Control Association, vgl. [COBIT 2000]) beruht auf einem Prozessmodell (analog zum Kennzahlensystem nach Brogli). Die insgesamt 34 definierten Prozesse sind in vier Bereiche unterteilt:

- Planung und Organisation (11 Prozesse)
- Akquisition und Realisierung (6 Prozesse)
- Betrieb und Support (13 Prozesse)
- Monitoring (4 Prozesse)

Jedem Prozess sind zwei Gruppen von Kennzahlen zugeordnet:

- Zielerreichungsindikatoren (Z)
- Leistungsindikatoren (L)

Die erste Gruppe umfasst Kennzahlen, mit denen Veränderungen beschrieben werden, die zweite Gruppe Kennzahlen, die eher statusorientiert sind. Die Zugehörigkeit der nachstehend aufgeführten Kennzahlen zu diesen beiden Gruppen ist aus dem entsprechenden Buchstaben in der Kodierung erkennbar. Insgesamt umfasst dieses Modell weit über 300 einzelne Kennzahlen. Damit ist auch dies kein Kennzahlensystem im engeren Sinne, sondern eine Kennzahlensystematik (vgl. 2.1).

Schwerpunkte

Naturgemäß dominieren die Prozesskennzahlen, aber auch die übrigen Bereiche werden belegt. Auffällig gegenüber anderen Kennzahlensystemen ist, dass es bei CobiT einen Prozess für das Lieferantenmanagement und dementsprechend auch Kennzahlen gibt. Der

Bereich Innovationen ist nur sehr schwach belegt. Das mag an der Herkunft des Systems aus dem Bereich der Revision liegen, die ja schwerpunktmäßig die Einhaltung definierter Vorgaben bzw. Abweichungen von diesen Vorgaben betrachtet.

Hoher Anteil subjektiver Bewertungen

Auch in diesem Beispiel werden auffällig viele Kenngrößen genannt, die subjektive Bewertungen Betroffener beinhalten und/oder Indices sind. Dies ist ein weiteres Indiz dafür, dass CobiT kein konkretes Steuerungssystem sein will, sondern eher auf steuerungsrelevante Sachverhalte in Form einer bestimmten Systematik aufmerksam machen will. Vor einer praktischen Nutzung müssten dementsprechend die eigentlichen Kennzahlen erst detailliert definiert werden.

Tab. 4–10

Kennzahlensystem nach CobiT 2000

Beschreibung	K	P	L	M	I	F
Teil 1: Planung und Organisation						
P01: Strategischen IT-Plan definieren						
P01-Z1: Anteil der strategischen IT- und Geschäftspläne, die aufeinander abgestimmt sind und Verantwortungen klar zuordnen	X	X				
P01-Z2: Anteil der Business-Units mit klar definierter IT-Unterstützung	X	X				
P01-Z3: Klare Beziehungen zwischen Verantwortungen und strategischen IT- und Geschäftszielen	X	X				
P01-Z4: Anteil der Business-Units, die Technologien aus der IT-Strategie nutzen	X				X	
P01-Z5: Anteil des IT-Budgets, das von Fachbereichen verantwortet wird	X					X
P01-Z6: Anzahl von hervorragenden IT-Projekten	X				X	
P01-L1: Aktualität der letzten Bewertung der IT-Unterstützung (Zeitspanne seit dem letzten Update)	X					
P01-L2: Alter der strategischen Planung (Zeitspanne seit dem letzten Update)	X	X			X	
P01-L3: Grad der Zufriedenheit mit dem strategischen Planungsprozess		X				
P01-L4: Zeitspanne zwischen einer Änderung der strategischen Planung und der Anpassung der operativen Planung		X				
P01-L5: Beteiligungsindex bezüglich der strategischen IT-Planung, basierend auf Aufwandsumfang, Verhältnis zwischen Fachbereichs- und IT-Verantwortlichen sowie Anzahl der beteiligten Schlüsselpersonen	X	X				
P01-L6: Qualitätsindex bezüglich der strategischen IT-Planung – umfasst Zeitrahmen der Planerstellung, Grad der strukturierten Vorgehensweise und Vollständigkeit des Plans		X				

Tab. 4–10
Kennzahlensystem nach CobiT 2000 (Fortsetzung)

Beschreibung	K	P	L	M	I	F
Teil 1: Planung und Organisation						
P02: Informationsarchitektur definieren						
P02-Z1: Schnellere Anwendungsentwicklung		X				
P02-Z2: Schnellere Auslieferung (time to market) für größere Informationssysteme	X	X				
P02-Z3: Implementierung von Vertraulichkeits-, Verfügbarkeits- und Integritätsanforderungen	X					
P02-Z4: Reduktion von Datenredundanzen		X				
P02-Z5: Gesteigerte Integration (Interoperabilität) zwischen Systemen und Anwendungen	X	X				
P02-Z6: Anteil des unternehmensweiten Datenverzeichnisses (Data Dictionary), der Benutzern automatisiert zur Verfügung steht	X	X				
P02-L1: Anteil des IT-Budgets für Entwicklung und Pflege der Informationsarchitektur						X
P02-L2: Anzahl der erforderlichen Änderungen zur Anpassung an das Datenmodell		X				
P02-L3: Anteil der Integritätsregeln, die in den Datenbeschreibungen dokumentiert sind		X				
P02-L4: Anzahl der Anwendungs- und Systemstörungen, die durch Inkonsistenzen im Datenmodell verursacht wurden	X	X				
P02-L5: Nachbearbeitungsaufwand, der durch Inkonsistenzen im Datenmodell verursacht wurde		X				
P02-L6: Anzahl von Fehlern, die auf fehlende Aktualität der Informationsarchitektur zurückzuführen sind		X				
P02-L7: Zeitspanne zwischen Veränderungen in der Informationsarchitektur und Umsetzungen in den Anwendungen		X				
P03: Technologische Ausrichtung bestimmen						
P03-Z1: Anzahl von eingesetzten Technologien, die nicht mit der Geschäftsstrategie abgestimmt sind					X	
P03-Z2: Anteil geplanter und nicht den Vorgaben entsprechenden Technologieprojekte					X	
P03-Z3: Anzahl nichtkompatibler Technologien und Plattformen		X			X	
P03-Z4: Anzahl zu wartender Technologie-Plattformen		X			X	
P03-Z5: Aufwand und Dauer für die Einführung von Anwendungen		X				
P03-Z6: Verstärkte Integration (Interoperabilität) von Systemen und Anwendungen	X	X				

Tab. 4–10
Kennzahlensystem nach CobiT 2000 (Fortsetzung)

Beschreibung	K	P	L	M	I	F
Teil 1: Planung und Organisation						
P03: Technologische Ausrichtung bestimmen						
P03-L1: Anteil des IT-Budgets für technologische Infrastruktur und entsprechende Untersuchungen						X
P03-L2: Zeitspanne seit der letzten Überprüfung der technologischen Infrastruktur		X			X	
P03-L3: Zufriedenheit des Anwendermanagements mit der zeitnahen Identifizierung und Analyse von technologischen Möglichkeiten	X				X	
P03-L4: Anteil der Technologiebereiche im Technologie-Infrastrukturplan mit Beschreibungen des aktuellen Zustands, des angestrebten Zustands und einer entsprechenden Umsetzungsplanung					X	
P03-L5: Durchschnittliche Zeitdauer zwischen der Identifizierung einer neuen Technologie und der Entscheidung über ihre Nutzung					X	
P04: IT-Organisation und Beziehungen zu anderen Organisationen definieren						
P04-Z1: Anzahl von verspäteten Geschäftsprojekten, die auf Trägheit der IT-Organisation oder Nichtverfügbarkeit benötigter Fähigkeiten beruhen		X				
P04-Z2: Anzahl von IT-Kernaktivitäten außerhalb der IT-Organisation, die nicht genehmigt sind oder nicht gemäß IT-Standards durchgeführt werden	X	X				
P04-Z3: Anzahl von Business-Units, die von der IT-Organisation unterstützt werden	X					
P04-Z4: Befragungsergebnis über Geschäftsorientierung, Motivation und Job-Zufriedenheit von IT-Mitarbeitern				X		
P04-Z5: Anteil des IT-Personalaufwands, der in Prozessen mit direktem Geschäftsnutzen allokiert ist		X				
P04-L1: Zeitspanne seit der letzten Organisationsänderung, einschließlich Reorganisation und Restrukturierung		X				
P04-L2: Anzahl der noch nicht behandelten Vorschläge für Organisationsveränderungen		X			X	
P04-L3: Anteil der IT-Funktionen, die an die Fachbereichsorganisation angepasst sind	X	X				
P04-L4: Anteil von IT-Einheiten mit Geschäftszielen, die auf individuelle Rollen und Verantwortung heruntergebrochen sind		X				
P04-L5: Anteil von Rollen mit dokumentierter Tätigkeitsbeschreibung		X				
P04-L6: Durchschnittliche Zeitdauer von einer Veränderung der Geschäftsausrichtung bis hin zu ihrer Abbildung in der IT-Organisation		X				
P04-L7: Anteil von Kernfunktionen, die mit klaren Rollen und Verantwortungen definiert sind		X				

Tab. 4–10
Kennzahlensystem nach CobiT 2000 (Fortsetzung)

Beschreibung	K	P	L	M	I	F
Teil 1: Planung und Organisation						
P05: IT-Investitionen managen						
P05-Z1: Anteil der IT-Investitionen, die den erwarteten Nutzen erreichen oder übertreffen	X					X
P05-Z2: Anteil der IT-Kosten an den Gesamtkosten						X
P05-Z3: Anteil der IT-Kosten am Umsatz						X
P05-Z4: Anteil der eingehaltenen IT-Budgets in den Fachbereichen	X					X
P05-Z5: Projektverzögerungen, die durch verspätete Investitionsentscheidungen oder Nichtverfügbarkeit von Mitteln entstehen		X				
P05-L1: Anteil der Projekte, die vorgegebene Investitionsrechnungs- und Budgetierungsmodelle nutzen		X				
P05-L2: Anteil der Projekte mit klar definiertem Auftraggeber	X	X				
P05-L3: Zeitspanne zwischen aufeinander folgenden Budget-Reviews		X				
P05-L4: Zeitspanne zwischen dem Auftreten von Abweichungen und Berichterstattung		X				
P05-L5: Anteil von Projektdokumentationen mit Wirtschaftlichkeitsrechnungen		X				
P05-L6: Anzahl von Projekten, deren wirtschaftlicher Nutzen nicht im Nachhinein verifiziert worden ist		X				X
P05-L7: Anzahl von Projekten, bei denen nach der Genehmigung Investitions- oder Ressourcenkonflikte aufgetreten sind		X				
P05-L6: Anzahl von Fällen und Größe des Zeitverzugs bei verspätetem Einsatz neuer Technologien		X			X	
P06: Management-Zielsetzungen und -Ausrichtung kommunizieren						
P06-Z1: Anteil von dokumentierten IT-Plänen mit Mission, Vision, Zielen, Werten und Verhaltensregeln		X				
P06-Z2: Anzahl der IT-Pläne und -Strategien, die allen Betroffenen kommuniziert wurden		X		X		
P06-Z3: Anteil der Mitarbeiter, die in die Planungen und Strategien eingewiesen wurden				X		
P06-Z4: Status der Benutzerkenntnisse (über IT)	X					
P06-Z5: Anzahl der Strategien und Prozesse im Bereich der Informationssteuerung (information control)		X			X	
P06-L1: Zeitspanne zwischen der Genehmigung von Strategien und ihrer Kommunikation an die Betroffenen		X				
P06-L2: Häufigkeit der Kommunikation		X				

Tab. 4-10 Kennzahlensystem nach CobiT 2000 (Fortsetzung)

Beschreibung	K	P	L	M	I	F
Teil 1: Planung und Organisation						
P06: Management-Zielsetzungen und -Ausrichtung kommunizieren						
P06-L3: Alter des Dokuments über die Informationspolitik (Zeitspanne seit dem letzten Update)		X				
P06-L4: Budgetanteil für die Entwicklung und Umsetzung der Informationspolitik						X
P06-L5: Anteil der Politik-Dokumente, denen Umsetzungsprozeduren zugeordnet sind		X				
P07: Human Resources (HR) managen						
P07-Z1: Zeitspanne des HR-Managementplans seit der letzten Aktualisierung		X				
P07-Z2: Anteil der IT-Mitarbeiter, die das Kompetenzprofil für ihre Tätigkeit erreichen				X		
P07-Z3: Anteil des IT-Personalaufwands, der IT-Prozessen mit direktem Geschäftsnutzen zugeordnet werden kann						X
P07-Z4: Fluktuationsrate				X		
P07-Z5: Erreichungsgrad der Personalplanung		X		X		
P07-Z6: Durchschnittliche Zeitspanne bis zur Besetzung offener Positionen		X		X		
P07-L1: Zeitspanne zwischen Änderungen der strategischen Planung und der HR-Planung		X				
P07-L2: Anteil der IT-Mitarbeiter mit einem vollständigen Personal-Entwicklungsplan				X		
P07-L3: Anteil der IT-Mitarbeiter mit dokumentierten und abgesicherten Leistungsbeurteilungen				X		
P07-L4: Anteil der Trainingszeit pro Mitarbeiter				X		
P07-L5: Anteil von Mitarbeitern mit Mehrfachqualifikation und Einsatzmöglichkeit als Backup-Personal				X		
P07-L6: Anzahl von Projekten, die aufgrund fehlender IT-Mitarbeiter-Ressourcen verzögert oder abgebrochen wurden		X		X		
P07-L7: Anteil des HR-Budgets für Entwicklung und Pflege der HR-Planung				X		X
P07-L8: Anteil der IT-Positionen mit dokumentierten Stellenbeschreibungen und Qualifikationsprofilen				X		
P08: Übereinstimmung mit Anforderungen und Vorschriften sicherstellen						
P08-Z1: Umfang des Klärungsbedarfs (Anzahl von Fällen) hinsichtlich Gesetzen, Vorschriften, Verträgen		X				
P08-Z2: Durchschnittliche Zeitspanne bis zur Klärung von Fragen im Bereich von Gesetzen, Vorschriften und Verträgen		X				

Tab. 4–10 Kennzahlensystem nach CobiT 2000 (Fortsetzung)

Beschreibung	K	P	L	M	I	F
Teil 1: Planung und Organisation						
P08: Übereinstimmung mit Anforderungen und Vorschriften sicherstellen						
P08-Z3: Kosten der Nichtübereinstimmung mit Anforderungen und Vorschriften – wie z. B. Vergleiche und Geldstrafen						X
P08-L1: Häufigkeit von »Compliance«-Reviews		X				
P08-L2: Anzahl der Abweichungen, die in »Compliance«-Reviews festgestellt wurden		X				
P08-L3: Durchschnittliche Zeitspanne zwischen der Feststellung einer Compliance-Verletzung und ihrer Beseitigung		X				
P09: Risiken bewerten						
P09-Z1: Bewusstsein für die Notwendigkeit von Risikobewertungen		X				
P09-Z2: Anzahl von Störungen, die durch Risiken nach deren Erkennung entstanden sind		X				
P09-Z3: Anzahl von identifizierten Risiken, die reduziert worden sind		X				
P09-Z4: Anzahl von IT-Prozessen mit vollständig dokumentierten Risikobewertungen		X				
P09-Z5: Anzahl von kostengünstigen Risikomaßen		X				
P09-L1: Anzahl von Risikomanagement-Sitzungen und -Workshops		X				
P09-L2: Anzahl von Projekten zur Verbesserung des Risikomanagements		X				
P09-L3: Anzahl von Verbesserungen des Risikobewertungsprozesses		X				
P09-L4: Größenordnung der Mittel für Risikomanagement-Projekte						X
P09-L5: Anzahl und Häufigkeit von Aktualisierungen der veröffentlichten Risikogrenzen und -politik		X				
P09-L6: Anzahl und Häufigkeit von Risiko-Monitoring-Reports		X				
P09-L7: Anzahl von Mitarbeitern, die in der Anwendung von Risikomanagement-Methoden trainiert sind				X		
P10: Projekte managen						
P10-Z1: Anzahl von Projekten, die unter Termin- und Budgeteinhaltung abgeschlossen wurden		X				X
P10-Z2: Verfügbarkeit von zutreffenden Informationen über Termin- und Budgetsituation		X				
P10-Z3: Anzahl von grundsätzlichen und allgemeinen Projektproblemen		X				
P10-Z4: Zeitnähe von Risikoidentifizierungen in Projekten		X				

Beschreibung	K	P	L	M	I	F
Teil 1: Planung und Organisation						
P10: Projekte managen						
P10-Z5: Kundenzufriedenheit mit Projektleistungen	X					
P10-Z6: Verbesserte Zeitnähe von Projektmanagement-Entscheidungen		X				
P10-L1: Anzahl von Projekten, die in Übereinstimmung mit definierten Vorgehensmodellen durchgeführt wurden		X				
P10-L2: Umfang der Fachbereichsbeteiligung in Projekten (Involvierungsindex)	X	X				
P10-L3: Anzahl von Projektmanagement-Trainingstagen pro Projektteam-Mitglied				X		
P10-L4: Anzahl von Meilenstein- und Budgetreviews je Projekt		X				
P10-L5: Anteil von Projekten mit nachlaufenden Reviews (nach Projektende)		X				
P10-L6: Durchschnittliche Erfahrung von Projektmanagern				X		
P11: Qualität managen						
P11-Z1: Anzahl von IT-Prozessen und -Projekten, die den Anforderungen der Betroffenen genügen	X	X				
P11-Z2: Kundenzufriedenheit mit erbrachten Leistungen	X					
P11-Z3: Anzahl von IT-Prozessen und -Projekten, die Qualitätsprüfungen ohne wesentliche Mängel durchlaufen haben		X				
P11-Z4: Anzahl von Qualitätsmängeln		X				
P11-Z5: Anzahl von Feststellungen, dass Qualitätsstandards nicht eingehalten wurden		X				
P11-L1: Anzahl von IT-Projekten und -Prozessen mit aktiver Qualitätsmanagement-Beteiligung		X				
P11-L2: Anzahl dokumentierter Qualitätssicherungs- und Testaktivitäten		X				
P11-L3: Anzahl von Qualitätssicherungs-Peer-Reviews		X				
P11-L4: Anzahl von IT-Prozessen und -Projekten, die einem Benchmarking unterzogen wurden		X				
P11-L5: Anzahl von Besprechungen zwischen Fachabteilungen und Entwicklern	X	X				
P11-L6: Durchschnittliche Anzahl von Trainingstagen im Bereich Qualitätsmanagement				X		
P11-L7: Anzahl von Projekten mit dokumentierten und messbaren Qualitätskriterien		X				

Tab. 4–10
Kennzahlensystem nach CobiT 2000 (Fortsetzung)

Tab. 4–10
Kennzahlensystem nach CobiT 2000 (Fortsetzung)

Beschreibung	K	P	L	M	I	F
Teil 2: Akquisition und Realisierung						
AI1: Identifizieren automatisierter Lösungen						
AI1-Z1: Anzahl von Projekten, die neu gestartet oder neu ausgerichtet wurden		X				
AI1-Z2: Anzahl (Backlog) der noch nicht angegangenen Lösungen		X				
AI1-Z3: Anzahl von Lösungen, die mit IT-Strategie und -Architektur übereinstimmen und freigegeben sind		X				
AI1-Z4: Anzahl von Lösungen, die die Benutzeranforderungen vollständig erfüllen und freigegeben sind	X	X				
AI1-Z5: Anzahl von Lösungen, die Alternativen, Machbarkeit und Risiken umfassend betrachten		X			X	
AI1-Z6: Anteil implementierter Lösungen, die von Fachbereichen und IT formal abgenommen sind	X	X				
AI1-L1: Zeitspanne zwischen Anforderungsdefinition und Lösungsvorschlag		X				
AI1-L2: Anzahl von Lösungen, die im Akzeptanztest zurückgewiesen wurden		X				
AI1-L3: Zeitspanne bis zur Genehmigung einer identifizierten Lösung		X				
AI1-L4: Anzahl von Projekten, die Benutzer in die Anforderungsdefinition und Lösungsauswahl einbeziehen		X				
AI1-L5: Anzahl von Lösungen, die aufgrund funktionaler Veränderungen im Nachhinein wesentlich verändert werden mussten		X				
AI2: Anwendungssoftware erwerben und pflegen						
AI2-Z1: Anzahl der Anwendungen, die zum vereinbarten Termin geliefert wurden, die Spezifikationen erfüllten und mit der IT-Architektur übereinstimmten		X				
AI2-Z2: Anzahl der Anwendungen ohne Integrationsprobleme während der Implementierung		X				
AI2-Z3: Wartungskosten pro Anwendung						X
AI2-Z4: Anzahl von Produktionsproblemen je Anwendung		X				
AI2-Z5: Anzahl von Lösungen, die nicht konsistent zur IT-Strategie sind		X				
AI2-Z6: Verhältnis von Wartungsaufwand zu Neuentwicklungsaufwand					X	X
AI2-L1: Anteil der Wartungskosten pro Anwendung bezogen auf die Gesamt-Wartungskosten für Anwendungen						X
AI2-L2: Durchschnittliche Realisierungszeit von Funktionalitäten		X				

Tab. 4–10 *Kennzahlensystem nach CobiT 2000 (Fortsetzung)*

Beschreibung	K	P	L	M	I	F
Teil 2: Akquisition und Realisierung						
AI2: Anwendungssoftware erwerben und pflegen						
AI2-L3: Anzahl von Änderungsanforderungen auf Basis von Störungen, Fehlern und neuen Funktionalitäten		X				
AI2-L4: Anzahl von Produktionsproblemen oder Funktionsstörungen je Anwendung und Wartungszyklus		X				
AI2-L5: Anzahl von Abweichungen von Standardprozessen, um Termine zu halten		X				
AI2-L6: Anzahl der zurückgewiesenen Module oder Umfang der erforderlichen Nacharbeit nach Akzeptanztests		X				
AI2-L7: Zeitdauer, um Probleme zu analysieren und zu beseitigen		X				
AI2-L8: Anteil der Anwendungssoftware, der wartungsgerecht dokumentiert ist		X				
AI3: Technologische Infrastruktur erwerben und pflegen						
AI3-Z1: Anzahl von Plattformen, die von der vorgegebenen Technologie-Infrastruktur abweichen		X				
AI3-Z2: Anzahl von Verzögerungen bei Systemimplementierungen, die auf ungeeignete Infrastrukturen zurückzuführen sind		X				
AI3-Z3: Verhältnis von Wartungsaufwand zu Neuentwicklungsaufwand					X	X
AI3-Z4: Lieferzeit von Systemen (time to market)		X				
AI3-Z5: Stillstandszeiten der Infrastruktur		X				
AI3-Z6: Anzahl von Systemen mit wesentlichen Integrationsproblemen (Interoperabilität)		X				
AI3-Z7: Anzahl von Performanceproblemen bei Anwendungen, die auf ungeeignete Technologie-Infrastruktur zurückzuführen sind		X				
AI3-L1: Anzahl unterschiedlicher Plattformen		X				
AI3-L2: Alter von Plattformen		X				
AI3-L3: Anzahl von mehrfach genutzten Funktionen oder Ressourcen		X				
AI3-L4: Anzahl und Häufigkeit von Änderungen		X				
AI3-L5: Anzahl von Systemabbrüchen aufgrund unzureichender vorbeugender Wartung		X				
AI3-L6: Anzahl von Systemabbrüchen aufgrund von Änderungen in der Systemsoftware		X				
AI3-L7: Kosten und Zeitaufwand für größere Änderungen in Systemsoftware oder Infrastruktur		X				X

Tab. 4–10
Kennzahlensystem nach CobiT 2000 (Fortsetzung)

Beschreibung	**K**	**P**	**L**	**M**	**I**	**F**
Teil 2: Akquisition und Realisierung						
AI4: Prozesse entwickeln und pflegen						
AI4-Z1: Anzahl von Anwendungen mit nahtloser Integration in Geschäftsprozesse	X	X				
AI4-Z2: Anzahl von technischen Lösungen, die nicht angemessen dokumentiert sind		X				
AI4-Z3: Zufriedenheitsindex bezüglich Schulungsunterlagen, Benutzerdokumentation und Betriebsunterlagen	X					
AI4-Z4: Kosten für Herstellung und Pflege von Benutzerdokumentationen, Betriebsanweisungen und Schulungsunterlagen						X
AI4-Z5: Erfahrungsniveau der Systembenutzer im Verhältnis zur Nutzungsintensität	X					
AI4-L1: Grad der Trainingsbereitschaft von Benutzern und Operatoren für einzelne Anwendungen	X			X		
AI4-L2: Genauigkeit von Änderungsanforderungen und Vollständigkeit von Benutzerdokumentationen, IT-Prozessen und Trainingsunterlagen		X				
AI4-L3: Zeitspanne zwischen Änderungen und Updates von Trainingsunterlagen, Prozess- und Systemdokumentationen		X				
AI4-L4: Zufriedenheitsindex bzgl. Trainingsunterlagen, Benutzerhandbüchern und Verfahrensanweisungen	X			X		
AI4-L5: Anzahl Helpdesk-Anfragen, die auf mangelndes Training zurückzuführen sind	X					
AI4-L6: Anzahl von Störungen, die auf unvollständige Dokumentation zurückzuführen sind		X				
AI4-L7: Anzahl von Anwendungen mit angemessenem Benutzertraining	X	X				
AI5: Systeme installieren und freigeben						
AI5-Z1: Anzahl von nicht erreichten Meilensteinen für Abnahme und Installation		X				
AI5-Z2: Zeitdauer für den vollständigen Installations- und Abnahmeprozess		X				
AI5-Z3: Anzahl von nicht abgenommenen Produktivsystemen	X	X				
AI5-Z4: Anzahl von Änderungen an installierten Systemen, die erforderlich waren, um den Betrieb zu optimieren		X				
AI5-Z5: Anzahl von Änderungen, die nach dem Akzeptanztest erforderlich waren	X	X				
AI5-Z6: Anzahl von Beobachtungen während interner und externer Audits, die sich auf den Installations- und Freigabeprozess beziehen		X				

Tab. 4–10
Kennzahlensystem nach CobiT 2000 (Fortsetzung)

Beschreibung	K	P	L	M	I	F
Teil 2: Akquisition und Realisierung						
AI5: Systeme installieren und freigeben						
AI5-Z7: Anzahl von Änderungen, die erforderlich wurden, um nach der Produktivsetzung auftretende Probleme zu beseitigen		X				
AI5-L1: Grad der Einbeziehung aller Betroffenen in den Installations- und Freigabeprozess	X	X	X			
AI5-L2: Anzahl automatischer Installations- und Freigabeprozesse		X				
AI5-L3: Häufigkeit der Erfahrungsberichte (»lessons learned«)		X				
AI5-L4: Benutzerzufriedenheit mit Installations- und Freigabeprozessen	X					
AI5-L5: Anzahl von Feststellungen in Qualitätsreviews bei Installations- und Freigabefunktionen		X				
AI5-L6: Wiederverwendbarkeit der Testsysteme		X				
AI6: Veränderungen managen						
AI6-Z1: Anzahl von Fehlern, die auf Änderungen an Systemen zurückzuführen sind		X				
AI6-Z2: Anzahl von Unterbrechungen (Nichtverfügbarkeit), die auf Änderungen zurückzuführen sind		X				
AI6-Z3: Auswirkungen von Unterbrechungen, die auf Änderungen zurückzuführen sind		X				
AI6-Z4: Ressourcen- und Zeitverbrauch im Verhältnis zur Anzahl von Änderungen		X				
AI6-Z5: Anzahl von Fehlerbehebungen, die nicht im Rahmen des Change-Managements erfolgten (»emergency fixes«)		X				
AI6-L1: Anzahl unterschiedlicher Versionen, die gleichzeitig installiert sind		X				
AI6-L2: Anzahl von Software-Release- und Software-Verteilungsmethoden je Plattform		X				
AI6-L3: Anzahl der Abweichungen von der Standard-konfiguration		X				
AI6-L4: Anzahl von »emergency fixes«, die nicht im Change-Management nachdokumentiert wurden		X				
AI6-L5: Zeitspanne zwischen der Verfügbarkeit einer Fehlerbeseitigung und ihrer Implementierung		X				
AI6-L7: Verhältnis zwischen akzeptierten und abgelehnten Änderungsanforderungen		X				

Tab. 4–10
Kennzahlensystem nach CobiT 2000 (Fortsetzung)

Beschreibung	K	P	L	M	I	F
Teil 3: Betrieb und Support						
DS1: Service-Levels definieren und managen						
DS1-Z1: Bestätigung der strategischen Business-Units (SBU), dass Service-Levels auf die Geschäftsziele abgestimmt sind	X					
DS1-Z2: Kundenzufriedenheit bezüglich der Erfüllung von erwarteten Service-Levels	X					
DS1-Z3: Aktuelle Budgetausschöpfung passend zu Service-Levels						X
DS1-Z4: Anteil geschäftskritischer IT-Systeme mit Service-Level-Agreements (SLA)	X	X				
DS1-Z5: Anteil von Service-Level-Agreements, die in vereinbarten Abständen und nach größeren Änderungen überprüft werden	X	X				
DS1-Z6: Leistungsnehmer bestätigen berichtete Daten aus der Service-Level-Überwachung	X					
DS1-Z7: Anteil der IT-Services, die Service-Level-Agreements einhalten	X	X				
DS1-L1: Zeitdauer der Umsetzung einer Anfrage zur Veränderung von Service-Levels		X				
DS1-L2: Häufigkeit von Kundenzufriedenheitsumfragen		X				
DS1-L3: Zeitdauer, um eine Service-Level-Thematik zu bearbeiten		X				
DS1-L4: Anzahl der Fälle, in denen innerhalb einer geforderten Zeitspanne eine grundlegende Untersuchung von Service-Prozessen durchgeführt und Lösungen bzw. Verbesserungen umgesetzt worden sind		X				
DS1-L5: Aufwand, der erforderlich ist, um definierte Service-Levels zu liefern		X				X
DS2: Externe Dienstleistungen managen						
DS2-Z1: Anteil der Dienstleister mit formal vereinbarten Zielen			X			
DS2-Z2: Anteil von wesentlichen Vereinbarungen, bei denen Qualifikationsreviews bei den Dienstleistern durchgeführt werden			X			
DS2-Z3: Anteil der Dienstleister mit formalen Qualifikationen			X			
DS2-Z4: Anzahl von externen Vertragspartnern mit klar definierten Zielen und erwarteten Leistungen			X			
DS2-Z5: Beiderseitige Zufriedenheit mit der bestehenden Geschäftsbeziehung			X			
DS2-Z6: Anzahl von externen Vertragspartnern, die die Ziele oder Service-Levels nicht erreichen			X			

Beschreibung	K	P	L	M	I	F
Teil 3: Betrieb und Support						
DS2: Externe Dienstleistungen managen						
DS2-Z7: Anzahl und Kosten von Auseinandersetzungen mit externen Vertragspartnern, die auf ungeeignete Vereinbarungen oder unzureichende Leistungserfüllung zurückzuführen sind			X			X
DS2-L1: Anzahl und Häufigkeit von Review-Meetings			X			
DS2-L2: Anzahl von Vertragsergänzungen			X			
DS2-L3: Häufigkeit von Service-Level-Reports			X			
DS2-L4: Anzahl von offenen (noch nicht bearbeiteten) Punkten			X			
DS2-L5: Zeit für die Klärung von offenen Punkten			X			
DS2-L6: Anzahl von Verträgen, die noch juristisch geprüft werden müssen			X			
DS2-L7: Zeitspanne seit der letzten Vertragsprüfung hinsichtlich marktgerechter Konditionen			X			
DS2-L8: Anzahl von Service-Verträgen, die keine Standardbedingungen oder genehmigte Ausnahmen nutzen			X			
DS3: Performance und Kapazitäten managen						
DS3-Z1: Anzahl von Geschäftsprozessen mit Unterbrechungen oder Stillständen, die auf unzureichende IT-Kapazität oder -Leistung zurückzuführen sind	X	X				
DS3-Z2: Anzahl von kritischen Geschäftsprozessen, für die es keine definierte Planung zur Sicherstellung der Verfügbarkeit gibt	X	X				
DS3-Z3: Anteil kritischer IT-Ressourcen mit angemessener Kapazität und Leistungsfähigkeit, die auch für Belastungsspitzen ausgelegt sind		X				
DS3-L1: Anzahl von Systemstillständen, die durch unzureichende Kapazitäten oder Verarbeitungsleistung verursacht wurden		X				
DS3-L2: Anteil noch verfügbarer Kapazität bei normaler bzw. Spitzenauslastung		X				
DS3-L3: Zeitdauer, um Kapazitätsprobleme zu lösen		X				
DS3-L4: Anteil ungeplanter Systemerweiterungen, bezogen auf alle durchgeführten Systemerweiterungen		X				
DS3-L5: Häufigkeit von Kapazitätsanpassungen, um auf veränderte Anforderungen zu reagieren		X				

Tab. 4–10
Kennzahlensystem nach CobiT 2000 (Fortsetzung)

Tab. 4–10
Kennzahlensystem nach CobiT 2000 (Fortsetzung)

Beschreibung	K	P	L	M	I	F
Teil 3: Betrieb und Support						
DS4: Unterbrechungsfreien Service gewährleisten						
DS4-Z1: Anzahl Störungen, die zu öffentlicher Aufmerksamkeit führen		X				
DS4-Z2: Anzahl kritischer und von IT abhängiger Geschäftsprozesse, die einen angemessenen Katastrophenplan besitzen	X	X				
DS4-Z3: Regelmäßige Prüfung der Katastrophenpläne		X				
DS4-Z4: Stillstandszeiten		X				
DS4-Z5: Anzahl von kritischen Infrastrukturkomponenten mit automatischer Verfügbarkeitsüberwachung		X				
DS4-L1: Anzahl von Problemen im unterbrechungsfreien Service, die noch nicht gelöst oder in Bearbeitung sind		X				
DS4-L2: Anzahl und Umfang von Service-Unterbrechungen, bezogen auf Störungsdauer und Auswirkung		X				
DS4-L3: Zeitspanne zwischen organisatorischen Veränderungen und entsprechenden Aktualisierungen der Katastrophenplanung		X				
DS4-L4: Zeitspanne, um eine Störung zu bewerten und über den Start des Katastrophenplans zu entscheiden		X				
DS4-L5: Zeitspanne, um nach einem Katastrophenfall wieder zum Regelbetrieb zurückzukehren		X				
DS4-L6: Anzahl der vorbeugenden Maßnahmen zur Sicherung der Verfügbarkeit		X				
DS4-L7: Vorlaufzeit, um dauerhafte Service-Defizite zu erkennen		X				
DS4-L9: Häufigkeit von Trainingsangeboten für unterbrechungsfreien Service		X		X		
DS4-L9: Häufigkeit von Tests des unterbrechungsfreien Services		X				
DS5: Systemsicherheit gewährleisten						
DS5-Z1: Anzahl Störungen, die zu öffentlicher Aufmerksamkeit führen		X				
DS5-Z2: Sofortige Berichterstattung bei kritischen Störungen		X				
DS5-Z3: Übereinstimmung von Zugriffsrechten mit Verantwortungen in der Organisation		X				
DS5-Z4: Anzahl neuer Implementierungen, die durch Sicherheitsbedenken verzögert werden		X				
DS5-Z5: Genehmigte und dokumentierte Abweichungen von grundlegenden Sicherheitsbestimmungen		X				

Beschreibung	K	P	L	M	I	F
Teil 3: Betrieb und Support						
DS5: Systemsicherheit gewährleisten						
DS5-Z6: Anzahl von Störungen, die unautorisierten Zugriff, Verlust oder Manipulation von Informationen umfassen		X				
DS5-L1: Anzahl der sicherheitsrelevanten Benutzeranfragen, Anforderungen und Schwachstellenbeseitigungen		X				
DS5-L2: Umfang der Systemstillstände, die durch Sicherheitsprobleme verursacht wurden		X				
DS5-L3: Bearbeitungszeiten von sicherheitsrelevanten Anfragen		X				
DS5-L4: Anzahl von Systemen, die hinsichtlich unbefugten Eindringens überwacht werden		X				
DS5-L5: Anzahl von Systemen mit aktiven Monitoring-Fähigkeiten		X				
DS5-L6: Zeitspanne, um Sicherheitsstörungen zu erkennen		X				
DS5-L7: Zeitspanne zwischen Erkennen, Auswerten und Bearbeiten von Sicherheitsproblemen		X				
DS5-L8: Anzahl von Trainingstagen, um das Bewusstsein für IT-Sicherheit zu erhöhen	X	X		X		
DS6: Kosten identifizieren und zuordnen						
DS6-Z1: Ständige Kostenoptimierung der Informationsleistungen durch die IT-Organisation						X
DS6-Z2: Ständige Kostenoptimierung der Informationsleistungen durch die Benutzerorganisation	X					X
DS6-Z3: Verhältnis von nachgewiesenem Nutzen und aktuellen Kosten von IT-Leistungen	X					X
DS6-Z4: Leistungsindex auf Basis eines Vergleichs der internen IT-Kosten mit denen für externe IT-Dienstleister						X
DS6-Z5: Verständnis und Akzeptanz der IT-Kosten und Service-Levels seitens des Fachbereichsmanagements	X					X
DS6-L1: Abweichungen zwischen Budgets, Hochrechnungen und Ist-Kosten						X
DS6-L2: Senkung der IT-Servicegebühren						X
DS6-L3: Relative Verbesserung in der Bearbeitung von Benutzeranfragen		X				
DS6-L4: Relative Verbesserung in der IT-Ressourcennutzung		X				
DS6-L5: Anzahl von Kostenoptimierungsmaßnahmen		X				X

Tab. 4–10

Kennzahlensystem nach CobiT 2000 (Fortsetzung)

Tab. 4–10 Kennzahlensystem nach CobiT 2000 (Fortsetzung)

Beschreibung	K	P	L	M	I	F
Teil 3: Betrieb und Support						
DS7: Benutzer schulen						
DS7-Z1: Nutzung der IT-Ressourcen durch Mitarbeiter	X					
DS7-Z2: Mitarbeiterbewusstsein für Verhaltensanforderungen, Sicherheitsprinzipien und Erfüllung von Pflichten in einer korrekten und sicheren Weise	X			X		
DS7-Z3: Sicherheitsverhalten, um vor Fehlern zu schützen, die Verfügbarkeit, Vertrauenswürdigkeit und Integrität der Systeme beeinflussen	X	X		X		
DS7-Z4: Anzahl von Helpdesk-Anfragen, um Benutzer zu schulen oder Fragen zu beantworten	X					
DS7-Z5: Benutzerzufriedenheit mit der Einführung von neuen Technologien	X					
DS7-L1: Anteil geschulter Mitarbeiter	X			X		
DS7-L2: Alter der Mitarbeiter-Schulungsinhalte	X			X		
DS7-L3: Zeitspanne zwischen dem Erkennen eines Trainingsbedarfs und der Durchführung eines entsprechenden Trainings	X			X		
DS7-L4: Anzahl von Trainingsangeboten	X			X		
DS7-L5: Anteil der Mitarbeiter, die in Anforderungen an das ethische Verhalten trainiert worden sind	X			X		
DS7-L6: Anzahl von Mitarbeiterverstößen gegen ethische Prinzipien		X				
DS7-L7: Anteil von Mitarbeitern, die in sicherheitsrelevantem Verhalten trainiert worden sind	X			X		
DS7-L8: Anzahl von Sicherheitsstörungen, die von Mitarbeitern verursacht wurden		X				
DS7-L9: Frühzeitiges Erkennen und Dokumentieren von Trainingsbedarf sowie zeitnahe Durchführung von Trainings	X			X		
DS8: Kunden beraten und unterstützen						
DS8-Z1: Durchschnittliche Problemlösungszeit		X				
DS8-Z2: Wiederholte Anfragen bezüglich bereits gelöster Probleme		X				
DS8-Z3: Benutzerzufriedenheit mit dem Helpdesk	X					
DS8-Z4: Benutzervertrauen in die Leistungen des Helpdesks	X					
DS8-Z5: Ressourcenbedarf bezogen auf die unterstützten Systeme		X				
DS8-Z6: Anteil der Probleme, die sofort im Rahmen der Anfrage gelöst werden konnten		X				

Beschreibung	K	P	L	M	I	F
Teil 3: Betrieb und Support						
DS8: Kunden beraten und unterstützen						
DS8-Z7: Dauer der Anfragen		X				
DS8-L1: Anzahl von wiederholten Anfragen		X				
DS8-L2: Anzahl von Eskalationen		X				
DS8-L3: Anzahl von Anfragen		X				
DS8-L4: Zeitspanne zur Bearbeitung von Anfragen		X				
DS8-L5: Benutzeranfragen hinsichtlich konkreter Problemlösungen		X				
DS8-L6: Kosten pro Anfrage						X
DS9: Systemkonfiguration managen						
DS9-Z1: Anteil der erfassten IT-Konfigurationselemente		X				
DS9-Z2: Anzahl von Abweichungen zwischen erfassten und tatsächlichen Daten		X				
DS9-Z3: Qualitätsindex, der aus Abhängigkeiten, Alter, durchgeführten Änderungen, Status und bezogenen Problemkategorien ermittelt wird		X				
DS9-Z4: Nutzungsindex, der aus Informationen über proaktive Maßnahmen gebildet wird		X				
DS9-L1: Anteil der Konfigurationselemente, deren Daten erfasst sind und regelmäßig aktualisiert werden		X				
DS9-L2: Häufigkeit der physischen Bestandsprüfung		X				
DS9-L3: Häufigkeit von Ausnahmeanalysen		X				
DS9-L4: Zeitspanne zwischen der Veränderung der Konfiguration und der Aktualisierung der Dokumentation		X				
DS9-L5: Anzahl von Releases		X				
DS9-L6: Anteil rückbildender Veränderungen (Wiederherstellung früherer Systemzustände)		X				
DS10: Probleme und Auffälligkeiten managen						
DS10-Z1: Auswirkungen von Problemen und Störungen auf IT-Ressourcen		X				
DS10-Z2: Zeitspanne zwischen Aufnahme und Lösung eines Problems		X				
DS10-Z3: Anzahl ungelöster Probleme und Störungen		X				
DS10-Z4: Anzahl der durch vorbeugende Maßnahmen vermiedenen Probleme		X				
DS10-Z5: Zeitspanne zwischen Identifizierung und Eskalation von Problemen und Störungen mit hohem Risiko		X				

Tab. 4–10
Kennzahlensystem nach CobiT 2000 (Fortsetzung)

Tab. 4–10
Kennzahlensystem nach CobiT 2000 (Fortsetzung)

Beschreibung	K	P	L	M	I	F
Teil 3: Betrieb und Support						
DS10: Probleme und Auffälligkeiten managen						
DS10-L1: Zeitdauer vom Erkennen eines Problems bis zur Aufnahme in das Problem-Managementsystem		X				
DS10-L2: Zeitdauer von der Berichterstattung eines Problems bis zur Lösung oder Eskalation		X				
DS10-L3: Zeitspanne von der Analyse eines Problems bis zum Einspielen eines Lieferanten-Patchs		X				
DS10-L4: Anteil berichteter Probleme mit bekanntem Lösungsansatz		X				
DS10-L5: Häufigkeit von Koordinationsgesprächen zwischen Mitarbeitern aus Change-Management und Betrieb		X				
DS10-L6: Häufigkeit der Problemlösungsberichte		X				
DS10-L7: Anzahl von Problemen, die nicht durch das Problem-Management gesteuert werden		X				
DS11: Daten managen						
DS11-Z1: Aufwand für die Datenaufbereitung		X				
DS11-Z2: Qualität, Aktualität und Verfügbarkeit von Daten		X				
DS11-Z3: Kundenzufriedenheit und Vertrauen bezüglich der Daten	X					
DS11-Z4: Nachbesserungsaktivitäten und Aufdeckung von Datenkorruption		X				
DS11-Z5: Anzahl von Datenfehlern		X				
DS11-Z6: Datenkonflikte mit Gesetzen oder Vorschriften		X				
DS11-L1: Anteil von Dateneingabefehlern		X				
DS11-L2: Anteil von Wiederholungsläufen für Datenbank-Updates		X				
DS11-L3: Anteil von automatischen Datenintegritäts-prüfungen in Anwendungssystemen		X				
DS11-L4: Anteil von Fehlern bei der Datenerfassung		X				
DS11-L5: Anzahl von automatischen Datenintegritäts-prüfungen unabhängig von Anwendungssystemen		X				
DS11-L6: Zeitspannen zwischen Auftreten, Erkennen und Beseitigung von Fehlern		X				
DS11-L7: Datenausgabeprobleme		X				
DS11-L8: Zeit für die Rückholung von archivierten Daten		X				

Beschreibung	K	P	L	M	I	F
Teil 3: Betrieb und Support						
DS12: Facilities managen						
DS12-Z1: Anzahl von Störungen von Standorten und physischer Sicherheit		X				
DS12-Z2: Stillstandszeiten, die auf Ausfall der Energieversorgung zurückgeführt werden können		X				
DS12-Z3: Einhaltung von relevanten Gesetzen und Vorschriften		X				
DS12-Z4: Einhaltung von Versicherungsvorschriften		X				
DS12-Z5: Verbesserung des Kosten-Risiko-Verhältnisses						X
DS12-L1: Vollständige Bestandsverzeichnisse und Lagepläne mit Schwachstellenidentifizierung		X				
DS12-L2: Häufigkeit des Mitarbeitertrainings in Sicherheitsfragen				X		
DS12-L3: Häufigkeit von Probealarm und Evakuierungsübungen		X				
DS12-L4: Häufigkeit von Begehungen und Prüfungen		X				
DS12-L5: Anzahl von nichtautorisiertem Zugang zu Maschinenräumen		X				
DS12-L6: Regelmäßiges Umschalten auf Notstromversorgung		X				
DS12-L7: Zeitspanne zwischen Aufnahme und Beseitigung von physischen Störungen		X				
DS13: Betrieb managen						
DS13-Z1: Verzögerungen und Abweichungen vom Produktionsplan		X				
DS13-Z2: Vollständige Erstellung und korrekte Auslieferung von Output		X				
DS13-Z3: Ressourcenverfügbarkeit nach Plan		X				
DS13-Z4: Fehler in der Produktion		X				
DS13-Z5: Anzahl der geplanten und ungeplanten Stillstandszeiten aufgrund von Eingriffen in den Betriebsablauf		X				
DS13-Z6: Produktionskosten im Verhältnis zum Verarbeitungsvolumen						X
DS13-L1: Messung der Vollständigkeit der Verarbeitung an verschiedenen Stellen im Prozess		X				
DS13-L2: Anzahl von manuellen Operatoreingriffen		X				
DS13-L3: Anzahl von Problemen, Verzögerungen und Abweichungen		X				
DS13-L4: Anzahl von Wiederholungsläufen und Neustarts		X				

Tab. 4–10

Kennzahlensystem nach CobiT 2000 (Fortsetzung)

Tab. 4–10 *Kennzahlensystem nach CobiT 2000 (Fortsetzung)*

Beschreibung	K	P	L	M	I	F
Teil 3: Betrieb und Support						
DS13: Betrieb managen						
DS13-L5: Umfang ungeplanter Wartungsarbeiten		X				
DS13-L6: Anzahl ungeplanter Verarbeitungen		X				
DS13-L7: Anzahl von benutzergetriebenen Verarbeitungen	X	X				
DS13-L8: Übereinstimmung zwischen gemeldetem Benutzerbedarf und Verfügbarkeit entsprechender Ressourcen	X	X				
DS13-L9: Häufigkeit von Analysen und Berichten zur Überwachung der Betriebsleistung		X				
DS13-L10: Häufigkeit von Backup-Prüfungen		X				
DS13-L11: Durchschnittliches Alter der technischen Komponenten		X			X	
Teil 4: Monitoring						
M1: Prozesse monitoren						
M1-Z1: Konsistente Anwendung der richtigen und begrenzten Anzahl von Leistungsindikatoren		X				
M1-Z2: Anzahl von erkannten und bearbeiteten Prozessverbesserungsmöglichkeiten		X				
M1-Z3: Zufriedenheit von Management und Regulierungsinstanzen mit der Berichterstattung		X				
M1-Z4: Anzahl von unbehobenen Prozessmängeln		X				
M1-L1: Zeitspanne zwischen dem Auftreten von Prozessstörungen und entsprechendem Reporting		X				
M1-L2: Zeitspanne zwischen dem Reporting einer Störung und der Einleitung von Maßnahmen		X				
M1-L3: Verhältnis zwischen berichteten Prozessstörungen und solchen Prozessstörungen, bei denen das Management eingeschaltet werden muss (»noise index«)		X				
M1-L4: Anzahl von überwachten Prozessen		X				
M1-L5: Anzahl von überwachten Ursache-Wirkung-Beziehungen		X				
M1-L6: Anzahl externer Prozess-Benchmarks		X				
M1-L7: Zeitspanne zwischen geschäftlichen Veränderungen und der entsprechenden Änderung von Kenngrößen		X				
M1-L8: Anzahl von Änderungen in den Kenngrößen ohne Änderungen der Geschäftsziele		X				

Beschreibung	K	P	L	M	I	F
Teil 3: Betrieb und Support						
M2: Angemessenheit der internen Steuerung und Kontrolle bewerten						
M2-Z1: Senior-Management-Zufriedenheit mit der Berichterstattung über die interne Steuerungsüberwachung		X				
M2-Z2: Wahrscheinlichkeit von internen Steuerungs-störungen		X				
M2-Z3: Positive externe Prüfberichte		X				
M2-Z4: Anzahl der Initiativen zur Verbesserung des internen Steuerungssystems		X				
M2-Z5: Abweichungen von Gesetzen und Vorschriften		X				
M2-Z6: Anzahl von Sicherheitsstörungen und Qualitätsmängeln		X				
M2-L1: Anzahl und Abdeckungsgrad von Selbstbewertungen des Steuerungssystems		X				
M2-L2: Zeitspanne zwischen dem Auftreten von Schwachstellen im Steuerungssystem und entsprechender Berichterstattung		X				
M2-L3: Anzahl, Häufigkeit und Abdeckungsgrad von internen Berichten über die Einhaltung von Bestimmungen		X				
M2-L4: Anzahl von zeitnahen Aktionen bezüglich interner Steuerungsfragen		X				
M2-L5: Anzahl von Verbesserungen im internen Steuerungssystem als Ergebnis von Basisuntersuchungen		X				
M3: Unabhängige Bewertung einholen						
M3-Z1: Anzahl von akzeptierten Aussagen über das interne Steuerungssystem für alle abgestimmten Bereiche		X				
M3-Z2: Anzahl von Qualitätszertifizierungen und -zulassungen für alle abgestimmten Bereiche		X				
M3-Z3: Anzahl von Alternativaussagen gegenüber den Betroffenen für wesentliche IT-Entscheidungen		X				
M3-Z4: Anteil der zeitgerecht umgesetzten Empfehlungen aus unabhängigen Reviews		X				
M3-Z5: Anzahl von erfolglosen oder revidierten wesentlichen IT-Entscheidungen		X				
M3-Z6: Index über das Vertrauen der Betroffenen	X			X		
M3-L1: Verwaltungsaufwand für die Durchführung von Bewertungen und Zertifizierungen		X				X
M3-L2: Zeitnähe der Vorlage von Gutachten		X				
M3-L3: Zeitnähe für die Durchführung von Bewertungen		X				
M3-L4: Anzahl von Bewertungsprozessen		X				

Tab. 4–10

Kennzahlensystem nach CobiT 2000 (Fortsetzung)

Tab. 4–10
Kennzahlensystem nach CobiT 2000 (Fortsetzung)

Beschreibung	K	P	L	M	I	F
Teil 3: Betrieb und Support						
M3: Unabhängige Bewertung einholen						
M3-L5: Anzahl von Abstimmungsrunden bis zur Akzeptanz von Gutachten		X				
M3-L6: Anzahl von IT-Entscheidungen ohne Begutachtung, die jedoch eine externe Begutachtung benötigt hätten		X				
M3-L7: Anzahl von IT-Entscheidungen mit Begutachtung, die jedoch keine externe Begutachtung benötigt hätten		X				
M3-L8: Anzahl von falschen oder revidierten IT-Entscheidungen, nachdem eine Begutachtung durchgeführt wurde		X				
M4: Unabhängige Auditierung vorsehen						
M4-Z1: Vertrauensniveau, das auf Auditierungen zurückzuführen ist	X			X		
M4-Z2: Übernahme von Best Practices als Ergebnis von Auditierungen		X				
M4-Z3: Wirtschaftlichkeit		X				X
M4-Z4: Kommunikation mit Prüfungsausschüssen und Senior-Management		X				
M4-L1: Zufriedenheit in der Zusammenarbeit mit der Auditierungsfunktion		X		X		
M4-L2: Anzahl von Aktivitäten, die aus Audit-Ergebnissen abgeleitet wurden		X				
M4-L3: Anzahl von Auditoren mit Zertifizierung				X		
M4-L4: Zykluszeiten für Auditprozesse		X				
Legende: K = Kunden, P = Prozesse, L = Lieferanten, M = Mitarbeiter, I = Innovationen, F = Finanzen						

5 IT-Kennzahlen für die Praxis

Auswahl der Kennzahlen

In diesem Kapitel beschreiben wir Kennzahlen, die wir für den Einsatz in IT-Kennzahlensystemen empfehlen. Die Auswahl ist natürlich subjektiv und spiegelt Meinung und Erfahrungen der mitwirkenden Autoren wider. Wir haben aber darauf geachtet, dass die Kennzahlen praxistauglich in dem Sinne sind, dass auch kleinere IT-Organisationen mit ihnen arbeiten können und die benötigten Input-Daten mit vertretbarem Aufwand beschafft werden können.

Gruppierung der Kennzahlen

Die hier zusammengestellten Kennzahlen haben wir gemäß den in 2.4 dargestellten Perspektiven gruppiert:

- Finanzmanagement
- Kundenmanagement
- Prozessmanagement
- Produktmanagement
- Mitarbeitermanagement
- Lieferantenmanagement
- Innovationsmanagement
- Projektmanagement
- Multiprojektmanagement

Dabei haben wir jede Kennzahl stets nur einer Perspektive zugeordnet, nämlich der aus unserer Sicht »natürlichen« Perspektive. Es mag aber durchaus sein, dass der Leser eine andere Zuordnung sieht oder sogar präferiert. Das ist möglich, denn die schon in Kap. 4 festgestellte Ambivalenz von Kennzahlen hinsichtlich der Perspektivenzuordnung ist unvermeidbar.

Kennzahlen-Steckbrief

Wer Kennzahlensysteme »baut«, muss das System und seine Elemente so dokumentieren, dass die Steuerungsaufgabe, das Systemkonzept und die technischen Ausprägungen aller Teile für Außenstehende nachvollziehbar sind. In der Praxis haben sich dafür Formulare – so genannte Kennzahlen-Steckbriefe – bewährt. Deren Inhalte sind in 2.2 beschrieben.

Kurz-Steckbrief für Kennzahlen

Auch für die in diesem Buch ausgewählten Kennzahlenvorschläge war eine einheitliche Darstellung erforderlich. Dabei mussten wir den Detaillierungsgrad stark einschränken, weil auch der Umfang des Buchs beschränkt war. Auf diesem Hintergrund dokumentieren wir Folgendes:

- Name
- Formel
- Beschreibung
- Beschaffung der Daten
- Bewertung

Name

Der Name ist erforderlich, um jede Kennzahl eindeutig zu identifizieren. Neben dem Namen vergeben wir eine Kodierung, die die Einordnung in die hier genutzte Gliederungssystematik widerspiegelt.

Formel

Unter der Formel wird die rechnerische Bestimmung der Kennzahl dargestellt, aus der sich auch die Dimensionierung ergibt. Wir haben jeweils nur die Grundform der Kennzahlen aufgeführt und in der Beschreibung auf daraus ableitbare Kennzahlen hingewiesen.

Abgeleitete Kennzahlen

Von besonderer Bedeutung für die Steuerung sind die abgeleiteten Kennzahlen, die aus dem Quotienten von Istwert und Sollwert der Basiskennzahl gebildet werden. Diese Kennzahlen haben folgende Eigenschaften: Der »richtige« Wert ist jeweils 1, denn idealerweise ist der Istwert gleich dem Sollwert zum Berichtszeitpunkt. Für die solchermaßen normierten Kennzahlen kann man allgemeine Toleranzgrenzen vorgeben (z. B. ± 5 %). Und schließlich beinhaltet diese Form der Kennzahl auch eine einfache (und lineare) Prognose für das Ende des Planungszeitraums. Ein Wert von 1 ± x prognostiziert, dass der Zielwert für das Ende des Planungszeitraums um das x-fache überschritten bzw. unterschritten wird. Der »Nachteil« ist allerdings, dass im Rahmen der Planung auch die Sollwerte für jeden Berichtszeitpunkt festgelegt werden müssen. Ob die Richtung der festgestellten Abweichung positiv oder negativ zu bewerten ist, hängt dabei von der konkreten Kennzahl und dem spezifischen Kontext ab. Außerdem müssen diese einfachen Prognosen mit größter Vorsicht gehandhabt werden; denn in der Praxis (z. B. im Projektmanagement) macht man immer wieder die Erfahrung, dass sich insbesondere negative Abweichungen im weiteren zeitlichen Verlauf überproportional verstärken.

Beschreibung

In der Beschreibung werden die Inputparameter der Formel und weitere Besonderheiten stichwortartig dargestellt. Dazu gehören Hinweise auf verschiedene Varianten und abgeleitete Kennzahlen, die Bildung von Ist-, Soll-, Ziel- und Prognosewerten (vgl. 2.3) sowie Detaillierungs- und Aggregationsstufen. Mit diesen Informationen sollte es für den Anwender hinreichend klar sein, wie man die Kennzahl gewinnt und worauf man beim Einsatz achten muss.

Beschaffung der Daten

Unter der Überschrift »Beschaffung der Daten« wird skizziert, wie die benötigten Daten beschafft oder erhoben werden können. Dies ist wichtig, da der entstehende Beschaffungsaufwand die Wirtschaftlichkeit jeder Kennzahl bestimmt. In vielen Fällen sind interessant erscheinende Kennzahlen praktisch nicht einsetzbar, weil die erforderlichen Daten nicht oder nur mit unverhältnismäßig hohem Aufwand beschafft werden können.

Bewertung

Schließlich erfolgt in der Bewertung eine Einschätzung der Kennzahl im Hinblick auf ihre Aussagekraft und Eignung für Steuerungszwecke. Diese Bewertung ist natürlich subjektiv und mag in spezifischen Situationen anders ausfallen.

5.1 Verzeichnis der Kennzahlen

Nachfolgend sind die anschließend diskutierten Kennzahlen tabellarisch aufgelistet – alphabetisch nach der Kennzahlenkodierung sortiert.

Tab. 5–1
Kennzahlen für das Finanzmanagement

Finanzmanagement	
F-BAG	Budgetausschöpfungsgrad
F-KAP	IT-Kosten pro Arbeitsplatz
F-KAX	Anteil der Kostenart X an den IT-Gesamtkosten
F-KOX	IT-Kosten, bezogen auf den Wert X der Gesamtorganisation
F-VRG	Verrechnungsgrad der IT-Kosten
F-ZFX	Zahlungsfähigkeit der Stufe X

Tab. 5–2
Kennzahlen für das Kundenmanagement

Kundenmanagement	
K-AKB	Aufwand für Kundenbetreuung
K-AKU	Anteil des Kunden am Gesamtumsatz
K-AKX	Anteil der Kunden mit Eigenschaft X
K-DBT	Deckungsbeitrag des Kunden
K-EKG	Erfüllungsgrad Kundengespräche
K-KPG	Komplexitätsgrad des Kunden
K-MAK	Marktanteil beim Kunden
K-QLV	Qualität der Leistungsverrechnung
K-RKR	Reklamationsrate
K-ZKK	Zufriedenheit des Kunden
K-ZKL	Zufriedenheit mit dem Kunden

Tab. 5–3
Kennzahlen für das Prozessmanagement

Prozessmanagement	
P-AEL	Eigenlösungsanteil für Störungen
P-AKX	Anteil der Kostenart X an Prozesskosten
P-ANX	Anteil Anfragen der Kategorie X
P-ARX	Anfragenrate der Kategorie X
P-ASL	Sofortlösungsanteil für Störungen
P-BEX	Bestand an Anfragen der Kategorie X
P-BGX	Beschäftigungsgrad der Kategorie X
P-BTQ	Betreuungsquote
P-EPD	Erfüllungsgrad Prozessdauer X
P-ERX	Störungseskalationsrate der Kategorie X
P-PKS	Prozesskostensatz
P-QAA	Qualität von Änderungsanforderungen
P-RAS	Rerun-Anteil Servicearbeiten
P-RPR	Ressourcenbezogene Produktivität eines Prozesses
P-SVX	Servicegrad der Kategorie X

Tab. 5–4
Kennzahlen zum Produktmanagement

Produktmanagement	
PD-AAB	Änderungsabstand
PD-AKX	Anteil Kostenart X an Produktkosten
PD-AMG	Amortisationsgrad
PD-ASP	Altersstruktur Produktangebot
PD-DBT	Deckungsbeitrag des Produkts
PD-DDG	Durchdringungsgrad des Produkts
PD-FLH	Fehlerhäufigkeit
PD-LBD	Lebensdauer
PD-LSM	Leistungsmenge
PD-MKA	Marktanteil
PD-NAZ	Nutzergemeldete Ausfallzeit
PD-PIX	Preisindex
PD-RLP	Realisierter Preis
PD-UMA	Umsatzanteil des Produkts
PD-VAG	Antwortzeit

Mitarbeitermanagement	
M-AIM	Anteil IT-Mitarbeiter an Unternehmensmitarbeitern
M-ALG	Auslastungsgrad
M-AMX	Anteil IT-Mitarbeiter mit Eigenschaft X
M-KHR	Krankheitsrate
M-MZF	Mitarbeiterzufriedenheit
M-MZR	Mitarbeiterzugangsrate
M-QFI	Qualifikationsindex
M-SBG	Stellenbesetzungsgrad
M-USA	Überstundenanteil
M-WBR	Weiterbildungsrate

Tab. 5–5
Kennzahlen zum Mitarbeitermanagement

Lieferantenmanagement	
L-ALS	Aufwand für Lieferantensteuerung
L-ALX	Anteil der Lieferanten mit Eigenschaft X
L-FLA	Fremdleistungsanteil
L-RKR	Reklamationsrate
L-ZKL	Zufriedenheit mit dem Lieferanten
L-ZLK	Zufriedenheit des Lieferanten

Tab. 5–6
Kennzahlen zum Lieferantenmanagement

Innovationsmanagement	
I-AVI	Anteil IT-bezogener Verbesserungsinitiativen
I-BFE	Budgetanteil F&E
I-NPA	Neuproduktanteil
I-PFE	Projektanteil F&E
I-UVI	Umsetzungsgrad Verbesserungsinitiativen

Tab. 5–7
Kennzahlen zum Innovationsmanagement

Projektmanagement	
PJ-AKX	Anteil Kosten der Kategorie X an Projektkosten
PJ-AUA	Anteil übernommener Anforderungen
PJ-FGX	Fortschrittsgrad der Kategorie X
PJ-RAL	Ressourcenauslastung
PJ-RSG	Risikograd
PJ-RSI	Risikoindex
PJ-WSK	Wirtschaftlichkeit des Projekts

Tab. 5–8
Kennzahlen zum Projektmanagement

Tab. 5–9
Kennzahlen zum Multiprojektmanagement

Multiprojektmanagement	
MP-ALG	Auslastungsgrad
MP-ARW	Auftragsreichweite
MP-EXA	Externenanteil
MP-LKP	Länge des kritischen Pfads
MP-PAX	Projektanteil mit Eigenschaft X

5.2 Finanzmanagement

Auch IT-Organisationen werden aus Sicht ihrer »Eigentümer« wesentlich über Finanzkennzahlen gesteuert. Das gilt sowohl für IT-Bereiche in Anwenderorganisationen als auch für eigenständige IT-Dienstleistungsunternehmen. Ein Vergleich unterschiedlicher IT-Organisationen (Benchmarking) ist oftmals nur über finanzielle Kenngrößen möglich.

Name: **Budgetausschöpfungsgrad (F-BAG)**
Formel: F-BAG = Kosten [WE]/Budget [WE]

Beschreibung:

- WE = Währungseinheiten
- Kosten = Kosten der betrachteten Organisationseinheit
- Budget = Zielkosten (vgl. [Horváth/Reichmann 2003, S. 97–98])
- Erfasst in der Regel nur Kosten/Budgets auf IT-Kostenstellen, keine (versteckten) IT-Kosten oder Budgets auf Fachbereichs- oder Kundenseite
- Zeitraumbezogene Kennzahl, bezogen auf einzelne Teilperiode oder kumuliert über mehrere Teilperioden
- Berichterstattung monatlich
- Ausprägung: Ist-, Soll- oder Prognosewerte
- Zielwert 1 zum Ende des Planungszeitraums; bei F-BAG > 1 wurde das Budget überschritten, bei F-BAG < 1 nicht ausgeschöpft
- Aggregationsstufen: Kostenstelle, Gruppe von Kostenstellen, gesamte IT-Organisation
- Relativer Budgetausschöpfungsgrad F-RBAG = F-BAG (Ist)/F-BAG (Soll) mit Zielwert 1 für jeden Berichtszeitpunkt

Beschaffung der Daten:

- Kostenbericht und Budgetplanung

Bewertung:

- Zeigt Kostenentwicklung in IT-Organisationen, bezogen auf das verfügbare Budget
- Zentrale Steuerungsgröße, insbesondere für Cost-Center
- Sollte in allen IT-Organisationen erhoben werden

Name: **IT-Kosten pro Arbeitsplatz (F-KAP)**
Formel: F-KAP = IT-Kosten [WE]/Anzahl IT-Arbeitsplätze [Stück]

Beschreibung:

- IT-Kosten = meistens IT-Gesamtkosten, kann aber auch nur Teile der IT-Gesamtkosten umfassen, z. B. Herausnahme der Softwarekosten oder Kosten für zentrale Server
- IT-Arbeitsplätze = Benutzerarbeitsplätze, die mit IT ausgestattet sind (nur dort entstehen IT-Kosten); ohne IT-Arbeitsplätze in der IT (sind Teil des IT-Aufwands)
- Zeitraumbezogene Kennzahl: bezogen auf einzelne Teilperiode oder kumuliert über mehrere Teilperioden
- Berichterstattung üblicherweise monatlich
- Ausprägung: Ist-, Soll-, Ziel- oder Prognosewerte, jeweils gleiche Ausprägung in Zähler und Nenner (Ist/Ist usw.)
- Detaillierungsstufen: nach Kundengruppen (z. B. Fachbereichen) oder Arbeitsplatztypen (setzt entsprechende Kostenzuordnung voraus)
- Zielwert muss organisationsspezifisch festgelegt werden, evtl. auf Basis von Benchmarks aus anderen IT-Organisationen
- Relative IT-Kosten pro Arbeitsplatz F-RKAP = F-KAP (Ist)/F-KAP (Soll) mit Zielwert 1 für jeden Berichtszeitpunkt

Beschaffung der Daten:

- IT-Kosten aus Kostenbericht
- IT-Arbeitsplätze aus Asset-Management der IT (nicht alle IT-Arbeitsplätze können Mitarbeitern oder einzelnen Benutzern zugeordnet werden)
- Problem: Erfassung dezentraler IT-Kosten (z. B. für dezentralen IT-Support in Fachbereichen)

Bewertung:

- Benchmark für unternehmensübergreifenden Vergleich von IT-Kosten
- Besser zwischen Branchen vergleichbar als F-KOX
- Bei stabilen Rahmenbedingungen (Arbeitsplatzausstattung) Planungsgröße für IT-Kosten

Name: **Anteil der Kostenart X an den IT-Gesamtkosten (F-KAX)**
Formel: F-KAX = Volumen der Kostenart X [WE]/IT-Gesamtkosten [WE]

Beschreibung:

- Kosten der Kostenart X: z. B. Infrastrukturkosten, Entwicklungskosten, Overheadkosten, Personalkosten, Prozesskosten, Kosten für Fremdleistungen
- Zeitraumbezogene Kennzahl: bezogen auf einzelne Teilperiode oder kumuliert über mehrere Teilperioden
- Berichterstattung monatlich
- Ausprägung: Ist-, Soll-, Ziel- oder Prognosewerte, jeweils gleiche Ausprägung in Zähler und Nenner (Ist/Ist usw.)
- Aggregationsstufen: mehrere Kostenarten
- Detaillierungsstufen: nach Teilorganisationen, Kostenstellen, Prozessen oder Produkten, Projekten
- Zielwerte müssen organisationsspezifisch festgelegt werden, evtl. auf Basis von Benchmarks aus anderen IT-Organisationen
- Beispiel: Anteil Personalkosten in IT üblicherweise zwischen 40 % und 60 %
- Relativer Kostenanteil F-RKAX = F-KAX (Ist)/F-KAX (Soll) mit Zielwert 1 für jeden Berichtszeitpunkt
- Abgeleitete Kennzahlen: Relation zwischen unterschiedlichen Kostenarten = $RKAX_1$/F-KAX_2, z. B. Kosten der Softwarewartung bezogen auf die Kosten der Software-Neuentwicklung

Beschaffung der Daten:

- Kostenbericht

Bewertung:

- Strukturinformation
- Benchmark für Vergleich mit anderen IT-Organisationen
- Eher geeignet für langfristige Steuerung wegen hoher Fixkostenanteile in der IT, die kurzfristig in der Regel kaum beeinflussbar sind
- Zur operativen Steuerung nur für beeinflussbare Kosten relevant, z. B. Kosten für Fremdleistungen oder Beratung

Name: **IT-Kosten, bezogen auf den Wert X der Gesamtorganisation (F-KOX)**
Formel: F-KOX = IT-Kosten [WE]/X [WE]

Beschreibung:

- Erfasst in der Regel nur Kosten auf IT-Kostenstellen, keine (versteckten) IT-Kosten auf Fachbereichsseite; diese sind in den Gesamtkosten des Unternehmens bzw. der betrachteten Organisationseinheiten enthalten
- Sinnvolle Größen für den Wert X sind Wertschöpfung (vgl. [Horváth/Reichmann 2003, S. 811]), Gesamtkosten oder Umsatz. Die Verwendung des Umsatzes als Bezugsgröße wird oft kritisiert, jedoch ist der Umsatz (z. B. für ein Benchmarking zwischen verschiedenen IT-Organisationen) leicht zu ermitteln.
- Zeitraumbezogene Kennzahl, bezogen auf einzelne Teilperiode oder kumuliert über mehrere Teilperioden
- Berichterstattung in größeren Abständen (quartalsweise oder jährlich)
- Ausprägung: Ist-, Soll-, Ziel- oder Prognosewerte, jeweils gleiche Ausprägung in Zähler und Nenner (Ist/Ist usw.)
- Detaillierungsstufen: nach Geschäftsbereichen, Divisionen usw. (setzt entsprechende Zuordnung der Kosten voraus)
- Zielwert muss organisationsspezifisch festgelegt werden, evtl. auf Basis von Benchmarks aus vergleichbaren Unternehmen

Beschaffung der Daten:

- Kostenbericht der IT-Organisation, Gewinn- und Verlustrechnung des Unternehmens
- Problem: Erfassung dezentraler und versteckter IT-Kosten

Bewertung:

- Steuerungsgröße für Top-Management außerhalb der IT
- Sinnvoll nur bei IT-Anwendern
- Benchmarking oft nur bei Umsatzbezug möglich, da Informationen über Wertschöpfung oder Kosten von außen nicht zugänglich
- Branchentypische Besonderheiten, z. B. für Banken (vgl. Cost-Income-Ratio) oder Handelsunternehmen

Name: **Verrechnungsgrad der IT-Kosten (F-VRG)**
Formel: F-VRG = verrechnete IT-Kosten [WE] / IT-Gesamtkosten [WE]

Beschreibung:

- Zeitraumbezogene Kennzahl, bezogen auf einzelne Teilperiode oder kumuliert über mehrere Teilperioden
- Berichterstattung monatlich oder entsprechend den Abrechnungszyklen
- Ausprägung: Ist-, Soll-, Ziel- oder Prognosewerte, jeweils gleiche Ausprägung in Zähler und Nenner (Ist/Ist usw.)
- Zielwert = 1 oder vorgegebener niedrigerer Wert
- Detaillierungsstufen: bezogen auf einzelne Teilbereiche oder Kostenstellen (setzt entsprechende Kostenzuordnungen für Zähler und Nenner voraus)
- Relativer Verrechnungsgrad F-RVRG = F-VRG (Ist)/F-VRG (Soll) mit Zielwert 1 für jeden Berichtszeitpunkt

Beschaffung der Daten:

- Kostenbericht
- Leistungsverrechnung

Bewertung:

- Zeigt, welcher Kostenanteil verrechnet wird
- Zentrale Kenngröße für Cost-Center
- F-VRG sollte langfristig erhöht werden (bei Umwandlung von IT-Bereichen in Profit-Center muss der Zielwert für F-VRG größer als 1 werden.)

Name: **Zahlungsfähigkeit der Stufe X (F-ZFX)**
Formel: F-ZFX = verfügbare Mittel der Stufe X, um anstehende Zahlungsverpflichtungen zu erfüllen [WE]

Beschreibung:

- Stufe 1 = Summe aller Kassen- und Kontobestände
- Stufe 2 = Kassen- und Kontobestände zzgl. versandte und noch nicht bezahlte Rechnungen abzgl. eingegangene und noch nicht bezahlte Rechnungen
- Zeitpunktbezogene Kennzahl zu definiertem Stichtag
  Berichterstattung monatlich, evtl. in kürzeren Abständen
- Ausprägung: Ist-, Soll- und Prognosewerte

- Zielwert oder Untergrenze organisationsspezifisch festzulegen
- Relative Zahlungsfähigkeit der Stufe X F-RZFX = F-ZFX (Ist)/F-ZFX (Soll)
- Abgeleitete Kennzahl: Summe der verfügbaren Mittel/Summe der (kurzfristigen) Zahlungsverpflichtungen, Wert sollte > 1 sein (aus Vereinfachungsgründen wurde hier auf die Einbeziehung von Fristigkeiten und Kreditlinien verzichtet)

Beschaffung der Daten:

- Kassenbuch und Kontoauszüge
- Offene Ausgangsrechnungen und offene Eingangsrechnungen

Bewertung:

- Analog zur Liquidität 1. und 2. Grades (vgl. [Horváth/Reichmann 2003, S. 450–451]), jedoch hier nicht im bilanziellen Sinne gemeint; vgl. auch Working Capital, s. [Horváth/Reichmann 2003, S. 449], hier jedoch ohne Betrachtung von Fristigkeiten und Kreditlinien (diese einfache Form hat sich bei kleinen und mittleren IT-Dienstleistern praktisch bewährt)
- Basiskenngröße für Zahlungsfähigkeit der Organisation: Können kurzfristig anstehende Zahlungsverpflichtungen (offene Eingangsrechnungen und laufende Zahlungen, z. B. Gehälter) erfüllt werden?
- Nur relevant bei IT-Dienstleistern, die ein eigenes Cash-Management benötigen (also nicht relevant für interne IT-Bereiche)
- Besonders wichtig in Expansions- oder Investitionsphasen (stark sinkende Zahlungsmittelbestände, da zu Zahlungsausgängen korrespondierende Erlöse erst mit zeitlicher Verzögerung eingehen)

5.3 Kundenmanagement

Für IT-Organisationen werden Kennzahlen, die das Verhältnis Kunde zu Dienstleister wiedergeben, immer wichtiger. Wir unterscheiden qualitätsorientierte Kennzahlen und erfolgsorientierte Kennzahlen. Qualitätsorientierte Kennzahlen beschreiben die definierten Servicequalitäten aus Kundensicht (vgl. Prozessmanagement, das die interne Sicht einnimmt) und die »subjektive« Zufriedenheit des Kunden. Erfolgsorientierte Kennzahlen sind notwendig, um den wirtschaftlichen Erfolg einer Kundenbeziehung zu bewerten und zu steigern.

Name: **Aufwand für Kundenbetreuung (K-AKB)**
Formel: K-AKB = Aufwand Kundenbetreuung [WE] / Umsatz [WE]

Beschreibung:

- Aufwand Kundenbetreuung = Kosten der Betreuung des ausgewählten Kunden; ggf. sind die Kosten nicht ermittelbar, dann Betreuungsaufwand in Personentagen [PT], genaue Abgrenzung des Begriffs »Betreuung« erforderlich (z. B. Einbeziehung von Vertriebsaufwand, Marketingaufwand, Kundengewinnung, Projektgewinnung)
- Umsatz = Umsatz des ausgewählten Kunden, alternativ Deckungsbeitrag aus Umsätzen mit diesem Kunden (wäre im Sinne der Steuerung sinnvoller, vgl. K-DBT)
- Erfolgsorientierte Kennzahl
- Zeitraumbezogene Kennzahl: bezogen auf einzelne Teilperiode oder kumuliert über mehrere Teilperioden
- Berichterstattung monatlich
- Ausprägung: Ist-, Soll-, Ziel- oder Prognosewerte, jeweils gleiche Ausprägung in Zähler und Nenner (Ist/Ist usw.)
- Aggregationsstufen: einzelne Kunden, Kundengruppen, sämtliche Kunden
- Zielwert organisationsspezifisch zu ermitteln, ggf. nach Kundengruppen zu unterscheiden (z. B. konzerninterne Kunden, konzernfremde Kunden)
- Relativer Aufwand Kundenbetreuung: K-RAKB = K-AKB (Ist)/ K-AKB (Soll) mit Zielwert 1 für jeden Berichtszeitpunkt

Beschaffung der Daten:

- Kosten: Kundenbezogene Kostenrechnung
- Aufwand in PT: Zeiterfassung IT-Mitarbeiter
- Umsatz: Debitorenbuchhaltung

Bewertung:

- Zielsetzung: Kosten müssen »angemessen« sein
- Benchmarks evtl. aus dem Dienstleistungsbereich verfügbar
- Steuerung des Mitarbeitereinsatzes über die Aufwandsvariante besser möglich; Daten für diese Variante außerdem einfacher zu ermitteln

Name: **Anteil des Kunden am Gesamtumsatz (K-AKU)**
Formel: K-AKU = Umsatz des Kunden [WE] / Gesamtumsatz [WE]

Beschreibung:

- Anteil eines ausgewählten Kunden an der verrechneten Leistung einer IT-Organisation, ggf. Umsatz = verrechnete Kosten
- Erfolgsorientierte Kennzahl
- Zeitraumbezogene Kennzahl: bezogen auf einzelne Teilperiode oder kumuliert über mehrere Teilperioden
- Berichterstattung monatlich
- Ausprägungen: Ist-, Soll-, Ziel- oder Prognosewerte, gleichsinnig für Zähler und Nenner
- Aggregationsstufen: einzelne Kunden, Kundengruppen, z. B. konzerninterne und externe Kunden
- Detaillierungsstufen: pro Kunde nach einzelnen Leistungen oder Leistungsgruppen
- Relativer Umsatzanteil des Kunden K-RAKU = K-AKU (Ist)/K-AKU (Soll) mit Zielwert 1 für jeden Berichtszeitpunkt
- Abgeleitete Kennzahl: Deckungsbeitrag des Kunden, bezogen auf den Deckungsbeitrag der gesamten IT-Organisation

Beschaffung der Daten:

- Ermittlung aus Abrechnung oder Debitorenbuchhaltung der IT-Organisation

Bewertung:

- Strukturinformation über die Kunden der IT-Organisation
- Ermittlung der umsatzstärksten bzw. profitabelsten Kunden

Name: **Anteil der Kunden mit Eigenschaft X (K-AKX)**
Formel: K-AKX = Anzahl Kunden mit Eigenschaft X [Stück]/Anzahl aller Kunden [Stück]

Beschreibung:

- X = z. B. Kleinkunden (diejenige Kundengruppe, mit der insgesamt weniger als 20 % des gesamten Umsatzes bzw. der verrechneten Leistung der IT-Organisation gemacht wird), Neukunden (mit denen seit maximal einem Jahr Geschäftsbeziehungen bestehen), inaktive Kunden (mit denen seit mindestens einem Jahr kein Umsatz mehr gemacht wurde), Zugehörigkeit zu Komplexitätsklassen (vgl. K-KPG), Zugehörigkeit zu Deckungsbeitragsklassen (vgl. K-DBT)

- Je nach Merkmal X erfolgs- oder qualitätsorientierte Kennzahl
- Zeitpunktbezogene Kennzahl zu definiertem Stichtag
- Berichterstattung monatlich oder in größeren Abständen
- Ausprägungen: Ist-, Soll- und Zielwerte, jeweils gleiche Ausprägung in Zähler und Nenner (Ist/Ist usw.)
- Variante: Gewichtung mit dem jeweiligen Kundenumsatz, Einheit in Zähler und Nenner dann jeweils [WE]
- Relativer Anteil Kunden mit der Eigenschaft X: K-RAKX = K-AKX (Ist)/K-AKX (Soll) mit Zielwert 1 für jeden Berichtszeitpunkt

Beschaffung der Daten:

- Kundendatenverwaltung, ggf. auch Debitorenbuchhaltung

Bewertung:

- Strukturinformation über die Kunden der IT-Organisation
- Parameter zur Steuerung der vertrieblichen Aktivitäten, Fokussierung auf besonders wichtige Kundengruppen

Name: **Deckungsbeitrag des Kunden (K-DBT)**
Formel: K-DBT = Bruttoumsatz des Kunden [WE] – Erlösschmälerungen [WE] – variable Kosten der vom Kunden bezogenen Leistungen [WE]

Beschreibung:

- Deckungsbeitrag entspricht Deckungsbeitrag 1 (vgl. [Horváth/Reichmann 2003, S. 430])
- Bruttoumsatz = abgerechnete Leistungen (Rechnung wurde erstellt)
- Erlösschmälerungen = nicht bezahlte Rechnungsbeträge (z. B. abgerechnete Leistungen nicht anerkannt), Gutschriften (z. B. wegen Qualitätsmängeln), gewährte Rabatte, erbrachte und nicht abgerechnete Leistungen (z. B. Nachbesserungen bei Reklamationen) usw.
- Variable Kosten = variable Stückkosten, multipliziert mit der abgerechneten Leistungsmenge (z. B. Programmierleistung: Personalkosten pro Stunde * abgerechnete Programmierstunden)
- Erfolgsorientierte Kennzahl
- Zeitraumbezogene Kennzahl: bezogen auf einzelne Teilperiode oder kumuliert über mehrere Teilperioden
- Berichterstattung monatlich

- Ausprägungen: Ist-, Soll-, Ziel- oder Prognosewerte, alle Werte gleichsinnig (also keine Vermischung unterschiedlicher Wertetypen)
- Aggregationsstufen: einzelne Kunden, Kundengruppen, gesamte Organisation
- Relativer Deckungsbeitrag des Kunden K-RDBT = K-DBT (Ist)/K-DBT (Soll) mit Zielwert 1 für jeden Berichtszeitpunkt
- Abgeleitete Kennzahl: Deckungsbeitrag/Umsatz

Beschaffung der Daten:

- Ermittlung aus Debitorenbuchhaltung (Umsatz und Erlösschmälerungen)
- Kostenträgerrechnung (variable Stückkosten)

Bewertung:

- Kenntnis über Ertrag einzelner Kunden oder Kundengruppen wird immer wichtiger
- Ansatz auch für Non-Profit-Organisationen interessant, um ihre Kosten zu steuern. In diesem Fall: anteilige Gesamtkosten – variable Stückkosten
- Transparenz der entstehenden Kosten erforderlich; in vielen IT-Organisationen noch nicht gegeben

Name: **Erfüllungsgrad Kundengespräche (K-EKG)**
Formel: K-EKG = Anzahl durchgeführte Kundengespräche [Stück] / Anzahl geplante Kundengespräche [Stück]

Beschreibung:

- Kundengespräche: genaue Definition und Abgrenzung erforderlich, z. B. nur bei bestehenden SLAs
- Qualitätsorientierte Kennzahl
- Zeitraumbezogene Kennzahl: bezogen auf einzelne Teilperiode oder kumuliert über mehrere Teilperioden
- Standardmäßig 1 bis 2 Gespräche pro Quartal und Kunde
- Zielwert 1

Beschaffung der Daten:

- Manuelle Aufzeichnungen oder maschinell aus Kundendatenverwaltung

Bewertung:

- Steuerungsziel: Erhöhung Kundenzufriedenheit und Benutzerintegration

- Anzahl der Kundengespräche ggf. abhängig von SLA und aktueller Situation, z. B. Erhöhung der Gesprächsfrequenz nach Systemeinführungen
- Keine zentrale Steuerungsgröße

Name: **Komplexitätsgrad des Kunden (K-KPG)**
Formel: K-KPG = Anzahl Benutzer [Stück] * Anzahl Standorte [Stück] * Anzahl Anwendungen [Stück] * Servicestufe [dimensionslos]

Beschreibung:

- Anzahl Benutzer = die beim ausgewählten Kunden betreuten Benutzer
- Anzahl Standorte = die beim ausgewählten Kunden betreuten Standorte
- Anzahl Anwendungen = die beim ausgewählten Kunden betreuten Anwendungen
- Servicestufe = Einstufung aufgrund der mit dem Kunden abgeschlossenen Service-Level-Agreements, hohe bzw. niedrige Service-Levels entsprechen einer hohen bzw. niedrigen Servicestufe
- Kennzahl fokussiert auf typische Kostentreiber
- Qualitätsorientierte Kennzahl
- Zeitpunktbezogene Kennzahl zu definiertem Stichtag
- Berichterstattung quartalsweise
- Ausprägungen: Ist-, Soll-, Zielwerte, alle Faktoren gleichsinnig (nur Istwerte usw.)
- Varianten: ggf. einbezogene Elemente gewichten, z. B. Benutzer nach Arbeitsplatzausstattung, Standorte nach Strukturmerkmalen

Beschaffung der Daten:

- Ermittlung aus Bestands- und Organisationsunterlagen

Bewertung:

- Kostentreiber und Preisauswirkungen können dem Kunden kommuniziert werden
- Kunden evtl. in Komplexitätsklassen zusammenfassen
- Deckungsbeiträge und Komplexität in Beziehung setzen

Name: **Marktanteil beim Kunden (K-MAK)**
Formel: K-MAK = Eigener Umsatz beim Kunden [WE] / Volumen der vom Kunden insgesamt bezogenen IT-Leistung [WE]

Beschreibung:

- Bezogene IT-Leistung des Kunden = geschätzt nach IT-Budget des Kunden
- Erfolgsorientierte Kennzahl
- Zeitraumbezogene Kennzahl: bezogen auf einzelne Teilperiode oder kumuliert über mehrere Teilperioden
- Berichterstattung quartalsweise oder in größeren Abständen
- Ausprägung: Ist-, Soll-, Ziel- oder Prognosewerte, jeweils gleiche Ausprägung in Zähler und Nenner (Ist/Ist usw.)
- Aggregationsstufen: einzelne Kunden, Kundengruppen, sämtliche Kunden
- Relativer Marktanteil beim Kunden K-RMAK = K-MAK (Ist)/K-MAK (Soll) mit Zielwert 1 für jeden Berichtszeitpunkt

Beschaffung der Daten:

- Marktbeobachtung über Kundenbetreuer und Vertriebsmitarbeiter, ggf. über eigene oder externe Marktforschung
- Innerhalb eines Unternehmens oder Konzerns IT-Ausgaben des Kunden aus dessen Kreditorenbuchhaltung

Bewertung:

- Wichtige Information, um Wachstumspotenziale und Position als Lieferant bei den (Stamm-)Kunden abzuschätzen
- Daten schwer zugänglich, Marktvolumen muss bei externen Kunden geschätzt werden

Name: **Qualität der Leistungsverrechnung (K-QLV)**
Formel: K-QLV = Index [dimensionslos]

Beschreibung:

- Bewertung der Leistungsverrechnung durch den Kunden bzw. Leistungsnehmer
- Mögliche Aspekte: Korrektheit und Verständlichkeit der Rechnungen, Planbarkeit und Beeinflussbarkeit der IT-Kosten (für den Kunden), subjektiv empfundene Gerechtigkeit, Klarheit über Preise, Differenz zu Marktpreisen usw.

- Qualitätsbezogene Kennzahl
- Zeitpunktbezogene Kennzahl zu definiertem Stichtag
- Berichterstattung halbjährlich oder jährlich
- Aggregationsstufen: einzelne Kunden, Kundengruppen, sämtliche Kunden

Beschaffung der Daten:

- Befragung der Kunden, z. B. Fragebogen, Interviews
- Vollbefragung oder Stichprobe

Bewertung:

- Zusatzkenngröße, kann nur in größeren Abständen erhoben werden
- Ersatzgröße: Anzahl der Rechnungsreklamationen (vgl. K-RKR)
- Empfehlung: in Kundenzufriedenheitsindex (K-ZKK) integrieren

Name: **Reklamationsrate (K-RKR)**
Formel: K-RKR = Anzahl Reklamationen [Stück] / Umsatz [WE]

Beschreibung:

- Reklamation = zugesicherte Eigenschaft wurde nicht erfüllt
- Varianten: Beschwerde = Unzufriedenheit des Nutzers mit dem Service (Reklamationen und Beschwerden ggf. unterscheiden), Zählung der Trouble Tickets, deren Schließung von den Kunden nicht akzeptiert wurde
- Beispiele für Beschwerden und Reklamationen: Anzahl Reklamationen zu 2nd Level Problem-Calls, Anzahl Reklamationen zu Gesamtaufträgen, Anzahl Reklamationen zu Installationen von Notebooks, Anzahl Beschwerden zur Unfreundlichkeit des Helpdesk-Personals zu Gesamt-Calls, Rechnungsreklamationen usw.
- Umsatz = Umsatz mit dem Kunden oder verrechnete Kosten, evtl. nur bezogen auf Dauerservice (ohne Projektvolumen)
- Zeitraumbezogene Kennzahl: bezogen auf einzelne Teilperiode oder kumuliert über mehrere Teilperioden
- Berichterstattung monatlich, evtl. kürzer (dann aber nur die Anzahl der Reklamationen bzw. Beschwerden)
- Aggregationsstufen: einzelne Kunden, Kundengruppen, sämtliche Kunden
- Detaillierungsstufen: produkt(gruppen)bezogen, nach Reklamations- oder Beschwerdekategorien
- Zielwert 0 für jede Teilperiode (Umsatz > 0)

Beschaffung der Daten:

- Erfassung der Reklamationen bzw. Beschwerden
- Leistungsverrechnung oder Debitorenbuchhaltung

Bewertung:

- Kritischer Erfolgsfaktor: Schaffung einer Beschwerde- und Reklamationsstelle, an die sich Kunden direkt und ggf. anonym (z. B. Kummerkasten im Intranet) wenden können
- Anzahl der Reklamationen und Beschwerden sollte stets erfasst werden

Name: **Zufriedenheit des Kunden (K-ZKK)**
Formel: K-ZKK = Index [dimensionslos]

Beschreibung:

- »Subjektive« Zufriedenheit des Kunden mit der IT-Organisation (als Dienstleister)
- Abgefragte Kriterien: Zuverlässigkeit der IT, Funktionalität der IT, Sicherheit der IT, Zusammenarbeit von Nutzern und IT-Organisation, Freundlichkeit der IT-Mitarbeiter usw.
- Qualitätsorientierte Kennzahl
- Zeitpunktbezogene Kennzahl zu definiertem Stichtag
- Berichterstattung halbjährlich, in der Regel nur jährlich
- Ausprägung: Ist- oder Sollwerte
- Aggregationsstufen: einzelne Kunden, Kundengruppen, sämtliche Kunden
- Detaillierungsstufen: z. B. produkt(gruppen)bezogen, nach Standorten

Beschaffung der Daten:

- Befragung ein- bis zweimal pro Jahr
- Möglichst persönliches Interview
- Voll- oder Teilbefragung, konstante Teilnehmergruppe (wegen Vergleichbarkeit der Ergebnisse)
- Gruppe hinreichend groß (im Sinne einer Stichprobe)
- Dauer der Befragung: 15–30 Minuten
- Vertrauliche Behandlung
- Abstimmung mit Personalleitung und Betriebsrat
- Vorabinformation der Teilnehmer

Bewertung:

- Prüfgröße für andere Kennzahlen (Entsprechen die definierten SLAs den Anforderungen der Kunden?)
- Für operative Steuerung nicht geeignet wegen Erhebungsaufwandes und träger Reaktion von Indices

Name: **Zufriedenheit mit dem Kunden (K-ZKL)**
Formel: K-ZKL = Index [dimensionslos]

Beschreibung:

- Zufriedenheit der IT-Organisation (als Dienstleister) mit dem Kunden
- Qualitätsorientierte Kennzahl
- Zeitpunktbezogene Kennzahl zu definiertem Stichtag
- Berichterstattung quartalsweise oder halbjährlich
- Ausprägung: Ist- oder Sollwerte
- Aggregationsstufen: einzelne Kunden, Kundengruppen (z. B. bei konzerngebundenen IT-Dienstleistern Kunden innerhalb und außerhalb des Konzerns)
- Detaillierungsstufen: unterschiedliche Mitarbeitergruppen der IT-Organisation

Beschaffung der Daten:

- Befragung der IT-Mitarbeiter mit Kundenkontakt

Bewertung:

- Zusatzgröße für die Bewertung des Kunden (ergänzend zu den wirtschaftlichen Daten der Kundenbeziehung)
- Information zur systematischen Verbesserung der Kundenbeziehung
- Kann zur Motivation der eigenen Mitarbeiter beitragen
- Für operative Steuerung nicht geeignet wegen Erhebungsaufwandes und träger Reaktion von Indices

5.4 Prozessmanagement

Im Dienstleistungsbereich führt Kundenorientierung zur Prozessorientierung, denn Dienstleistungen werden »am Kunden« erbracht. Das gilt insbesondere für IT-Organisationen, die zunehmend weniger von der klassischen Systemerstellung (Softwareentwicklung) und immer stärker vom Systembetrieb leben. Für das IT-Servicemanagement setzt sich das ITIL-Prozessmodell (ITIL = IT Infrastructure Library) durch (vgl. 2.5). Es unterscheidet die beiden Kernbereiche »Service Delivery« und »Service Support«.

Die Prozesse im Bereich »Service Delivery« dienen der planmäßigen Umsetzung der getroffenen Leistungsvereinbarungen (Service-Level-Agreements, SLA). Sie umfassen alle Funktionen und Abläufe, die zum laufenden Betrieb der IT-Systeme gehören, einschließlich Datenmanagement und vorbeugender Systemüberwachung. Die Prozesse im Bereich »Service-Support« bilden die Schnittstellen zwischen Dienstleister und Kunde. Sie sichern den »Single Point of Contact«, der in ITIL als »Service-Desk« eigenständige Bedeutung hat.

Störungs- und Problembegriff

An dieser Stelle seien einige der zentralen Begriffe kurz erläutert. Unter einer *Störung* (Incident) versteht man ein Ereignis, das nicht zum standardmäßigen Betrieb eines Services gehört und tatsächlich oder potenziell eine Unterbrechung oder eine Minderung der Servicequalität verursacht (vgl. [itSMF 2001, S. 15]). Hingegen ist ein *Problem* die unbekannte Ursache, die einer oder mehreren Störungen zugrunde liegt. Wenn die auslösende Ursache bekannt ist und eine vorläufige Umgehung des Problems (workaround) oder eine permanente Alternative gefunden ist, wird aus dem Problem ein bekannter Fehler (known error) (vgl. [itSMF 2001, S. 19]). Die Beseitigung des Problems erfolgt über einen Änderungsauftrag (Request for Change, RFC). Diese Abgrenzungen sind wichtig, um einige der nachfolgend beschriebenen Kennzahlen einordnen und verstehen zu können.

Die nachfolgend aufgeführten Kennzahlen lassen sich in der Regel auf mehrere Prozesse anwenden. Die Zuordnung ist aus dem jeweiligen Kontext erkennbar, ggf. geben wir in den Kennzahlen-Steckbriefen entsprechende Hinweise.

Name: **Eigenlösungsanteil für Störungen (P-AEL)**
Formel: P-AEL = Anzahl der gelösten Störungen, die ausschließlich mit eigenem Personal gelöst werden konnten [Stück] / Gesamtanzahl der gelösten Störungen [Stück]

Beschreibung:

- Zeitraumbezogene Kennzahl, bezogen auf einzelne Teilperiode oder kumuliert über mehrere Teilperioden
- Berichterstattung monatlich
- Ausprägung: Ist-, Soll-, Ziel- oder Prognosewerte, jeweils gleiche Ausprägung in Zähler und Nenner (Ist/Ist usw.)

- Zielwert über alle Störungen sollte > 70 % sein
- Detaillierungsstufen: Störungskategorien oder Produkte
- Relative Eigenlösungsquote: P-RAEL = P-AEL (Ist)/P-AEL (Soll) mit Zielwert 1 für jeden Berichtszeitpunkt
- Vgl. P-ASL

Beschaffung der Daten:

- Manuelle Aufzeichnungen oder maschinell über Trouble-Ticket-System
- Zuordnung zu Mitarbeitern muss möglich sein (Zustimmung des Betriebs- oder Personalrats muss vorliegen!)

Bewertung:

- Unterstützt Beurteilung der Mitarbeiter-Qualifikation und Prozess-Effizienz
- Erhöhung der Weiterbildungsbereitschaft bei den Mitarbeitern
- Unterstützt bei der Disposition von Fremdleistungskapazitäten
- Zielsetzung: Steigerung des Eigenlösungsanteils auf hohes Niveau, jedoch 100 % nicht wirtschaftlich
- Frühindikator bei Veränderung, z. B. starker Erhöhung

Name: **Anteil der Kostenart X an Prozesskosten (P-AKX)**
Formel: P-AKX = Volumen der Kostenart X [WE] / Gesamtprozesskosten [WE]

Beschreibung:

- Einzelne Kostenarten oder Zusammenfassung mehrerer Kostenarten
- Beispiele:
  - **Sicherheitskosten**: Anteil der Kosten für die Erhaltung und Wiederherstellung der Sicherheit in der IT, bezogen auf die Gesamtkosten des IT-Service-Managements (Mitte der 90er Jahre lag der Europäische Mittelwert bei ca. 6,4 bis 7,0 %, laut einer Studie der Fachzeitschrift KES (Die Zeitschrift für Informationssicherheit) Aufwand tendenziell steigend)
  - **Wartungskosten**: Anteil der Kosten für Wartung bezogen auf Gesamtkosten des IT-Service-Managements (Kosten für die IT-Wartung: alle Aufwendungen für die Instandsetzung sowie laufende und vorbeugende Instandhaltung der IT-Systeme)
  - **Infrastrukturkosten**: Kostenanteil der technischen Infrastruktur
  - **Störungsbeseitigungskosten** (Zielwert < 15 %)

- Zeitraumbezogene Kennzahl, bezogen auf einzelne Teilperiode oder kumuliert über mehrere Teilperioden
- Berichterstattung quartalsweise
- Ausprägung: Ist-, Soll-, Ziel- oder Prognosewerte, jeweils gleiche Ausprägung in Zähler und Nenner (Ist/Ist usw.)
- Aggregationsstufen: einzelne Prozesse, Prozessgruppen, sämtliche Prozesse
- Zielwerte organisationsspezifisch festlegen
- Relativer Anteil der Kostenart X an den Prozesskosten P-RAKX = P-AKX (Ist)/P-AKX (Soll) mit Zielwert 1 für jeden Berichtszeitpunkt

Beschaffung der Daten:

- Istwerte aus IT-Kostenrechnung (entsprechende Kostenstellen und Kostenarten erforderlich)
- Ermittlung der Ziel- und Sollwerte einmal jährlich: Aufwand erstmalige Planung mehrere Wochen, bei Planüberarbeitungen maximal 50 % des Erstplanungsaufwands

Bewertung:

- Information über Kostenstrukturen der Prozesse
- Laufende Berichterstattung nur für die wichtigsten Kostenarten (Kostentreiber), z. B. Personalkosten
- Für operative Steuerung wegen der hohen Fixkostenanteile in der IT eher nicht geeignet

Name: **Anteil Anfragen der Kategorie X (P-ANX)**
Formel: P-ANX = Anzahl Anfragen der Kategorie X [Stück] / Gesamtzahl erfasste Anfragen [Stück]

Beschreibung:

- Kategorien von Anfragen (trouble tickets) = Störungen, Probleme (werden nicht von Benutzern generiert), Änderungsanforderungen
- Beispiele: Anteil Störungen mit Systemabbruch (Zielwert üblicherweise < 1 %), Anteil Störungen, die ans Problem-Management übergeben wurden
- Erfasste Anfragen = vom Service-Desk registriert
- Zeitraumbezogene Kennzahl, bezogen auf Teilperiode oder kumuliert über mehrere Teilperioden
- Berichterstattung wöchentlich oder monatlich

- Ausprägung: Ist-, Soll-, Ziel- oder Prognosewerte, jeweils gleiche Ausprägung in Zähler und Nenner (Ist/Ist usw.)
- Detaillierungsstufen: nach Produkten, Produktgruppen oder Kunden, Kundengruppen (als Unterkategorien)
- Relativer Anteil der Anfragen der Kategorie X: P-RANX = P-ANX (Ist)/P-ANX (Soll) mit Zielwert 1 für jeden Berichtszeitpunkt
- Vgl. P-ARX

Beschaffung der Daten:

- Istwerte durch manuelle Aufzeichnungen oder maschinell aus Trouble-Ticketing-System

Bewertung:

- Bewertung der Anfragenstruktur
- Veränderungen signalisieren Veränderungen in den Produkten oder in der Kundenorganisation

Name: **Anfragenrate der Kategorie X (P-ARX)**
Formel: P-ARX = Anzahl eingehende Anfragen der Kategorie X [Stück] / Anzahl betreute Benutzer [Stück]

Beschreibung:

- X = Störungen oder Änderungsanforderungen (Request for Change, RFC)
- RFC = Anforderung einer Änderung in den Produktivsystemen, Beispiele: Lösung von Problemen, Gesetzesänderungen, Serviceverbesserungen
- Zeitraumbezogene Kennzahl, bezogen auf einzelneTeilperiode oder kumuliert über mehrere Teilperioden
- Berichterstattung monatlich
- Ausprägung: Ist-, Soll-, Ziel- oder Prognosewerte, jeweils gleiche Ausprägung in Zähler und Nenner (Ist/Ist usw.)
- Detaillierungsstufen: nach Kunden, Systemen oder Systemgruppen
- Relative Anfragenrate P-RARX = P-ARX (Ist)/P-ARX (Soll) mit Zielwert 1 für jeden Berichtszeitpunkt

Beschaffung der Daten:

- Auswertung Trouble-Ticket-System oder Change-Managementsystem

Bewertung:

- Im Fall von Störungen Indikator für Systemqualität
- Steuerungsziel: Erhöhung der Kunden- und Benutzerzufriedenheit

- Beurteilung Änderungsintensität im Sinne des Risikos der Systemdestabilisierung oder (nach Produktivsetzung von Systemen) auch der Qualität des Anforderungsmanagements
- Im Fall von RFCs Indikator für Benutzerzufriedenheit und Veränderungen in der Benutzerorganisation
- Evtl. saisonale Effekte oder Anomalitäten nach Systemeinführungen beachten

Name: **Sofortlösungsanteil für Störungen (P-ASL)**
Formel: P-ASL = Anzahl abgeschlossener Störungsmeldungen ohne Eskalation [Stück] / Gesamtanzahl der erfassten Störungen [Stück]

Beschreibung:

- Anteil der vom annehmenden Service-Desk (First Level Support) direkt erledigten Störungsmeldungen (nach Freigabe durch den meldenden Benutzer)
- Zeitraumbezogene Kennzahl, bezogen auf einzelne Teilperiode oder kumuliert über mehrere Teilperioden
- Berichterstattung wöchentlich bis täglich
- Ausprägung: Ist-, Soll-, Ziel- oder Prognosewerte, jeweils gleiche Ausprägung in Zähler und Nenner (Ist/Ist usw.)
- Zielwerte der Kennzahl (bei wöchentlicher Messung und Gesamtverdichtung) sollten > 80 % liegen
- Detaillierungsstufen: nach Produkten oder Kunden
- Relative Sofortlösungsquote P-RASL = P-ASL (Ist)/P-ASL (Soll) mit Zielwert 1 für jeden Berichtszeitpunkt
- Vgl. P-AEL

Beschaffung der Daten:

- Istwerte durch manuelle Aufzeichnungen oder maschinell aus Trouble-Ticket-System

Bewertung:

- Steuerungsziel = Steigerung des Sofortlösungsanteils
- Geeigneter Parameter für eine leistungsabhängige Bezahlung der Service-Desk-Verantwortlichen
- Hohe Korrelation mit Benutzerzufriedenheit

Name: **Bestand an Anfragen der Kategorie X (P-BEX)**
Formel: P-BEX = Anzahl der offenen Anfragen der Kategorie X [Stück]

Beschreibung:

- Kategorien von Anfragen = Störungen, Probleme, Änderungsanforderungen oder Unterkategorien
- Zeitpunktbezogene Kennzahl zum definierten Stichtag
- Berichterstattung wöchentlich, u. U. täglich
- Ausprägung: Ist-, Soll-, Ziel- oder Prognosewerte
- Detaillierungsstufen: nach Produkten oder Kunden
- Abgeleitete Kennzahlen: Bestandsveränderung (absolut oder bezogen auf den letzten gemeldeten Bestand); Anteil neuer Anfragen, bezogen auf erledigte Anfragen (Kennzahl > 1 = Bestand nimmt zu; Kennzahl < 1 = Bestand nimmt ab); Reichweite des Bestands (vgl. 2.3)

Beschaffung der Daten:

- Manuelle Aufzeichnungen oder maschinell aus Trouble-Ticket-System

Bewertung:

- Für Kapazitätssteuerung im Service-Desk sowie Second und Third Level Support erforderlich
- Wichtig für die operative Steuerung

Name: **Beschäftigungsgrad der Kategorie X (P-BGX)**
Formel: P-BGX = Ist-Service [SE] / Soll-Service [SE]

Beschreibung:

- SE = Serviceeinheiten, je nach Serviceart z. B. WE, ZE, Stück oder andere messbare Einheiten, gleiche Einheit in Zähler und Nenner
- Kategorie X = Verfügbarkeiten, Laufzeiten, Reaktionszeiten, Antwortzeiten usw.
- Effektiv erbrachte Servicemenge im Verhältnis zur geplanten Servicemenge (analog zum Beschäftigungsgrad in der flexiblen Plankostenrechnung)
- Soll-Service: geplante Servicemenge, die aus der Summe aller Kundenbedarfe (Abnahmemengen) retrograd abgeleitet wurde
- Zeitraumbezogene Kennzahl, bezogen auf einzelne Teilperiode oder kumuliert über mehrere Teilperioden

- Berichterstattung monatlich
- Ausprägung: Ist-, Soll-, Ziel- oder Prognosewerte, nur Variation des Zählers
- Zielwert 1
- Verhandlung mit Servicenehmern bei Überschreitung der Zielvereinbarungen (z. B. Kennzahlenwert von > 105 %) oder Unterschreitung der Mindestabnahmen (z. B. Kennzahlenwert < 90 %, Leerkostenverrechnung)
- Variante: Nimmt man statt Soll-Service die maximal mögliche Servicemenge (Kapazität), dann erhält man die kapazitätsmäßige Auslastung eines Services
- Aggregationsstufen: einzelne Services, Servicegruppen (soweit aggregierbar)
- Detaillierungsstufen: nach Kunden bzw. SLAs

Beschaffung der Daten:

- Je nach Serviceart, bei technischen Services (Systemleistungen) maschinell über Systemmanagement
- Ziel- und Sollwerte einmal jährlich festlegen; für erstmalige Gesamtplanung des IT-Bereichs mehrwöchiger Aufwand

Bewertung:

- Basisinformation für Planer (bei Bezug auf Soll-Service) und Ressourcenverantwortliche (bei Bezug auf Maximalleistungen)
- Beurteilung von Ressourcenengpässen
- Maßnahmen zur Verbesserung der Auslastung und Verfügbarkeit der Ressourcen besser begründbar
- Kostenbeeinflussende Maßnahmen begründen (bei Ermittlung von leistungsabhängigen Sollkosten)

Name: **Betreuungsquote (P-BTQ)**
Formel: P-BTQ = Anzahl der betreuten IT-Arbeitsplätze [Stück] / Anzahl IT-Betreuer [Stück]

Beschreibung:

- Durchschnittliche Anzahl von IT-Arbeitsplätzen, die ein (Support-) Mitarbeiter der IT betreut
- Anzahl IT-Arbeitsplätze = Gesamtanzahl aller zu betreuenden IT-Arbeitsplätze – sowohl bei IT-Kunden als auch im IT-Bereich
- Anzahl IT-Betreuer = Vollzeit-Äquivalente (VZA), um auch Teilzeitmitarbeiter zu berücksichtigen, Fremdkräfte mit einbeziehen

- Zeitpunktbezogene Kennzahl zu definiertem Stichtag
- Berichterstattung monatlich
- Ausprägung: Ist-, Soll-, Ziel- oder Prognosewerte, jeweils gleiche Ausprägung in Zähler und Nenner (Ist/Ist usw.)
- Detaillierungsstufen: nach Arbeitsplatzkategorien, z. B. Office-PCs (Windows, Unix), WIN-Frame-Terminals
- Zielwerte: Office-PCs > 80, WIN-Frame-Terminals > 160

Beschaffung der Daten:

- Anzahl der betreuten Arbeitsplätze: manuelle Aufzeichnungen oder maschinell aus Bestandsverwaltungssystem
- Anzahl Betreuer aus Organisationsdaten

Bewertung:

- Steuerungsziel: Personalplanung und Disposition
- Grundlage für die Kostenermittlung
- Achtung: kundenseitige Betreuungskapazitäten beeinflussen diese Kennzahl ggf. massiv
- Frühindikator für Servicequalität: bei Zunahme evtl. Serviceeinbußen

Name: **Erfüllungsgrad Prozessdauer X (P-EPD)**
Formel: P-EPD = Anzahl von Prozessdurchläufen eines definierten Prozesses X, die kürzer gedauert haben als ein vorgegebener Wert [Stück] / Gesamtanzahl von Prozessdurchläufen von X [Stück]

Beschreibung:

- jeweils bezogen auf definierten Prozess
- Beispiele: Erfüllungsgrad Störungsbearbeitung, Problembearbeitung
- Zeitraumbezogene Kennzahl, bezogen auf einzelne Teilperiode oder kumuliert über mehrere Teilperioden, Teilperiode je nach Prozesshäufigkeit, in vielen Fällen täglich, u. U. sogar stündlich
- Berichterstattung in kurzen Abständen, vielfach täglich
- Ausprägung: Ist-, Soll-, Ziel- oder Prognosewerte, jeweils gleiche Ausprägung in Zähler und Nenner (Ist/Ist usw.)
- Zielwert idealerweise 1, in der Praxis üblicherweise 90–95 %

Beschaffung der Daten:

- In der Regel maschinell (z. B. aus Workflow-Systemen), ggf. auch manuelle Aufzeichnungen

Bewertung:

- Basis-Kennzahl zur Definition von Service-Levels

Name: **Störungseskalationsrate der Kategorie X (P-ERX)**
Formel: P-ERX = Anzahl Störungsmeldungen mit Eskalation der Kategorie X [Stück] / Gesamtanzahl eingegangene Störungsmeldungen [Stück]

Beschreibung:

- Eskalationskategorien: funktionale Eskalation (an Second Level Support, da Bearbeitung im Service-Desk nicht möglich), Managementeskalation (Bearbeitung im definierten Prozess nicht möglich, Einschaltung des IT-Managements erforderlich)
- Zeitraumbezogene Kennzahl, bezogen auf einzelne Teilperiode oder kumuliert über mehrere Teilperioden
- Berichterstattung monatlich
- Ausprägung: Ist-, Soll-, Ziel- oder Prognosewerte, jeweils gleiche Ausprägung in Zähler und Nenner (Ist/Ist usw.)
- Zielwert Managementeskalationsrate < 2 %, Zielwert funktionale Eskalation organisationsspezifisch festzulegen (abhängig von der Abgrenzung des Service-Desks), sollte ebenfalls relativ niedrig liegen
- Detaillierungsstufen: nach Störungskategorien oder Kunden oder Produkten
- Variante: Anzahl Problemmeldungen/Anzahl Störungsmeldungen, Bezug evtl. auch auf die nicht sofort gelösten Störungen
- Vgl. P-ASL

Beschaffung der Daten:

- Maschinell aus Trouble-Ticket-System oder manuelle Aufzeichnungen

Bewertung:

- Steuerungsziel: Effektivität der IT-Services steigern
- Veränderungen der Kennzahl signalisieren Veränderungen auf Benutzer- oder Systemseite

Name: **Prozesskostensatz (P-PKS)**
Formel: P-PKS = Prozesskosten [WE] / Anzahl Prozessdurchführungen [Stück]

Beschreibung:

- Ermittlung für einzelne definierte Prozesse
- Prozesskosten: Summe Prozesseinzelkosten und verrechnete Prozessgemeinkosten gemäß Verrechnungsmodell

- Abgrenzung: Prozesse, die im Beobachtungszeitraum beendet werden
- Zeitraumbezogene Kennzahl, bezogen auf einzelne Teilperiode oder kumuliert über mehrere Teilperioden
- Berichterstattung monatlich (Istwerte)
- Ausprägung: Ist-, Soll-, Ziel- oder Prognosewerte, jeweils gleiche Ausprägung in Zähler und Nenner (Ist/Ist usw.)

Beschaffung der Daten:

- Voraussetzung: Verrechnungsmodell und Prozesskostenrechnung
- Plankostensätze (Zielwerte) 1x jährlich, gültig für Planungszeitraum; unterjährige Neuberechnung bei Strukturveränderungen des IT-Bereichs ggf. sinnvoll
- Für Erstplanung eines IT-Bereichs Aufwand ca. 4–6 Wochen, bei der Planungsüberholung Aufwand maximal die Hälfte

Bewertung:

- Erforderlich für Ermittlung der Kosten von Service-Levels
- Grundlage für verursachungsgerechte Leistungsverrechnung
- Zielwerte = Kalkulationsbasis für Angebote und Abrechnungen
- Steuerungsziel: Ermittlung und Beurteilung der IT-Produktkosten
- Produktpreise, die nicht kostendeckend sind, beeinträchtigen Rentabilität und Liquidität
- Prozesskostenrechnung im IT-Bereich überträgt Denken in Bezugsgrößen (bekannt aus der Fertigung) auf den Gemeinkostenbereich der IT
- Prozesskostenrechnung im IT-Bereich ermöglicht kostenorientierte Verrechnungspreise

Name: **Qualität von Änderungsanforderungen (P-QAA)**
Formel: P-QAA = Anzahl der Änderungsanforderungen mit Rückgabe [Stück] / Gesamtanzahl der eingehenden Änderungsanforderungen [Stück]

Beschreibung:

- Änderungsanforderungen mit Rückgabe: RFCs werden wegen Fehlern, Unvollständigkeit oder Unverständlichkeit an den Kunden zurückgegeben
- Zeitraumbezogene Kennzahl, bezogen auf einzelne Teilperiode oder kumuliert über mehrere Teilperioden
- Berichterstattung monatlich
- Ausprägung: Ist-, Soll-, Ziel- oder Prognosewerte, jeweils gleiche Ausprägung in Zähler und Nenner (Ist/Ist usw.)

- Detaillierungsstufen: nach Kategorien der Änderungsanforderungen, nach Kunden oder Kundengruppen

Beschaffung der Daten:

- Maschinell aus Anforderungsverwaltungssystem oder durch manuelle Aufschreibungen

Bewertung:

- Beurteilung der Kompetenz auf Kundenseite
- Indikator für Informations- und Schulungsbedarf

Name: **Rerun-Anteil Servicearbeiten (P-RAS)**
Formel: P-RAS = Anzahl der Wiederholungen von Servicearbeiten [Stück] / Anzahl der durchgeführten Servicearbeiten [Stück]

Beschreibung:

- Servicearbeiten: Dienstleistungen, die die IT im Auftrag der Kunden eigenständig durchführt (z. B. Monatsabschlussläufe, Archivierung von Datenbanken)
- Zeitraumbezogene Kennzahl, bezogen auf einzelne Teilperiode oder kumuliert über mehrere Teilperioden
- Berichterstattung monatlich
- Ausprägung: Ist-, Soll-, Ziel- oder Prognosewerte, jeweils gleiche Ausprägung in Zähler und Nenner (Ist/Ist usw.)
- Zielwert 0 (Anzahl durchgeführter Servicearbeiten > 0)
- Detaillierungsstufen: nach Kategorien von Servicearbeiten, nach Kunden
- Variante: Anteil der Nichteinhaltung von Terminen

Beschaffung der Daten:

- Aufzeichnungen der Produktionssteuerung im Rechenzentrum

Bewertung:

- Indikator für Qualität der entsprechenden Systeme und Qualifikation des Dienstleisters

Name: **Ressourcenbezogene Produktivität eines Prozesses (P-RPR)**
Formel: P-RPR = Anzahl abgeschlossener Prozessdurchläufe [Stück] / Verbrauch der Ressource X [ressourcenspezifische Mengeneinheit]

Beschreibung:

- Für spezifische Prozesse (z. B. Personalaufwand im Incident-Management oder Trouble-Ticket-Prozess)
- Produktivität = Output/Input
- Ressource: z. B. Personalkapazität in [PT]
- Zeitraumbezogene Kennzahl, bezogen auf einzelne Teilperiode oder kumuliert über mehrere Teilperioden
- Berichterstattung monatlich, ggf. wöchentlich
- Ausprägung: Ist-, Soll-, Ziel- oder Prognosewerte, jeweils gleiche Ausprägung in Zähler und Nenner (Ist/Ist usw.)
- Zielwerte prozessspezifisch festzulegen

Beschaffung der Daten:

- Aufzeichnungen über Prozessdurchführungen und (prozessspezifische) Ressourcenverbräuche (setzt in der Regel maschinelle Erfassung voraus)

Bewertung:

- Ziel: Steigerung der Ressourcenproduktivität
- Besonders wichtig: personalbezogene Produktivität
- Verschlechterung deutet möglicherweise auf entstandene Leerkapazitäten oder geringere Ressourceneffizienz (z. B. durch geringere Mitarbeiterqualifikation) hin

Name: **Servicegrad der Kategorie X (P-SVX)**
Formel: P-SVX = tatsächlicher Service [SE] / Maximal-Service [SE]

Beschreibung:

- SE = Serviceeinheiten, je nach Serviceart z. B. WE, ZE, Stück oder andere messbare Einheiten, gleiche Einheit in Zähler und Nenner
- Kategorie X = Verfügbarkeiten, Laufzeiten, Reaktionszeiten, Antwortzeiten usw.
- Maximal-Service = maximal möglicher Service (z. B. tägliche 24-stündige Systemverfügbarkeit)
- Zeitraumbezogene Kennzahl, bezogen auf einzelne Teilperiode oder kumuliert über mehrere Teilperioden

- Berichterstattung entsprechend der Bedeutung des Services für Geschäftsprozesse, üblicherweise wöchentlich, ggf. täglich
- Ausprägung: Ist-, Soll-, Ziel- oder Prognosewerte (nur Variation des Zählers)
- Zielwert theoretisch 100 %, in der Praxis meistens Werte zwischen 90 % und 100 %
- Toleranzwerte individuell je nach Service und Kunde zu vereinbaren, bei P-SVX < 90 % sollte immer reagiert werden
- Typische Zielwertbildung: In 95 % aller Fälle soll eine Aktion in einer bestimmten Zeitspanne erfolgt sein (z. B. die Annahme von Anrufen, Problemlösungen)
- Beispiel: Systemverfügbarkeit 24 Stunden täglich (Maximal-Service), Kennzahl soll > 98 % sein
- Aggregationsstufen: einzelne Services, Servicegruppen, alle Services mit einem spezifischen geplanten Service-Level
- Detaillierungsstufen: z. B. nach Standorten

Beschaffung der Daten:

- Istwerte maschinell (z. B. Systemmanagement usw.) und manuell (vgl. PD-NAZ), sollte überwiegend aus entsprechenden Monitoring-Systemen generiert werden können
- Technisch ggf. sehr aufwändig
- Periodischer Aufwand überschaubar; Schätzung: ca. 0,5 Mitarbeiter für ca. 50 Kunden mit jeweils 20 Services und 5 SLAs, kann aber sehr unterschiedlich sein

Bewertung:

- Basiskennzahlen für das Service-Level-Management, messen Grad der Vertragserfüllung
- Steuerungsziel: Verbesserung der Servicequalität und Kunden- oder Benutzerzufriedenheit
- Anbindung Gehälter der IT-Service-Manager an Kennzahl möglich
- Hängt direkt mit dem wirtschaftlichen Ergebnis des Dienstleisters zusammen (über Bonus/Malus-Regelungen in den SLAs)

5.5 Produktmanagement

Der IT-Bereich muss seine Leistungen zeitgerecht, ressourcengerecht, zuverlässig und dem IT-Kunden am richtigen Ort, im festgelegten Umfang und zu den vereinbarten Preisen erbringen.

IT-Bereiche im Wettbewerb

Die Abnahme von IT-Leistungen ausschließlich beim »eigenen« IT-Bereich ist nicht mehr selbstverständlich. Der Kunde sucht den aus seiner Sicht leistungsfähigsten IT-Dienstleister. Oft bestimmt er auch die für ihn relevanten Verfahren und Systeme selbst. Mit Blick auf den Wettbewerb bringt er Zielpreise in die Verhandlungen ein und fordert Transparenz in den Leistungen und Preisen des eigenen IT-Bereichs.

Leistungsportfolio

Ein gemeinsam erarbeitetes, nach dem Baukastenprinzip strukturiertes, auf die Benutzerbedürfnisse hin ausgerichtetes Portfolio der IT-Produkte mit klar definierten Verrechnungspreisen liefert die nötige Transparenz. Die Produkte eines IT-Bereichs bestehen aus Beratungs- und Dienstleistungen sowie der Bereitstellung und dem Betrieb von IT-Systemen. Bereitstellungs- und Betriebsleistungen beziehen sich stets auf konkrete physische Systeme (Hardware und Software).

Kundenwahrnehmbare Leistungen

Beim Aufbau eines IT-Leistungsportfolios müssen »verkaufbare« Leistungen mit erkennbarem Nutzen für den IT-Kunden entstehen. Das Produkt muss in der (Fach-)Sprache des Nutzers definiert werden. Technische Leistungseinheiten, wie CPU-Zeit usw., werden nicht mehr akzeptiert. Ein solcher IT-Produktkatalog lässt sich z. B. wie folgt gliedern:

- Betreuung von Arbeitsplatzkomponenten (z. B. Clients, Drucker usw.)
- Datenübertragungsleistungen (WAN-Anbindung, z. B. nach Standorten in Verbindung mit Durchsatzraten pro Laufzeit)
- Betrieb von Kommunikationsapplikationen (z. B. E-Mail, Internet, Intranet, Fax usw.)
- Betrieb von ERP-Applikationen (z. B. SAP R/3 usw.)
- Betrieb von Sonder-Applikationen (z. B. CAD, MIS, Archivierung, Dokumentenverwaltung usw.)
- Schulungen (z. B. für Office-SW, ERP-Applikationen, Sonderapplikationen usw.)
- Druckleistungen (z. B. Kontoauszüge, Werbeaktionen usw.)
- Personalleistungen (z. B. Beratung, Projektmanagement usw.)

Service-Level-Agreements

In Service-Level-Agreements (SLAs) werden die zu erbringenden Leistungen nach Art und Qualität (Service-Level) mit den entsprechenden Preisen und geplanten Mengen vereinbart. Sie legen die Qualitätsstandards für jedes IT-Produkt (z. B. Art des Services, Reaktionszeit, Servicezeit, Mindestabnahmemengen, Mitwirkungspflichten des Kunden usw.) fest. Idealerweise sind die Leistungen des IT-Bereichs so definiert, dass Service-Level-Agreements aus den definierten Produkten zusammengesetzt werden können; die Service-Levels sind Produktmerkmale. Das ist praktisch jedoch meistens nicht möglich, so dass SLAs in der Regel produktspezifische und kundenspezifische Regelungen umfassen.

Planbarkeit und Beeinflussbarkeit durch den Kunden

Wichtige Kriterien für die Bildung von IT-Produkten sind Planbarkeit und Beeinflussbarkeit der Abnahmemengen durch den IT-Kunden und ihre periodische Erfassbarkeit bei geringem Erfassungsaufwand.

So bildet ein gut strukturiertes Produktportfolio die Grundlage für die IT-Leistungsverrechnung und hilft den IT-Kunden bei der Optimierung ihrer IT-Kosten.

Verbindung zum Prozessmanagement

Produkt- und Prozessmanagement sind eng miteinander verzahnt, denn die IT-Produkte sind das Ergebnis von Prozessen. Während Prozesse die Innensicht darstellen, bilden Produkte die Außensicht. Wir haben versucht, die Kennzahlen nach diesem Kriterium zuzuordnen.

Name: **Änderungsabstand (PD-AAB)**
Formel: PD-AAB = Spanne [ZE]

Beschreibung:

- Zeitspanne, die zwischen aufeinander folgenden HW- oder SW-Veränderungen (z. B. Release-Wechsel) liegt (für definierte Systeme z. B. im Rahmen der Architektur- und Migrationsplanung)
- Festlegung der Kennzahl als Sollwert ggf. im Rahmen von SLAs
- Beispiele: Clients (Desktop, Mobile, Pocket PC usw.) = 36 Monate (Betriebssystem); Office-SW (MS, Lotus usw.) = 60 Monate; Kommunikation (E-Mail, Fax usw.) = 36 Monate; ERP-System (z. B. SAP R/3 usw.) = 12 Monate (Release-Wechsel); Sonderapplikationen (CAD, MIS, Archivierung usw.) = 12 Monate (Release-Wechsel)
- Berichterstattung halbjährlich oder in größeren Abständen
- Ausprägung: Ist-, Soll- oder Prognosewerte
- Aggregationsstufen: einzelne Systeme, Systemgruppen (Spanne wird umso kleiner, je mehr Produkte einbezogen werden – Aggregation daher nur in Grenzen sinnvoll)
- Relativer Änderungsabstand PD-RAAB = PD-AAB (Ist)/PD-AAB (Soll) mit Zielwert 1 für jeden Berichtszeitpunkt

Beschaffung der Daten:

- Solldaten entstehen im Rahmen der Architektur- und Migrationsplanung
- Istdaten aus dem Asset-Management

Bewertung:

- Beurteilung der Kontinuität der IT
- Relevant für die langfristige Steuerung (als Kostentreiber)
- Erfordert Configuration-Management
- Sollte nur für wichtige Systeme erhoben werden

Name: **Anteil Kostenart X an Produktkosten (PD-AKX)**	
Formel: PD-AKX = Volumen Kostenart X [WE] / Gesamtkosten des Produkts [WE]	

Beschreibung:

- Kostenart X: z. B. Entwicklungskosten, Einführungskosten, Installationskosten, Wartungskosten
- Vgl. P-AKX: P-AKX enthält nur die Kosten des spezifischen Prozesses, der evtl. kein von außen erkennbares Produkt liefert; PD-AKX hingegen enthält anteilig auch die Kosten der für das Produkt relevanten unterstützenden Prozesse
- Zeitraumbezogene Kennzahl, bezogen auf einzelne Teilperiode oder kumuliert über mehrere Teilperioden
- Berichterstattung monatlich
- Ausprägung: Ist-, Soll-, Ziel- oder Prognosewerte, jeweils gleiche Ausprägung in Zähler und Nenner (Ist/Ist usw.)
- Aggregationsstufen: nach Produkten, Produktgruppen, über alle Produkte, auf Stückkostenbasis für einzelne Produkte
- Zielwert organisationsspezifisch festlegen, ggf. auf Basis von Benchmarks aus anderen Organisationen
- Relativer Anteil der Kostenart X an den Produktkosten PD-RAKX = PD-AKX (Ist)/PD-AKX (Soll) mit Zielwert 1 für jeden Berichtszeitpunkt

Beschaffung der Daten:

- Aus Kostenrechnungssystem, setzt produktbezogene Kostenträgerrechnung voraus

Bewertung:

- Strukturinformation
- Geeignet für strategische Steuerung

Name: **Amortisationsgrad (PD-AMG)**
Formel: PD-AMG = kumulierte Nettoüberschüsse [WE] / Projektvolumen [WE]

Beschreibung:

- Kennzahl beschreibt den Anteil der vom IT-Dienstleister mit einem System erwirtschafteten Nettoüberschüsse (= Umsätze oder abgerechnete Leistungen abzüglich der zuzuordnenden laufenden Kosten), bezogen auf den Aufwand für die Herstellung oder Bereitstellung dieses Systems, entspricht dem cROI mit Zinssatz 0 % (vgl. 3.7)

- Zähler verändert sich, Nenner ist nach Projektabschluss fix
- Zeitraumbezogene Kennzahl über mehrere Planungsperioden
- Berichterstattung jährlich
- Ausprägung: Ist-, Soll-, Ziel- oder Prognosewerte
- Vergleiche PJ-WSK; hier handelt es sich jedoch um die Bereitstellungswirtschaftlichkeit des IT-Dienstleisters
- Detaillierungsstufen: bezogen auf einzelne Systeme (Projektergebnisse)
- Zielwert > 1 im vorgegebenen Zeitraum
- Zeitspanne vom Projektabschluss bis zu dem Zeitpunkt mit PD-AMG = 1 ist der Amortisationszeitraum

Beschaffung der Daten:

- Aus Abrechnungssystem und Projektcontrolling

Bewertung:

- Kontrollgröße zur Wirtschaftlichkeit
- Nachlaufende Kalkulation der Wirtschaftlichkeit unterbleibt in den meisten Organisationen
- Für ein Lebenszykluscontrolling unbedingt erforderlich

Name: **Altersstruktur Produktangebot (PD-ASP)**
Formel: PD-ASP = Umsatz mit Produkten nicht älter als X [WE] / Gesamtumsatz [WE]

Beschreibung:

- Umsatz, da Einbeziehung unterschiedlicher Produkte; ersatzweise mit Kosten
- Alter eines Produkts muss klar definiert werden, z. B. Einbeziehung von Versionen
- X = üblicherweise 24 Monate (wenn Produktversionen als eigene Produkte zählen)
- Zeitraumbezogene Kennzahl, bezogen auf eine Teilperiode
- Berichterstattung monatlich, eher quartalsweise, entsprechend der gewählten Teilperiode
- Ausprägung: Ist-, Soll-, Ziel- oder Prognosewerte, jeweils gleiche Ausprägung in Zähler und Nenner (Ist/Ist usw.)
- Zielwert organisationsspezifisch festzulegen, evtl. auf Basis von Benchmarks

Beschaffung der Daten:

- Aus Abrechnungs- oder Kostenrechnungssystem (muss produktbezogene Informationen enthalten)
- Produktdaten mit Altersangaben (Configuration-Management)

Bewertung:

- Zeigt Bedeutung junger bzw. neuer Produkte
- Geeignet für strategische Steuerung
- geeignet für Kommunikation mit Top-Management

Name: **Deckungsbeitrag des Produkts (PD-DBT)**
Formel: PD-DBT = Umsatz des Produkts [WE] – proportionale Kosten des Produkts [WE]

Beschreibung:

- Varianten: Deckungsbeitrag, bezogen auf den Umsatz; statt Umsatz Kosten
- Zeitraumbezogene Kennzahl, bezogen auf einzelne Teilperiode oder kumuliert über mehrere Teilperioden
- Berichterstattung monatlich
- Ausprägung: Ist-, Soll-, Ziel- oder Prognosewerte, Summanden gleichsinnig (nur Istwerte usw.)
- Aggregationsstufen: nach Produkten, Produktgruppen, über alle Produkte (vgl. K-DBT)
- Zielwert organisationsspezifisch oder produktspezifisch festzulegen, z. B. für Beratungsleistungen 35 % des erzielten Umsatzes (Personalkosten als proportionale Kosten)
- Relativer Deckungsbeitrag PD-RDBT = PD-DBT (Ist)/PD-DBT (Soll) mit Zielwert 1 für jeden Berichtszeitpunkt

Beschaffung der Daten:

- Aus Abrechnungssystem
- Ohne Leistungsverrechnung nur möglich, wenn produktbezogene Kostenträgerrechnung vorhanden

Bewertung:

- Basiskennzahl für Profit-Center und freie Dienstleister

Name: **Durchdringungsgrad (PD-DDG)**
Formel: PD-DDG = Anzahl der IT-Arbeitsplätze, an denen ein Produkt verfügbar ist [Stück] / Anzahl aller IT-Arbeitsplätze [Stück]

Beschreibung:

- Je nach Produkt auch für Anzahl Installationen, Servicepunkte o. Ä.
- Zeitpunktbezogene Kennzahl zu definiertem Stichtag
- Berichterstattung quartalsweise

- Ausprägungen: Ist-, Soll-, Ziel oder Prognosewerte, jeweils gleiche Ausprägung in Zähler und Nenner (Ist/Ist usw.)
- Detaillierungsstufen: nach Kunden, Kundengruppen oder Standorten
- Relativer Durchdringungsgrad PD-RDDG = PD-DDG (Ist)/PD-DDG (Soll) mit Zielwert 1 für jeden Berichtszeitpunkt

Beschaffung der Daten:

- Aus Asset-Management oder Benutzerverzeichnis

Bewertung:

- Zeigt Erschließungsgrad für ausgewählte Produkte
- Besonders interessant für neue Produkte

Name: **Fehlerhäufigkeit (PD-FLH)**
Formel: PD-FLH = Zeit seit letztem Fehler [ZE] / Vorgabezeit zwischen zwei Fehlern [ZE]

Beschreibung:

- Analogie zu MTBF = Mean Time between Failure
- Berichterstattung quartalsweise
- Ausprägung: Ist-, Soll- oder Prognosewerte, nur im Zähler
- Aggregationsstufen: einzelne Produkte, Produktgruppen
- Zielwert ≥ 1
- Beispiele Fehlerhäufigkeit: SAP R/3 Basis: 90 Arbeitstage, WAN-Strecke: 2 Monate

Beschaffung der Daten:

- Manuelle oder maschinelle Aufzeichnungen (Trouble-Ticket-System oder Systemprotokolle)

Bewertung:

- Sinnvoll nur für ausgewählte Leistungen (Engpasssysteme) oder in der Anlaufphase neuer Systeme

Name: **Lebensdauer (PD-LBD)**
Formel: PD-LBD = Zeitspanne seit Einführung [WE]

Beschreibung:

- Einsatzdauer eines spezifischen Systems
- Genaue Abgrenzung erforderlich, z. B. Einbeziehung Releases oder Versionen

- Vgl. PD-ASP
- Berichterstattung halbjährlich oder jährlich
- Ausprägung: Ist-, Soll- oder Prognosewerte
- Aggregationsstufen: Mittelwert über eine Produktgruppe, über alle Produkte
- Detaillierungsstufen: Einsatzdauer eines einzelnen Produkts oder einer Produktversion
- Zielwert organisationsspezifisch festzulegen, ggf. auf Basis von Benchmarks aus anderen Organisationen, für Software-Releases üblicherweise 2 Jahre
- Relative Lebensdauer: PD-RLBD = PD-LBD (Ist)/PD-LBD (Soll) mit Zielwert 1 für jeden Berichtszeitpunkt

Beschaffung der Daten:

- Aus Asset-Management
- sonstige Aufzeichnungen (Dienstleistungen)

Bewertung:

- geeignet für die strategische Steuerung
- sinnvoll für ausgewählte Produkte

Name: **Leistungsmenge (PD-LSM)**
Formel: PD-LSM = erzeugte Menge eines Produkts [Stück]

Beschreibung:

- Zeitraumbezogene Kennzahl, bezogen auf Teilperiode oder kumuliert über mehrere Teilperioden
- Berichterstattung monatlich
- Ausprägung: Ist-, Soll-, Ziel- oder Prognosewerte
- Zielwert gemäß Planung
- Relative Leistungsmenge: PD-RLSM = PD-LSM (Ist)/PD-LSM (Soll) mit Zielwert 1 für jeden Berichtszeitpunkt

Beschaffung der Daten:

- Ermittlung aus Leistungsabrechnung oder Aufzeichnungen über Leistungsmengen

Bewertung:

- Nur sinnvoll bei einzelnen (hochvolumigen) Leistungen, besonders IT-Produkte mit größeren Absatzschwankungen und neue Produkte sollten beobachtet werden

- Grundlage für die Nachkalkulation von Preisen
- Frühindikator für Nachfrageveränderungen oder Kapazitätsanpassungsbedarf

Name: **Marktanteil (PD-MKA)**
Formel: PD-MKA = eigener Umsatz des Produkts [WE] / Marktvolumen [WE]

Beschreibung:

- Variante: Umsatz und Marktvolumen in [Stück], jedoch nur bei einem spezifischen Produkt möglich
- Marktvolumen: Markt muss genau definiert werden, z. B. nur der eigene Konzern, evtl. muss dann der Umsatz für den definierten Teilmarkt ermittelt werden
- Zeitraumbezogene Kennzahl, bezogen auf Teilperiode oder kumuliert über mehrere Teilperioden
- Berichterstattung quartalsweise
- Ausprägung: Ist-, Soll-, Ziel- oder Prognosewerte, jeweils gleiche Ausprägung in Zähler und Nenner (Ist/Ist usw.)
- Aggregationsstufen: nach Produkten, Produktgruppen, über alle Produkte
- Zielwerte organisations- und produktspezifisch festlegen

Beschaffung der Daten:

- Umsätze aus Leistungsabrechnung
- Marktvolumen aus Marktforschung und -beobachtung, ggf. Schätzung

Bewertung:

- interessant für freie IT-Dienstleister
- Problem: Ermittlung oder Schätzung des Marktvolumens
- Geeignet für die strategische Steuerung

Name: **Nutzergemeldete Ausfallzeit (PD-NAZ)**
Formel: PD-NAZ = Ausfallzeit [ZE] / Servicezeit [ZE]

Beschreibung:

- Ausfallzeit = vom Nutzer gemeldete Zeitspanne, in der das System nicht verfügbar war
- Servicezeit = definierte Zeitspanne, in der das System gemäß SLA verfügbar sein soll

- Variante: Anzahl der gemeldeten Ausfälle in der Servicezeit
- Vgl. P-SVX
- Zeitraumbezogene Kennzahl, bezogen auf Teilperiode oder kumuliert über mehrere Teilperioden
- Berichterstattung monatlich oder wöchentlich
- Ausprägung: Ist-, Soll-, Ziel- oder Prognosewerte, Variation nur des Zählers
- Zielwert möglichst niedrig

Beschaffung der Daten:

- Aufzeichnung von Nutzermeldungen
- Auswertung von Trouble-Ticket-Systemen

Bewertung:

- Einfache Datenermittlung – Messung der Systemverfügbarkeit am Point of Service (POS) hingegen technisch sehr aufwändig
- Ungenau, da Nutzer evtl. nicht alle Systemausfälle registrieren oder melden
- Empfehlung: regelmäßig gegen Kundenzufriedenheit korrelieren

Name: **Preisindex (PD-PIX)**
Formel: PD-PIX = Umsätze von Produkten, bewertet mit eigenen Preisen [WE] / Umsätze dieser Produkte, bewertet mit Referenzpreisen [WE]

Beschreibung:

- Umsätze = eigene Umsätze oder vorgegebene Referenzmengen (Warenkorb), Umsätze in Zähler und Nenner identisch
- Referenzpreise = Preise ausgewählter anderer Dienstleister, Preise aus anderen Perioden, durchschnittliche Marktpreise usw.
- Zeitraumbezogene Kennzahl, bezogen auf einzelne Teilperiode oder kumuliert über mehrere Teilperioden
- Berichterstattung monatlich
- Ausprägung: Ist-, Soll-, Ziel- oder Prognosewerte der Mengen, Preise fix
- Detaillierungsstufen: Teile des Produktangebots
- Relativer Preisindex PD-RPIX = PD-PIX (Ist)/PD-PIX (Soll) mit Zielwert 1 für jeden Berichtszeitpunkt

Beschaffung der Daten:

- Eigene Umsätze aus Abrechnungssystem
- Referenzpreise und -mengen aus externen Datenquellen

Bewertung:

- Basisgröße für Benchmarking
- Bei eigenen Umsätzen Beantwortung der Frage: Könnte die eigene Leistung billiger angeboten werden?
- Bei Referenzmengen Beantwortung der Frage: Ist das eigene Preisniveau höher oder niedriger als das der Referenz?

Name: **Realisierter Preis (PD-RLP)**
Formel: PD-RLP = Umsatz des Produkts [WE] / Leistungsmenge [Stück]

Beschreibung:

- Variante: produktbezogener Deckungsbeitrag, bezogen auf die Leistungsmenge
- Zeitraumbezogene Kennzahl, bezogen auf Teilperiode oder kumuliert über mehrere Teilperioden
- Berichterstattung quartalsweise
- Ausprägung: Ist-, Soll-, Ziel- oder Prognosewerte, jeweils gleiche Ausprägung in Zähler und Nenner (Ist/Ist usw.)
- Detaillierungsstufen: bezogen auf einzelne Produkte oder Gruppe von Produktvarianten, z. B. realisierte Function Points
- Zielwert produktspezifisch festlegen, liegt in der Regel unter dem Listenpreis
- Relativer realisierter Preis: PD-RRLP = PD-RLP (Ist)/PD-RLP (Soll) mit Zielwert 1 für jeden Berichtszeitpunkt

Beschaffung der Daten:

- Aus Leistungsverrechnung

Bewertung:

- Nur relevant bei Leistungsverrechnung und verhandelbaren Stückpreisen
- Interessant für IT-Dienstleister, die am freien Markt agieren

Name: **Umsatzanteil (PD-UMA)**
Formel: PD-UMA = Umsatz eines Produkts [WE] / Gesamtumsatz [WE]

Beschreibung:

- Variante: statt Umsatz mit Deckungsbeitrag arbeiten (vgl. PD-DBT)
- Zeitraumbezogene Kennzahl, bezogen auf Teilperiode oder kumuliert über mehrere Teilperioden

- Berichterstattung monatlich
- Ausprägung: Ist-, Soll-, Ziel- oder Prognosewerte, jeweils gleiche Ausprägung in Zähler und Nenner (Ist/Ist usw.)
- Aggregationsstufen: nach Produkten, Produktgruppen, über alle Produkte; nach Kunden, Kundengruppen, Marktsegmenten
- Erfordert eine Preisliste, alternativ Bewertung mit Kostensätzen
- Zielwerte organisationsspezifisch festzulegen
- Relativer Umsatzanteil PD-RUMA = PD-UMA (Ist)/PD-UMA (Soll) mit Zielwert 1 für jeden Berichtszeitpunkt

Beschaffung der Daten:

- Aus Leistungsabrechnung
- In jedem Fall Leistungsmengenerfassung erforderlich

Bewertung:

- Information über produktbezogene Umsatzstruktur
- Geeignet für strategische Steuerung (Anpassung des Produktangebots)

Name: **Antwortzeit (PD-VAG)**
Formel: PD-VAG = Summe der Antwortzeiten (einer Transaktion) [ZE] / Anzahl der Transaktionen [Stück]

Beschreibung:

- Antwortzeit = Zeitspanne nach der Eingabe einer Aufgabenstellung durch den Benutzer bis zu dem Zeitpunkt, an dem die erste Systemreaktion erfolgt, muss für jeden Fall präzise definiert werden
- Zeitraumbezogene Kennzahl, bezogen auf einzelne Teilperiode oder kumuliert über mehrere Teilperioden
- Berichterstattung wöchentlich, evtl. täglich
- Ausprägungen: Ist-, Soll- oder Prognosewerte, jeweils gleiche Ausprägung in Zähler und Nenner (Ist/Ist usw.)
- Aggregationsstufen: nach Transaktionsgruppen, Anwendungen oder Anwendungsgruppen
- Zielwerte transaktionsspezifisch: oftmals < 1 Sekunde pro Transaktion
- Variante: Anzahl der Transaktionen mit einer Antwortzeit < X / Gesamtanzahl der Transaktionen (analog P-SVX), gute Eignung für den Einsatz in SLAs

Beschaffung der Daten:

- Automatische Erfassung in Monitoring-Systemen möglichst beim Benutzer (Point of Service), wegen des technischen Aufwands oftmals an zentral vermessbaren Punkten, z. B. Eingang WAN, oder an ausgewählten Benutzerstationen

Bewertung:

- Wichtige Kennzahl aus dem Systembetrieb
- Antwortzeitverhalten der Systeme korreliert erfahrungsgemäß stark mit der Benutzerzufriedenheit
- Lässt Leistungsengpässe oder Probleme in Anwendungen oder Infrastruktur erkennen, insbesondere bei starken Schwankungen oder erkennbaren Trends

5.6 Mitarbeitermanagement

Hoher Personalkostenanteil in der IT

Die wichtigste und meistens auch teuerste Ressource einer IT-Organisation sind die Mitarbeiter. Personalkosten in IT-Organisationen liegen in der Regel zwischen 40 % und 60 % der gesamten IT-Kosten, bei reinen Beratungs- oder Entwicklungsorganisationen sogar noch höher. Geht man davon aus, dass es etliche verdeckte IT-Personalkosten gibt (z. B. lokale IT-Unterstützung in großen Fachabteilungen), so liegt der Kostenanteil für Personal im IT-Bereich von Anwenderorganisationen eher noch höher.

Bedeutung des Mitarbeitermanagements

Hinzu kommt, dass IT-Mitarbeiter für eine Organisation dann am wertvollsten sind, wenn sie neben einer hohen fachlichen Qualifikation auch die Organisation gut kennen. Um diesen Kompetenzmix zu erreichen, braucht es Zeit. Die Einstellung von Mitarbeitern muss daher als langfristiges Investitionsvorhaben gesehen werden. Das IT-Management muss dem Bereich der Mitarbeitersteuerung eine hohe Aufmerksamkeit widmen.

Problem der Qualifikationsbewertung

Eine große Schwierigkeit für die Verantwortlichen besteht darin, die Qualifikation ihrer Mitarbeiter im Einzelnen wie auch in der Summe zu messen und zu steuern. In diesem Bereich tun sich allerdings auch die Verantwortlichen der Personalbereiche schwer. Über die hier genannte Auswahl hinaus findet man weitere Anregungen zu Kennzahlen für das Mitarbeitermanagement in [Brogli 1996] und [Wucknitz 2002].

Name: **Anteil IT-Mitarbeiter an Unternehmensmitarbeitern (M-AIM)**
Formel: M-AIM = Anzahl IT-Mitarbeiter [Stück] / Anzahl Mitarbeiter im Unternehmen [Stück]

Beschreibung:

- Mitarbeiter in Vollzeitäquivalenten, um auch Teilzeitkräfte korrekt zu berücksichtigen
- Einbeziehung von fest angestellten Mitarbeitern und Mitarbeitern von Zeitarbeitsfirmen, evtl. auch Berater in Langzeiteinsätzen
- Zeitpunktbezogene Kennzahl zu definiertem Stichtag
- Berichterstattung monatlich oder quartalsweise, entsprechend dem allgemeinen Personalberichtswesen in der Organisation
- Ausprägung: Ist-, Soll-, Ziel- oder Prognosewerte, jeweils gleiche Ausprägung in Zähler und Nenner (Ist/Ist usw.)
- Zielwerte organisationsspezifisch festlegen, Istwerte von publizierten Benchmarks aus Anwenderorganisationen lassen keine branchenspezifischen Werte erkennen (Werte liegen übergreifend zwischen 1 % und 6 %)
- Relativer Anteil IT-Mitarbeiter M-RAIM = M-AIM (Ist)/M-AIM (Soll) mit Zielwert 1 für jeden Berichtszeitpunkt

Beschaffung der Daten:

- Ermittlung aus Personalsystemen
- Ermittlung aus Zeiterfassungssystemen

Bewertung:

- Zeigt Größe der IT im Vergleich zum Restunternehmen
- Kennzahl korreliert zur Wertschöpfung (im Sinne der Jahresabschlussanalyse, vgl. [Horváth/Reichmann 2003, S. 811]) des Unternehmens, jedoch leichtere Erfassbarkeit
- Analog oder ergänzend zu F-KOX

Name: **Auslastungsgrad (M-ALG)**
Formel: M-ALG = Anzahl fakturierte Zeiteinheiten [ZE] / Gesamtanzahl Zeiteinheiten [ZE]

Beschreibung:

- Anteil der verrechenbaren Leistungen direkt zuzuordnenden Arbeitszeit der IT-Mitarbeiter (produktive Arbeitszeit der Mitarbeiter)
- Einbeziehung der externen Mitarbeiter

- Evtl. einschränken auf Mitarbeiter, die fakturierbar arbeiten (z. B. ohne interne Administration)
- Zeitraumbezogene Kennzahl, bezogen auf einzelne Teilperiode oder kumuliert über mehrere Teilperioden
- Berichterstattung monatlich
- Ausprägung: Ist-, Soll-, Ziel- oder Prognosewerte, jeweils gleiche Ausprägung in Zähler und Nenner (Ist/Ist usw.)
- Detaillierungsstufen: nach Organisationseinheiten in der IT-Organisation
- Zielwert organisationsspezifisch festzulegen, muss z. B. für reine Beratungsunternehmen in der Regel > 50 %, je nach erzieltem Deckungsbeitrag deutlich höher als 50 % liegen
- Relativer Auslastungsgrad M-RALG = M-ALG (Ist)/M-ALG (Soll) mit Zielwert 1 für jeden Berichtszeitpunkt

Beschaffung der Daten:

- Ermittlung aus Leistungsverrechnungssystemen, ggf. manuelle Aufzeichnungen der Mitarbeiter

Bewertung:

- Wichtiger Frühindikator zur Beurteilung der wirtschaftlichen Situation der IT-Organisation
- Wichtige Ressourcensteuerungsgröße für Entwicklungsbereiche
- Als (1 – (M-ALG)) Indikator für freie Kapazitäten

Name: **Anteil IT-Mitarbeiter mit der Eigenschaft X (M-AMX)**
Formel: M-AMX = Anzahl IT-Mitarbeiter mit der Eigenschaft X [Stück] / Anzahl IT-Mitarbeiter [Stück]

Beschreibung:

- Mitarbeiter in Vollzeitäquivalenten (VZA)
- Nur fest angestellte Mitarbeiter
- Zeitpunktbezogene Kennzahl zu definiertem Stichtag
- Berichterstattung monatlich oder quartalsweise
- Ausprägungen: Ist-, Soll-, Ziel- oder Prognosewerte, jeweils gleiche Ausprägung in Zähler und Nenner (Ist/Ist usw.)
- Eigenschaft X = zentral, dezentral, nach Qualifikationsstufen, nach Hierarchiestufen, nach Geschlecht, nach Alter, nach Berufserfahrung, nach Bezahlungsform (fixes Gehalt, variables Gehalt), nach Art der Zielvereinbarung, nach Positionserfahrung, nach Funktionserfahrung, nach Einkommen oder Einkommensklasse, nach Firmenzugehörigkeit

- Relativer Anteil IT-Mitarbeiter mit der Eigenschaft X: M-RAMX = M-AMX (Ist)/M-AMX (Soll) mit Zielwert 1 für jeden Berichtszeitpunkt

Beschaffung der Daten:

- Ermittlung aus Personalsystemen oder Personalakten, ggf. separate Aufzeichnungen

Bewertung:

- Zeigt Struktur des Mitarbeiterbereichs, ggf. Kapazitätsbedarf
- Geeignet zur langfristigen Steuerung und Personalentwicklung

Name: **Krankheitsrate (M-KHR)**
Formel: M-KHR = Anzahl Krankentage [Stück] / Anzahl Arbeitstage [Stück]

Beschreibung:

- Variante: nur (attestfreie) Kurzerkrankungen
- Zeitraumbezogene Kennzahl, bezogen auf einzelne Teilperiode oder kumuliert über mehrere Teilperioden
- Krankentage und Arbeitstage bezogen auf den zugrunde gelegten Zeitraum
- Berichterstattung monatlich
- Ausprägung: Ist-, Soll-, Ziel- oder Prognosewerte, jeweils gleiche Ausprägung in Zähler und Nenner (Ist/Ist usw.)
- Detaillierungsstufen: einzelne Mitarbeiter, Mitarbeitergruppen, Teilbereiche der IT, Projekte

Beschaffung der Daten:

- Ermittlung aus Personalsystemen

Bewertung:

- Relevant für Kapazitätsplanung
- Kann bei steigenden Werten Frühindikator für Organisations- oder Führungsprobleme sein

Name: **Mitarbeiterzufriedenheit (M-MZF)**
Formel: M-MZF = Index [dimensionslos]

Beschreibung:

- Eingehende Parameter im Einzelfall festzulegen
- Gewichtung der Parameter im Einzelfall festzulegen

- Zeitpunktbezogene Kennzahl zu definiertem Stichtag
- Berichterstattung entsprechend der Erhebungsfrequenz, in der Regel halbjährlich oder jährlich
- Ausprägung: Ist- oder Sollwerte
- Detaillierungsstufen: nach Mitarbeitergruppen oder Teilorganisationen

Beschaffung der Daten:

- Ermittlung durch Umfragen und Interviews, evtl. im Rahmen der periodischen Mitarbeitergespräche

Bewertung:

- Indikator für Managementqualität
- Aufgrund der Indexproblematik aufwändig und Spätindikator
- Kann nur in größeren Abständen erhoben werden

Name: **Mitarbeiterzugangsrate (M-MZR)**
Formel: M-MZR = Anzahl zugehende IT-Mitarbeiter [Stück] / Anzahl IT-Mitarbeiter vor Zugang [Stück]

Beschreibung:

- Zeigt zugehende Fluktuation im Mitarbeiterbereich
- Mitarbeiter in Vollzeitäquivalenten
- Nur fest angestellte Mitarbeiter
- Evtl. unterscheiden: interne oder externe Zugänge, interne Zugänge: Mitarbeiter kommen aus dem Unternehmen, externe Zugänge: Mitarbeiter kommen von außen ins Unternehmen
- Evtl. separat ausweisen: Mitarbeiter, die bereits einen Anstellungsvertrag geschlossen haben, jedoch erst zu einem späteren Zeitpunkt ihre Arbeit aufnehmen, oder Mitarbeiter, die bereits gekündigt haben, aber erst zu einem späteren Zeitpunkt ausscheiden
- Variante: Mitarbeiterabgangsrate = Anzahl abgehende Mitarbeiter, bezogen auf Mitarbeiteranzahl vor Abgang
- Zeitpunktbezogene Kennzahl, in der Regel zum Monatsersten (bei Zugang) oder Monatsletzten (bei Abgang); Mitarbeiter, die während eines Monats zugehen (abgehen), werden dem vorangehenden Monatsersten (nachfolgenden Monatsletzten) zugeordnet
- Zugänge und Abgänge sollten nicht saldiert werden; Zugang = 1 und Abgang = 1 würden sonst zur Zugangsrate 0 führen
- Berichterstattung monatlich
- Ausprägung = Ist-, Soll-, Ziel- oder Prognosewerte, jeweils gleiche Ausprägung in Zähler und Nenner (Ist/Ist usw.)

Beschaffung der Daten:

- Ermittlung aus Personalsystemen

Bewertung:

- Grundlage für Rekrutierungssteuerung
- Auch Indikator für strukturelle Probleme in der Organisation: Hohe Abgangsraten deuten z. B. auf Demotivation von Mitarbeitern hin, hohe Zugangsraten beeinträchtigen üblicherweise die Leistungsfähigkeit einer Organisation
- Erhebung nach unterschiedlichen Qualifikationsgruppen (in großen IT-Bereichen)

Name: **Qualifikationsindex (M-QFI)**
Formel: M-QFI = Qualifikationssumme [Punkte] / Anzahl IT-Mitarbeiter [Stück]

Beschreibung:

- Mitarbeiter in Vollzeitäquivalenten
- Mitarbeiter werden nach einer Qualifikationsstufe bewertet
- Qualifikationsstufe kann sich auf einzelne Skills beziehen oder mehrere Merkmale kombinieren (z. B. fachliche Qualifikation, Ausbildungsstufe, Berufserfahrung, Firmenzugehörigkeit usw.)
- Varianten: nur fest angestellte Mitarbeiter, zzgl. Mitarbeiter von Zeitarbeitsfirmen, zzgl. Berater im Dauereinsatz
- Zeitpunktbezogene Kennzahl zu definiertem Stichtag
- Berichterstattung halbjährlich oder jährlich
- Ausprägung: Ist-, Soll-, Ziel- oder Prognosewerte, jeweils gleiche Ausprägung in Zähler und Nenner (Ist/Ist usw.)
- Relativer Qualifikationsindex M-RQFI = M-QFI (Ist)/M-QFI (Soll) mit Zielwert 1 für jeden Berichtszeitpunkt

Beschaffung der Daten:

- Ermittlung aus Personalsystemen
- Setzt entsprechende systematische Kategorisierung aller Mitarbeiter voraus

Bewertung:

- Indexartige Kennzahl, reagiert bei Veränderungen sehr träge
- Hoher Pflegeaufwand
- Problem in der Praxis: Qualifikationsindex oftmals zu positiv (durch regelmäßige Hochstufung von Mitarbeitern)
- Geeignet für langfristige Steuerung der Qualifikationsstruktur

Name: **Stellenbesetzungsgrad (M-SBG)**
Formel: M-SBG = Anzahl IT-Mitarbeiter [Stück] / Anzahl genehmigte IT-Stellen [Stück]

Beschreibung:

- Mitarbeiter in Vollzeitäquivalenten
- Nur fest angestellte Mitarbeiter
- Variante: Externe Mitarbeiter, die bereits länger als 12 Monate im Unternehmen tätig sind
- Zeitpunktbezogene Kennzahl zu definiertem Stichtag
- Berichterstattung monatlich
- Ausprägung: Ist-, Soll-, Ziel- oder Prognosewerte
- Zielwert 1 für festangestellte Mitarbeiter, Zielwert 0 für externe Mitarbeiter in Langzeiteinsätzen

Beschaffung der Daten:

- Ermittlung aus Personalsystemen (fest angestellte Mitarbeiter)
- Ermittlung aus Verträgen (externe Mitarbeiter)

Bewertung:

- Zeigt Rekrutierungsbedarf (fest angestellte Mitarbeiter)
- Zeigt Potenzial für Festanstellungen (externe Mitarbeiter)

Name: **Überstundenanteil (M-USA)**
Formel: M-USA = Anzahl Überstunden [Stück] / Anzahl Normalstunden [Stück]

Beschreibung:

- Normalstunden = Anzahl Vollzeitäquivalente, multipliziert mit den regulären Wochenstunden
- Varianten: nur interne Mitarbeiter/interne und externe Mitarbeiter
- Zeitraumbezogene Kennzahl, bezogen auf einzelne Teilperiode oder kumuliert über mehrere Teilperioden
- Berichterstattung monatlich
- Ausprägung: Ist-, Soll-, Ziel- oder Prognosewerte, jeweils gleiche Ausprägung in Zähler und Nenner (Ist/Ist usw.)
- Detaillierungsstufen: einzelne Mitarbeiter oder Mitarbeitergruppen, Projekte
- Zielwert in der Regel möglichst niedrig, sollte 25 % beim einzelnen Mitarbeiter auch kurzfristig nicht überschreiten

Beschaffung der Daten:

- Ermittlung aus Zeiterfassung oder Zeitaufschreibungen

Bewertung:

- Bleibt der Wert dauerhaft signifikant über null, dann Indikator für Mitarbeiterbedarf

Name: **Weiterbildungsrate (M-WBR)**
Formel: M-WBR = Seminarvolumen [ZE] / Anzahl IT-Mitarbeiter [Stück]

Beschreibung:

- ZE = Seminartage
- Varianten: nur externe Seminare; interne und externe Seminare; sämtliche Seminare; nur Fachseminare
- Nur bezogen auf eigene, fest angestellte Mitarbeiter
- Zeitraumbezogene Kennzahl, bezogen auf einzelne Teilperiode oder kumuliert über mehrere Teilperioden
- Berichterstattung quartalsweise
- Ausprägung: Ist-, Soll-, Ziel- oder Prognosewerte, jeweils gleiche Ausprägung in Zähler und Nenner (Ist/Ist usw.)
- Detaillierungsstufen: einzelne Mitarbeiter oder Mitarbeitergruppen

Beschaffung der Daten:

- Ermittlung aus Personalsystemen

Bewertung:

- Indikator für Mitarbeiterqualifikation
- Interpretation und Bewertung nur im Zusammenhang mit anderen Kennzahlen möglich (z. B. M-QFI)

5.7 Lieferantenmanagement

Schon immer werden erhebliche Anteile der IT-Leistungen von spezialisierten Herstellern und Dienstleistern zugekauft. Das umfasst Hardware, Systemsoftware, Anwendungssysteme sowie unterschiedliche Dienstleistungen von der Hardwarewartung bis hin zur Managementberatung. Die Thematik des Outsourcings und die damit verbundene weitere Reduzierung der eigenen Fertigungstiefe hat die Bedeutung des Lieferantenmanagements im IT-Management weiter verstärkt.

Das Lieferantenmanagement hat große Ähnlichkeiten mit dem Kundenmanagement. Wie dort geht es auch hier um den Leistungsaustausch zwischen unabhängigen Geschäftspartnern, nur eben mit vertauschten Rollen. Jetzt ist die IT-Organisation Leistungsnehmer, also Kunde. Viele Kennzahlen aus dem Kundenmanagement können daher spiegelbildlich übertragen werden.

Name: **Aufwand Lieferantensteuerung (L-ALS)**
Formel: L-ALS = Aufwand Lieferantensteuerung [WE] / Volumen Fremdleistung [WE]

Beschreibung:

- Aufwand Lieferantensteuerung = Kosten der Steuerung des ausgewählten Lieferanten; ggf. sind die Kosten nicht ermittelbar, dann Steuerungsaufwand in [PT], genaue Abgrenzung des Begriffs »Steuerung« erforderlich (z. B. Einbeziehung von Qualifizierungsaufwand, Projektvergabe)
- Volumen Fremdleistung = Umsatz mit dem ausgewählten Lieferanten
- Zeitraumbezogene Kennzahl, bezogen auf einzelne Teilperiode oder kumuliert über mehrere Teilperioden
- Berichterstattung monatlich
- Ausprägung: Ist-, Soll-, Ziel- oder Prognosewerte, jeweils gleiche Ausprägung in Zähler und Nenner (Ist/Ist usw.)
- Aggregationsstufen: einzelne Lieferanten, Lieferantengruppen, sämtliche Lieferanten
- Zielwert organisationsspezifisch (z. B. mittels Benchmarking) zu ermitteln, ggf. nach Lieferantengruppen zu unterscheiden (z. B. konzerninterne Lieferanten, konzernfremde Lieferanten, Leistungsarten)
- Relativer Aufwand Lieferantensteuerung: L-RALS = L-ALS (Ist)/L-ALS (Soll) mit Zielwert 1 für jeden Berichtszeitpunkt

Beschaffung der Daten:

- Kosten: lieferantenbezogene Kostenrechnung
- Aufwand in [PT]: Zeiterfassung IT-Mitarbeiter
- Umsatz: Kreditorenbuchhaltung

Bewertung:

- Beeinflusst die Kostenstruktur
- Zielsetzung: Kosten müssen »angemessen« sein
- Steuerung des Mitarbeitereinsatzes über die Aufwandsvariante besser möglich; Daten für diese Variante außerdem einfacher zu ermitteln

Name: **Anteil Lieferanten mit der Eigenschaft X (L-ALX)**
Formel: L-ALX = Anzahl Lieferanten mit Eigenschaft X [Stück] / Anzahl aller Lieferanten [Stück]

Beschreibung:

- Variante: Gewichtung mit dem Umsatz (in Zähler und Nenner)
- Varianten der Eigenschaft X: Kleinlieferanten = diejenigen Lieferanten, mit denen insgesamt weniger als 20 % des gesamten Fremdleistungsumsatzes gemacht werden; Altlieferanten = Lieferanten, mit denen seit mindestens 3 Jahren Geschäftsbeziehungen bestehen; inaktive Lieferanten = Lieferanten, mit denen seit mindestens 1 Jahr kein Umsatz mehr gemacht wurde; neue Lieferanten = Lieferanten, mit denen seit höchstens 12 Monaten Umsatz gemacht wird
- Zeitpunktbezogene Kennzahl zu definiertem Stichtag
- Berichterstattung quartalsweise
- Ausprägungen: Ist-, Soll-, Ziel- und Prognosewerte, jeweils gleiche Ausprägung in Zähler und Nenner (Ist/Ist usw.)
- Aggregationsstufen: einzelne Lieferanten, Lieferantengruppen
- Relativer Anteil Lieferanten mit der Eigenschaft X: L-RALX = L-ALX (Ist)/L-ALX (Soll) mit Zielwert 1 für jeden Berichtszeitpunkt

Beschaffung der Daten:

- Lieferantenstammdaten und Kreditorenbuchhaltung

Bewertung:

- Information über die Lieferantenstruktur
- Fokussierung auf die besonders wichtigen Lieferanten

Name: **Fremdleistungsanteil (L-FLA)**
Formel: L-FLA = Volumen der Fremdleistung [WE] / Volumen der Gesamtleistung [WE]

Beschreibung:

- Gesamtleistung = IT-Budget oder IT-Umsatz (je nach Organisationsform)
- Fremdleistung = zugekaufte Leistungen (Umsatz des Lieferanten bei IT-Organisation), evtl. Investitionen separat ausweisen
- Zeitraumbezogene Kennzahl, bezogen auf einzelne Teilperiode oder kumuliert über mehrere Teilperioden

- Berichterstattung quartalsweise
- Ausprägungen: Ist-, Soll-, Ziel- oder Prognosewerte, jeweils gleiche Ausprägung in Zähler und Nenner (Ist/Ist usw.)
- Detaillierungsstufen: Leistungsarten, Lieferantengruppen
- Zielwert organisationsspezifisch (z. B. mit Hilfe von Benchmarking) festzulegen
- Relativer Fremdleistungsanteil L-RFLA = L-FLA (Ist)/L-FLA (Soll) mit Zielwert 1 für jeden Berichtszeitpunkt

Beschaffung der Daten:

- Ermittlung Fremdleistung aus Kreditorenbuchhaltung
- Ermittlung Gesamtleistung aus Umsatz

Bewertung:

- Information über Fremdleistungsstruktur
- Fertigungstiefe = 1 – L-FLA
- Geeignet für die langfristige Steuerung

Name: **Reklamationsrate (L-RKR)**
Formel: L-RKR = Anzahl Reklamationen [Stück] / Fremdleistungsvolumen [WE]

Beschreibung:

- Fremdleistung = zugekaufte Leistungen
- Zeitraumbezogene Kennzahl, bezogen auf einzelne Teilperiode oder kumuliert über mehrere Teilperioden
- Berichterstattung monatlich
- Ausprägungen: Ist-, Soll-, Ziel- oder Prognosewerte, jeweils gleiche Ausprägung in Zähler und Nenner (Ist/Ist usw.)
- Detaillierungsstufen: nach Lieferanten oder Lieferantengruppen, nach Leistungsarten
- Zielwert 0

Beschaffung der Daten:

- Erfassung der Reklamationen
- Umsatz aus Kreditorenbuchhaltung

Bewertung:

- Qualitätskenngröße
- Input für die Lieferantenbewertung

Name: **Zufriedenheit mit dem Lieferanten (L-ZKL)**
Formel: L-ZKL = Index [dimensionslos]

Beschreibung:

- Zufriedenheit der IT-Organisation (als Kunde) mit dem bzw. den Lieferanten
- Zeitpunktbezogene Kennzahl zu definiertem Stichtag
- Berichterstattung quartalsweise
- Aggregationsstufen: Lieferanten, Lieferantengruppen, sämtliche Lieferanten

Beschaffung der Daten:

- Befragung der IT-Mitarbeiter mit Lieferantenkontakt

Bewertung:

- Grundlage für Lieferantenbewertung
- Ausgangspunkt für Verhandlungen mit Lieferanten

Name: **Zufriedenheit des Lieferanten (L-ZLK)**
Formel: L-ZLK = Index [dimensionslos]

Beschreibung:

- Zufriedenheit des bzw. der Lieferanten mit der IT-Organisation (als Kunde)
- Zeitpunktbezogene Kennzahl zu definiertem Stichtag
- Berichterstattung halbjährlich oder jährlich
- Aggregationsstufen: einzelne Lieferanten, Lieferantengruppen, sämtliche Lieferanten

Beschaffung der Daten:

- Befragung der Lieferanten

Bewertung:

- Signal an den Lieferanten für den Willen zur partnerschaftlichen Zusammenarbeit

5.8 Innovationsmanagement

IT-Organisationen als »business enabler«

Seit einigen Jahren verstehen sich IT-Organisationen als »business enabler«. Sie versuchen, ihren Unternehmen mit Hilfe der Informationstechnologie neue Geschäftspotenziale zu erschließen. Bei einem solchen Selbstverständnis müssen sie Innovationsmanagement oder Forschung und Entwicklung (F&E) aktiv betreiben. Solche Aktivitäten finden zwar in der Praxis statt, werden aber oftmals nicht explizit ausgewiesen, eher sogar bewusst versteckt (so genannte »U-Boot-Projekte«).

Begriff der Innovation

Grundlage entsprechender Aktivitäten muss begriffliche Klarheit sein, sonst lässt sich die benötigte Transparenz nicht herstellen. In der Literatur zu Innovationsmanagement wird zwischen Invention und Innovation unterschieden. Die Invention ist die Idee oder Erfindung. Zur Innovation wird sie erst mit der praktischen Umsetzung und Durchsetzung (vgl. [Hauschildt 1997, S. 6]).

Forschung & Entwicklung

Von F&E sprechen wir hier immer dann, wenn neue Produkte, Methoden oder Technologien im Hinblick auf ihre Einsatzmöglichkeiten im Unternehmen untersucht werden. Das können eigenständige Projekte sein, aber auch Teilaktivitäten in Auftragsprojekten. In der Regel werden F&E-Aktivitäten nicht von Fachbereichen direkt finanziert, sondern entweder aus Überschüssen der laufenden Aktivitäten oder von der Unternehmensleitung.

Name: **Anteil IT-bezogener Verbesserungsinitiativen (I-AVI)**
Formel: I-AVI = Anzahl IT-bezogener Verbesserungsinitiativen [Stück] / Gesamtanzahl (formaler) Verbesserungsinitiativen [Stück]

Beschreibung:

- Verbesserungsinitiativen: Begriff genau zu beschreiben und abzugrenzen (z. B. gegenüber Anforderungsmanagement oder Change-Management)
- Zeitraumbezogene Kennzahl, bezogen auf einzelne Teilperiode oder kumuliert über mehrere Teilperioden
- Berichterstattung: quartalsweise oder monatlich
- Ausprägungen: Ist-, Soll-, Ziel- oder Prognosewerte, jeweils gleiche Ausprägung in Zähler und Nenner (Ist/Ist usw.)
- Detaillierungsstufen: nach Inhalten, von außen kommende oder aus der IT kommende Initiativen

Beschaffung der Daten:

- Spezifische Aufzeichnungen oder betriebliches Vorschlagswesen

Bewertung:

- Indikator für die Innovationsintensität im Hinblick auf die Nutzung von IT

Name: **Budgetanteil für F&E-Aktivitäten (I-BFE)**
Formel: I-BFE = Volumen F&E [WE] / IT-Gesamtbudget [WE]

Beschreibung:

- Volumen F&E = Kosten bzw. Budgetanteile, die für F&E-Aktivitäten aufgewandt werden
- Zeitraumbezogene Kennzahl, bezogen auf einzelne Teilperiode oder kumuliert über mehrere Teilperioden
- Berichterstattung monatlich
- Ausprägungen: Ist-, Soll-, Ziel- oder Prognosewerte, Veränderung nur im Zähler, da Budget fest vorgegeben
- Relativer Budgetanteil für F&E-Aktivitäten I-RBFE = I-BFE (Ist)/ I-BFE (Soll) mit Zielwert 1 für jeden Berichtszeitpunkt

Beschaffung der Daten:

- Kostenrechnung

Bewertung:

- Information über die F&E-Intensität der IT
- Muss evtl. separat von Unternehmensleitung finanziert werden

Name: **Neuproduktanteil (I-NPA)**
Formel: I-NPA = Umsatz mit neuen Produkten bzw. Leistungen [WE] / Gesamtumsatz [WE]

Beschreibung:

- Umsatz aus Leistungsverrechnung, alternativ Kostenrechnung
- Genaue Definition von »neuen« Produkten oder Leistungen erforderlich, in der Regel nicht älter als 2 Jahre
- Setzt einen definierten Warenkorb an Leistungen voraus
- Vgl. PD-ASP
- Zeitraumbezogene Kennzahl, bezogen auf einzelne Teilperiode oder kumuliert über mehrere Teilperioden

- Berichterstattung quartalsweise
- Ausprägungen: Ist-, Soll-, Ziel- oder Prognosewerte

Beschaffung der Daten:

- Leistungsverrechnung
- Produktbezogene Kostenträgerrechnung
- Vgl. PD-ASP

Bewertung:

- Geeignete Kennzahl für Diskussion mit Top-Management außerhalb der IT

Name: **Projektanteil F&E (I-PFE)**
Formel: I-PFE = Anzahl F&E-Projekte [Stück] / Gesamtanzahl Projekte [Stück]

Beschreibung:

- Vgl. MP-PAX
- Alternativ: Gewichtung mit Projektvolumen (sinnvoll, da F&E in der Regel kleinere Projekte)
- Zeitpunktbezogene Kennzahl zu definiertem Stichtag
- Berichterstattung monatlich
- Ausprägungen: Ist-, Soll-, Ziel- oder Prognosewerte, jeweils gleiche Ausprägung in Zähler und Nenner (Ist/Ist usw.)
- Zielwert organisationsspezifisch festzulegen, Erfahrungswerte 5 bis 10 %
- Relativer Projektanteil F&E = I-RPFE = I-PFE (Ist)/I-PFE (Soll) mit Zielwert 1 für jeden Berichtszeitpunkt

Beschaffung der Daten:

- Projektportfolio (setzt entsprechende Kategorisierung der Projekte voraus)

Bewertung:

- Information über Innovationsintensität
- Geeignet für langfristige Steuerung
- F&E-Aktivitäten jedoch auch im Rahmen größerer Projektvorhaben enthalten

Name: **Umsetzungsgrad Verbesserungsinitiativen (I-UVI)**
Formel: I-UVI = Anzahl umzusetzender IT-bezogener Verbesserungsinitiativen [Stück] / Anzahl IT-bezogener Verbesserungsinitiativen [Stück]

Beschreibung:

- Erfasste IT-bezogene Verbesserungsinitiativen werden regelmäßig bewertet (umzusetzen – nicht umzusetzen)
- Varianten: von außen kommende oder aus der IT kommende Initiativen
- Zeitraumbezogene Kennzahl, bezogen auf einzelne Teilperiode oder kumuliert über mehrere Teilperioden
- Zähler bezieht sich auf die im Nenner aufgeführte Menge an Verbesserungsinitiativen (Welche davon sollen umgesetzt werden?)
- Berichterstattung monatlich oder quartalsweise (setzt entsprechenden monatlichen oder quartalsweisen Bewertungsprozess voraus)
- Ausprägungen: Ist-, Soll-, Ziel- oder Prognosewerte, jeweils gleiche Ausprägung in Zähler und Nenner (Ist/Ist usw.)
- Zielwert organisationsspezifisch festzulegen

Beschaffung der Daten:

- Spezifische Aufzeichnungen

Bewertung:

- Indikator für Qualität der Innovationsinitiativen

5.9 Projektmanagement

Begriff des Projektmanagements

»Projektmanagement umfasst alle Leitungsaufgaben und Instrumente für die Planung, Steuerung, Kontrolle und Organisation eines Projektes« (vgl. [Fiedler 2001, S. 5]) oder nach DIN 69904 »die Gesamtheit von Führungsaufgaben, -organisation, -techniken und -mitteln zur Abwicklung eines Projektes«.

Projektkategorien

Die Herausforderung für die Projektsteuerung liegt darin, dass Projekte hinsichtlich ihrer Ergebnisse stets einmalig sind und sich ihre Zielsetzungen im Projektverlauf ändern. Gleichwohl gelingt es in der Praxis, durch Kategorisierung der Projektaufgaben und Vorgehensmodelle Steuerungsmuster zu entwickeln, die vielfach anwendbar und übertragbar sind. Eine praktisch erprobte Kategorisierung von Projekten ist folgende:

- Individualentwicklung für technische Fragestellungen
- Individualentwicklung für betriebswirtschaftliche Fragestellungen
- Einführung von Standardsoftware (technisch und betriebswirtschaftlich)
- Sonstige Projekte (Hardwareaustausch, Upgrade-Betriebssystem, Austausch Netzwerkkomponenten ...)

Viele Organisationen unterscheiden darüber hinaus Neuentwicklungs- und Wartungsprojekte.

Die für die Steuerung grundlegende Phase ist die Projektplanung, denn hier werden die aktuell gültigen Ziele und damit das konkrete Steuerungssystem festgelegt.

Modellhaft erfolgt eine Projektplanung in folgenden Schritten:

Vorgehensweise bei der Projektplanung

- Schrittweise Verfeinerung und Detaillierung der Projektaufgabe, Erstellung eines Projektstrukturplans (PSP) mit sämtlichen Arbeitspaketen
- Aufwandsschätzung nach benötigten Skills und Aufwand je Arbeitspaket
- Ordnung der Arbeitspakete in sachlogischer Reihenfolge, denn fast alle Arbeitspakete benötigen als Input die Ergebnisse anderer Arbeitspakete (Netzplan)
- Zuordnung von (verfügbaren) Ressourcen zu den Arbeitspaketen
- Ableitung der Dauer von Arbeitspaketen und der Gesamtdauer des Projekts
- Variation der Ressourcenzuordnung zur Optimierung der Projektlaufzeit
- Festlegung von wichtigen Terminen (Meilensteinen)
- Abschätzung der Risiken sowohl der Projektinhalte wie auch der Projektabwicklung

In dieser Planungslogik werden alle fünf Perspektiven gemäß 2.4 angesprochen. Die nachfolgenden Kennzahlen können entsprechend zugeordnet werden.

Name: **Kostenanteil X (PJ-AKX)**
Formel: PJ-AKX = Volumen Kostenart X [WE] / Gesamtkosten [WE]

Beschreibung:

- Interessante und relevante Kostenarten: Beratungskosten, Entwicklungskosten, Testaufwand, Projektmanagementkosten, Qualitätsmanagementkosten, Einführungsaufwand (Kunde und Lieferant),

Hardwareaufwand, Softwareaufwand, Reisekosten, Kommunikationskosten, anforderungsbedingte Mehrkosten

- Variante: Personalaufwand in [PT] (leichter zu erfassen und oftmals für Projektleiter besser zugänglich, korreliert in der Regel sehr stark mit dem gesamten Projektaufwand)
- Zeitraumbezogene Kennzahl, bezogen auf einzelne Teilperiode oder kumuliert über mehrere Teilperioden
- Berichterstattung wöchentlich
- Ausprägungen: Ist-, Soll-, Ziel- oder Prognosewerte, jeweils gleiche Ausprägung in Zähler und Nenner (Ist/Ist usw.)
- Zielwerte organisations- und projektspezifisch, ggf. Orientierung durch Benchmarking

Beschaffung der Daten:

- Systematische Auswertung aller durchgeführten Projekte erforderlich (»lessons learned«)

Bewertung:

- Kennzahl für das Aufwandsmanagement
- Werte für die Kostenanteile sind vor allem interessant im Rahmen der Projektplanung. Sie schwanken je nach Projektkategorie erheblich.
- **Anmerkung:** Projekte verursachen Personal- und Sachaufwand. Personalaufwand besteht aus eigenen und externen Mitarbeitern. Für unterschiedliche Personen fallen verschiedene Personalkosten an – durch unterschiedliche Gehälter oder Honorarsätze. Für die Steuerung des Projektaufwands bietet es sich daher an, nicht über die Kosten zu gehen, sondern die abgeleisteten Personentage als Grundlage zu nehmen. Das erleichtert die Datenerhebung und -interpretation. Sachaufwand entsteht durch Arbeitsplatzaufwand, Verbrauchsmaterial (z. B. Papier), Kommunikations- und Reisekosten. Steht der geplante Aufwand in einer bestimmten Kostenart fest, dürfte er sich im Projektverlauf weitgehend proportional zu den geleisteten Einsatztagen entwickeln. Es ist zu beachten, dass sich die verschiedenen Kostenarten in ihren Anteilen am Gesamtaufwand des Projekts nicht linear zur Projektgröße verhalten. So dürften Kommunikationskosten mit der Größe des Projekts überproportional ansteigen. Das Investitionsbudget muss separat verfolgt werden, da Investitionen keine direkte Beziehung zum Arbeitsaufwand haben.

Name: **Anteil übernommener Anforderungen (PJ-AUA)**
Formel: PJ-AUA = Anzahl akzeptierter Anforderungen [Stück] / Anzahl eingegangener Anforderungen [Stück]

Beschreibung:

- Akzeptierte Anforderungen, die nach dem Projektstart eingehen, werden in das Projekt übernommen und verändern Leistungsumfang und Wirtschaftlichkeit
- Unterschiedliche Anforderungskategorien: völlig neue Anforderungen, Veränderung bereits vorhandener Anforderungen, Anforderungen mit Auswirkungen auf bereits fertiggestellte Arbeitsergebnisse usw.
- Zeitraumbezogene Kennzahl, bezogen auf einzelne Teilperiode oder kumuliert über mehrere Teilperioden
- Berichterstattung wöchentlich
- Ausprägungen: Ist-, Soll-, Ziel- oder Prognosewerte, jeweils gleiche Ausprägung in Zähler und Nenner (Ist/Ist usw.)

Beschaffung der Daten:

- Saubere Registrierung der eingehenden Anforderungen
- Sollte projektübergreifend erfasst und verwaltet werden (im Multiprojektcontrolling)
- Erfassung der Anforderungen nach Bearbeitungsstatus (Workflow)

Bewertung:

- Kennzahl für Leistungs- und Aufwandsmanagement, relevant auch für die übrigen Perspektiven
- Indikator für die Qualität der Anforderungen
- Indikator für »moving targets«
- Steigende Werte signalisieren zunehmende Gefährdung von Zeitplan und Projektbudget

Name: **Fortschrittsgrad der Kategorie X (PJ-FGX)**
Formel: PJ-FGX = erreichte Maßeinheiten der Kategorie X [ME] / Anzahl geplanter Maßeinheiten der Kategorie X [ME]

Beschreibung:

- ME = Maßeinheiten
- Kennzahl der Form: Istwert/Zielwert mit Zielwert 1 zum Projektende
- Beginn der Messungen am Projektbeginn
- Maßeinheiten = vergangene Arbeitstage (zeitlicher Fortschritt), entstandene Kosten, entstandener Aufwand in [PT}, Anzahl gehal-

tene Termine, fertiggestellte Arbeitspakete (fachliche Fertigstellung), freigegebene Arbeitspaketergebnisse (qualitätsmäßiger Fortschritt), erfolgreich bearbeitete Testfälle (Fortschritt Softwaretest)

- Variante 1: Istwert/Sollwert, mit Zielwert = 1 für jeden Berichtszeitpunkt, entspricht dem relativen Fortschrittsgrad (für die Kategorie Aufwand: Cost Performance Index (CPI), für die Kategorie fachliche Leistung: Schedule Performance Index (SPI), zu CPI und SPI vgl. [Blazek/Zillmer 2001, S. 168])
- Variante 2: 1 – (Istwert/Zielwert), Restleistung
- Variante 3: 1 – (Istwert/Sollwert) > 0, Backlog-Kennzahl (z. B. bearbeitete Fehlermeldungen, Freigaben ohne Mängel, Freigaben ohne Zurückweisungen), in der Regel mit Zielwert 0
- Zeitpunktbezogene Kennzahlen zu jeweils definiertem Stichtag
- Berichterstattung wöchentlich
- Aggregationsstufen: einzelne Arbeitspakete, Teilprojekte, Gesamtprojekt (bei Zusammenfassung Gewichtung mit Größe, d. h. Aufwand der aggregierten Arbeitspakete)
- Abgeleitete Kennzahlen: Quotient aus unterschiedlichen Fortschrittsgraden, z. B. Fortschrittsgrad Kosten bzw. Aufwand oder verstrichene Zeit, bezogen auf den Fortschrittsgrad fachliche Fertigstellung; Fortschrittsgrad Kosten bzw. Aufwand, bezogen auf den zeitlichen Fortschrittsgrad

Beschaffung der Daten:

- In der Regel einfache Datenermittlung
- Setzt konsequente Erfassung von Leistungsdaten im Projekt voraus
- Hauptschwierigkeit ist die Definition der fachlichen Fertigstellung. Hier gibt es mehrere Ansätze:
  - Variante 1: Plan-Leistung = Anzahl der Arbeitspakete, Ist-Leistung = Anzahl der abgeschlossenen Arbeitspakete
  - Variante 2: Plan-Leistung = Anzahl der Arbeitspakete, Ist-Leistung nach Stufen (Noch nicht begonnen = 0 %, Begonnen = 25 %, Fast fertig = 75 %, Abgeschlossen = 100 %, oder andere Abstufungen)
  - Variante 3: Direkte Schätzung des FFG (fachlicher Fertigstellungsgrad) durch Arbeitspaketverantwortliche
  - Variante 4: FFG = Ist-Dauer * 100/(Ist-Dauer + geschätzte Restdauer)

Bewertung:

- Kennzahl adressiert je nach gewählter Maßeinheit unterschiedliche Perspektiven

- Basisinformationen für das Projektmanagement
- Projekte sind im Wesentlichen über Fortschrittsgrad nach Zeit, Kosten und fachlicher Fertigstellung steuerbar

Name: **Ressourcenauslastung (PJ-RAL)**
Formel: PJ-RAL = Ressourceneinsatz [ZE] / Ressourcenkapazität [ZE]

Beschreibung:

- Ressourcenkapazität = vom Projekt beim Ressourcenpool »reservierte« Kapazität (siehe Multiprojektcontrolling)
- Ressourceneinsatz = auf das spezifische Projekt gebuchter Aufwand durch Einsatz der Ressource
- Zeitraumbezogene Kennzahl, bezogen auf Teilperiode oder kumuliert über mehrere Teilperioden
- Berichterstattung wöchentlich
- Ausprägungen: Ist-, Soll-, Ziel- oder Prognosewerte, jeweils gleiche Ausprägung in Zähler und Nenner (Ist/Ist usw.)
- Zielwert 1
- Aggregationsstufen: Ressourcen, Ressourcengruppen (stets bezogen auf das spezifische Projekt)

Beschaffung der Daten:

- Im Personalbereich ableitbar aus der allgemeinen Zeitaufschreibung

Bewertung:

- Kennzahl für Aufwandsmanagement, indirekt auch Risikomanagement
- Kennzahl gibt die projektspezifische Auslastung der Ressource im Vergleich zur bezahlten Kapazität an. Das können einzelne Personen oder aber gesamte Ressourcenpools sein.

Name: **Risikograd (PJ-RSG)**
Formel: PJ-RSG = Schadensvolumen [WE] / geplanter Gesamtaufwand des Projekts [WE]

Beschreibung:

- Schadensvolumen = geschätzte Schadenshöhe bei Eintritt aller erkannten Risiken
- Typische Risiken: Personalausfall, unrealistische Projektpläne und Projektbudgets, ständige Anforderungsänderungen, Technologie versagt (z. B. Realtime-Performance) usw.

- Variante 1: Schadensvolumen $E(R) = \sum p_i * s_i$, $1 \leq i \leq n$, n = Anzahl der verschiedenen Schadensausprägungen, p_i = Eintrittswahrscheinlichkeit einer bestimmten Schadenshöhe, s_i = mögliche Alternative für Schadenshöhe, E = Erwartungswert
- Variante 2: Einzelrisiken werden mit Punkten bewertet (z. B. auf einer Skala von 0 bis 10)
- Risikograd muss zum Projektende hin gegen 0 gehen

Beschaffung der Daten:

- Schadensvolumina und Eintrittswahrscheinlichkeiten müssen geschätzt werden

Bewertung:

- Kennzahl für das Risikomanagement
- Kennzahl für den Vergleich unterschiedlicher Projekte
- Bei Erhöhung im laufenden Projekt muss reagiert werden

Name: **Risikoindex (PJ-RSI)**
Formel: PJ-RSI = erreichte Punkte auf Checkliste [dimensionslos]

Beschreibung:

- Ermittlung einer Risikokennzahl über Checklisten; bei Auftreten von Risikofaktoren Vergabe von Risikopunkten; Wert sollte möglichst niedrig sein (vgl. Tab. 5-10; Fragen müssen unternehmensspezifisch konkretisiert werden, z. B. überdurchschnittlich hoher Aufwand = Aufwand > 5 Mio. EUR)
- Kennzahltyp = Index
- Zeitpunktbezogene Kennzahl zu definiertem Stichtag
- Berichterstattung wöchentlich
- Aggregationsstufen: Arbeitspaket, Teilprojekt, Gesamtprojekt

Beschaffung der Daten:

- Befragung der Arbeitspaketverantwortlichen oder (Teil-)Projektleiter

Bewertung:

- Kennzahl für das Risikomanagement
- Einfache Handhabbarkeit
- Sinnvoll für Teil- oder Gesamtprojekt, ergänzend zum Risikograd
- Bei Erhöhung im laufenden Projekt muss reagiert werden

Tab. 5-10
Risikotest für Projekte (Beispiel)

Risikotest

Pro Ja-Antwort wird ein Punkt vergeben. Bei mehr als 10 Punkten wird geprüft, ob das Projekt eingestellt werden muss.

- Erfordert das Projekt überdurchschnittlich hohen Aufwand?
- Deckt das Projekt überdurchschnittlich viele Funktionalitäten ab?
- Ist die geschätzte Projektdauer überdurchschnittlich hoch?
- Gibt es Mitarbeiter im Projektteam, die mit den einzusetzenden Technologien oder Produkten nicht vertraut sind?
- Sind die benötigten Tools noch nicht verfügbar oder funktionieren nur mit Mängeln?
- Sind Teile des Projekts oder des zu erstellenden Produkts technologisch schwer einschätzbar?
- Sind Performancebeschränkungen in der gegenwärtigen technologischen Basis möglich?
- Sind Anforderungen mit Risiken oder Unwägbarkeiten vereinbart?
- Sind Änderungen der Anforderungen vor dem Start zu erwarten?
- Werden die für das Projekt relevanten Geschäftsprozesse vom Projektteam nicht gut verstanden?
- Sind die Kunden- und Anwender-Funktionen, die das Projekt beeinflussen werden, nicht klar dokumentiert und sind die Auswirkungen nicht gut beschrieben?
- Sind nicht alle Anforderungen deutlich dokumentiert?
- Gibt es unpriorisierte Anforderungen?
- Sind die Anforderungen nicht im Sinne von Abnahmekriterien für das Produkt beschrieben?
- Sind Qualität und Quantität des Teams für die Anforderungen des Projekts nicht ausreichend?
- Erfordert das Projekt besondere Fähigkeiten, die von Dritten beschafft werden?
- Gibt es kritische Fähigkeiten, für die niemand identifiziert wird?
- Gibt es Schwierigkeiten bei der Personalbeschaffung?
- Gibt es in der Anfangsphase Spitzen für einen Personalmehrbedarf?
- Haben die Mitarbeiter keine realistischen Erwartungen von ihrer Projektaufgabe?
- Sind die Voraussetzungen für die Qualität des Teams nicht befriedigend (z. B. Training)?
- Ist der zugewiesene Projektzeitrahmen für die angegebenen Ziele nicht ausreichend?
- Ist die Kommunikation mit dem Kunden nicht regelmäßig und ohne Konflikte?
- Muss sich das Produkt strengen Performanceeinschränkungen unterwerfen?
- Ist nicht die gesamte benötigte Technologie für die Entwicklung der Software verfügbar?
- Wird im Projekt kein Configuration-Management eingesetzt?
- Enthält der Projektplan keine Reserven?

Name: **Wirtschaftlichkeit (PJ-WSK)**
Formel: PJ-WSK = ∑ bewertete Nutzeneffekte [WE] / ∑ Kosten [WE]

Beschreibung:

- Summierung über die geplante Lebensdauer bzw. Einsatzdauer, keine Saldierung von Nutzeneffekten und Kosten
- Kosten umfassen Projektkosten und Kosten während der Nutzungsdauer des Projektergebnisses
- Vgl. cROI (3.7)
- Variante: Diskontierung der Werte auf Basiszeitpunkt, z. B. Projektbeginn
- Variante: Nutzenbewertung in »Nutzenpunkten«, ermöglicht und erleichtert Einbeziehung nichtmonetärer Effekte und projektübergreifenden Vergleich
- Variante: Barwert oder Net Present Value (NPV) = Nutzeffekte und Kosten werden zunächst ermittelt, dann für jeden Zeitraum saldiert und die Differenz auf den Basiszeitpunkt diskontiert. Summe der diskontierten Werte muss > 0 sein
- Zeitraumbezogene Kennzahl, bezogen auf die gesamte Nutzungsdauer des Projektergebnisses (Life Cycle)
- Berichterstattung zu ausgewählten Zeitpunkten, im Rahmen der Nachkalkulationen jährlich
- Detaillierungsstufen: Gesamtprojekt, Anforderungen (separat oder in Verbindung mit dem ursprünglichen Gesamtprojekt)

Beschaffung der Daten:

- Erheblicher Aufwand für Datenermittlung und Datenabschätzung

Bewertung:

- Kennzahl für das Leistungsmanagement
- Entscheidungsgröße für die Projektgenehmigung
- Muss bei Änderungen des Projektumfangs (Aufnahme von Anforderungen) stets neu kalkuliert werden (Wirtschaftlichkeit des durch Anforderungen modifizierten Projekts darf in der Regel nicht schlechter sein als die des ursprünglichen Projekts)
- Regelmäßige Nachkalkulation zum Projektende und während des Systemeinsatzes, mitlaufende Kalkulation im Projekt

5.10 Multiprojektmanagement

Multiprojektmanagement und Projektmanagement hängen eng miteinander zusammen. Von Multiprojektmanagement sprechen wir hier in dem Sinne, dass mehrere voneinander unabhängige Projekte aus einem Ressourcenpool versorgt werden müssen. In der Regel handelt es sich dabei um Personal, das auf verschiedene Projekte aufgeteilt werden muss.

Gleichwohl haben sie unterschiedliche Interessen. Der Projektmanager will eine Ressource punktgenau dann in seinem Projekt haben, wenn sie benötigt wird. Ob sie vorher oder hinterher ausgelastet ist, interessiert ihn normalerweise nicht. Der Ressourcenverantwortliche hingegen versucht, seine Ressourcen optimal auszulasten. Ihn interessiert dann nicht, ob einzelne Projekte auf Ressourcen warten müssen.

Die unterschiedlichen Zielsetzungen zwischen Projektmanagement und Multiprojektmanagement führen zu unterschiedlichen Kennzahlen.

Name: **Auslastungsgrad (MP-ALG)**
Formel: MP-ALG = Volumen fakturierte Mitarbeiterzeit [ZE] / Volumen fakturierbare Mitarbeiterzeit [ZE]

Beschreibung:

- Fakturierbar: nicht alle Mitarbeiter eines Ressourcenpools können fakturieren (z. B. Administration, Führung etc.)
- Nur eigene Mitarbeiter einbeziehen; bei Einbeziehung der externen Mitarbeiter sind für diese Gruppe fakturierbare = fakturierte Stunden
- Fakturierbare Stunden = Normalstunden, d. h. MP-ALG > 1 möglich
- Variante: fakturierbare Zeit = auf Projekte gebuchte Zeit
- Vergleiche PJ-ALG
- Zeitraumbezogene Kennzahl, bezogen auf einzelne Teilperiode oder kumuliert über mehrere Teilperioden
- Berichterstattung monatlich oder wöchentlich
- Ausprägungen: Ist-, Soll-, Ziel- oder Prognosewerte, jeweils gleiche Ausprägung in Zähler und Nenner (Ist/Ist usw.)
- Zielwert: kostendeckende Mindestauslastung
- Detaillierungsstufen: nach Mitarbeitergruppen
- Relativer Auslastungsgrad: MP-RALG = MP-ALG (Ist)/MP-ALG (Soll) mit Zielwert 1 für jeden Berichtszeitpunkt

Beschaffung der Daten:

- Aus Projektcontrolling oder Abrechnungssystem

Bewertung:

- Zentrale Kenngröße für Organisationen mit Kerngeschäft »Projekte«
- Zeigt, ob der Ressourcenpool wirtschaftlich arbeitet
- Geeignet für operative Steuerung
- Der zukünftige (durchschnittliche) Auslastungsgrad kann wie folgt prognostiziert werden: Auftragsreichweite/Länge des kritischen Pfads (vgl. MP-ARW und MP-LKP)

Name: **Auftragsreichweite (MP-ARW)**
Formel: MP-ARW = bekannter Restaufwand [LE] / Kapazität pro Zeiteinheit [LE/ZE]

Beschreibung:

- Restaufwand: geplantes Projektvolumen, in der Regel Personalaufwand in [PT]
- Kapazität: verfügbare Ressourcen im Ressourcenpool, in der Regel Personalaufwand in [PT]
- Varianten: mit oder ohne externe Kapazitäten, nur beauftragtes Projektvolumen oder wahrscheinliches Projektvolumen
- Zeitpunktbezogene Kennzahl zu definiertem Stichtag
- Berichterstattung monatlich
- Zielwert organisationsspezifisch festzulegen, sollte mindestens 6 Monate betragen
- Relative Auftragsreichweite: MP-RARW = MP-ARW (Ist)/MP-ARW (Soll) mit Zielwert 1 für jeden Berichtszeitpunkt

Beschaffung der Daten:

- Aus Auftrags- oder Projektplanungssystem und Ressourcenbestand

Bewertung:

- Zentrale Kennzahl für Profit-Center, muss mit Vorlaufzeiten des Vertriebs abgestimmt werden: Auftragsreichweite muss größer sein als Vorlaufzeit des Vertriebs zur Generierung neuer Aufträge oder Projekte
- Kapazitäten müssen entsprechend der Auftragsreichweite angepasst werden

Name: **Externenanteil (MP-EXA)**
Formel: MP-EXA = Volumen externe Kapazität [LE] / Gesamtvolumen verfügbare Kapazität [LE]

Beschreibung:

- Leistungseinheiten: in der Regel personelle Kapazitäten in [PT] oder Vollzeitäquivalenten
- Variante: fakturiertes Leistungsvolumen
- Zeitraumbezogene Kennzahl, bezogen auf Teilperiode oder kumuliert über mehrere Teilperioden
- Berichterstattung monatlich
- Ausprägungen: Ist-, Soll-, Ziel- oder Prognosewerte, jeweils gleiche Ausprägung in Zähler und Nenner (Ist/Ist usw.)
- Zielwerte organisationsspezifisch festzulegen, im Personalbereich in der Regel zwischen 0,3 und 0,5
- Aggregationsstufen: einzelne oder mehrere Ressourcenpools
- Relativer Externenanteil: MP-REXA = MP-EXA (Ist)/MP-EXA (Soll) mit Zielwert 1 für jeden Berichtszeitpunkt

Beschaffung der Daten:

- Aus (Multi-)Projektcontrolling oder Abrechnungssystem
- Verträge mit Externen

Bewertung:

- Zeigt eine Dimension der organisatorischen Komplexität
- Hohe Werte zeigen Defizite in der Ressourcenausstattung
- Extreme Werte zeigen ein Steuerungsrisiko: Externe Ressourcen erfordern eine aktive Steuerung (Aufwand und Kompetenzbedarf), bei Einsatz externer Mitarbeiter muss deren Know-how auf eigene Kräfte übertragen werden, um dauerhafte Abhängigkeiten von externen Spezialisten zu vermeiden

Name: **Länge des kritischen Pfads (MP-LKP)**
Formel: MP-LKP = Zeitspanne, bis sämtliche eingelasteten Projekte abgearbeitet sind [ZE]

Beschreibung:

- Entspricht dem kritischen Pfad über sämtliche Projekte, die von dem Ressourcenpool durchgeführt werden müssen
- MP-LKP ≥ MP-ARW aufgrund von Engpassressourcen, z. B. Experten für bestimmte Methoden, Verfahren, Technologien, Produkte

- Variante: mit oder ohne externe Kapazitäten
- Zeitpunktbezogene Kennzahl zu definiertem Stichtag
- Berichterstattung monatlich
- Zielwert sollte möglichst nah an MP-ARW liegen

Beschaffung der Daten:

- Aus Ressourcenplanung und Projektplänen (Netzpläne)

Bewertung:

- Hilfsgröße zur Ermittlung von MP-ALG
- Zeigt in Verbindung mit der Auftragsreichweite, ob spezifische Ressourcenengpässe vorliegen

Name: **Projektanteil mit Eigenschaft X (MP-PAX)**
Formel: MP-PAX = Volumen an Projekten mit der Eigenschaft X [WE] / gesamtes Projektvolumen [WE]

Beschreibung:

- Variante: Projektvolumen in [PT]
- Eigenschaften: Neuentwicklung, Wartung, F&E, Migration, noch nicht abgeschlossene Projekte mit einer Laufzeit > N Monate, F&E-Projekte usw.
- Zeitpunktbezogene Kennzahl zum definierten Stichtag
- Berichterstattung monatlich
- Ausprägungen: Ist-, Soll-, Ziel- oder Prognosewerte, jeweils gleiche Ausprägung in Zähler und Nenner (Ist/Ist usw.)
- Zielwerte organisationsspezifisch und bezüglich der jeweiligen Eigenschaft X festlegen

Beschaffung der Daten:

- Aus Multiprojektcontrolling
- Basismenge der Projekte muss klar definiert sein

Bewertung:

- Information über Projektstrukturen
- Besonders interessant: Anteil »echter« Neuentwicklungen, Anteil Wartungsprojekte

5.11 Anwendungsbeispiel

Abschließend diskutieren wir am Beispiel, wie mit den vorgestellten Kennzahlen ein Kennzahlensystem für die Steuerung einer IT-Organisation gebildet werden kann. Das Beispiel ist synthetisch, aber aus Elementen konkreter Projekte und Systeme zusammengestellt.

Umfeld

Das Kennzahlensystem dient der Steuerung einer IT-Organisation, die innerhalb eines Unternehmensverbunds in ein eigenständiges Unternehmen ausgegliedert wurde und Leistungen sowohl innerhalb und außerhalb des Konzerns erbringt. Das Kennzahlensystem bildet die interne Kommunikationsplattform für die Geschäftsleitung dieses IT-Unternehmens. Es hat die in Tab. 5-11 dargestellte Ausprägung.

Tab. 5–11
Beispiel für ein Kennzahlensystem

<table>
<tr><td colspan="2">Tagesstatus:
F-ZF2
P-SVX (Verfügbarkeit)
P-SVX (Termineinhaltung)
P-ARX (Störungen)
M-KHR</td></tr>
<tr><td>Monatsstatus Betrieb:
F-BAG
P-ARX (RFC)
I-AVI
M-AMX (Betrieb)
M-USA
M-SBG (ext. Mitarbeiter)
K-KPG
F-VRG</td><td>Monatsstatus Projekte:
PJ-FGX (Kosten)
PJ-FGX (Zeit)
PJ-FGX (Qualität)
PJ-AUA
M-AMX (Projekte)
M-USA
MP-EXA
MP-ALG
MP-ARW</td></tr>
<tr><td colspan="2">Quartalsstatus:
I-NPA
I-BFE
MP-PAX (Volumen)
MP-PAX (Dauer)
M-QFI
M-MZR
K-MAK</td></tr>
</table>

Im Tagesstatus geht es darum, akute Unregelmäßigkeiten zu erkennen und sofort eingreifen zu können. Im Monatsstatus werden weitere Kenngrößen genannt, die für eine operative Führung der IT-Organisation benötigt werden, aber nicht täglich ermittelt werden können. Längerfristigen Steuerungsbedarf erkennt man aus dem Quartalsstatus. Im Folgenden werden die einzelnen Kennzahlen kurz diskutiert.

Tagesstatus

F-ZF2: Man betrachtet die Zahlungsfähigkeit der Stufe 2 (vgl. 5.2). Der Sollwert beträgt 20 % des Vorjahresumsatzes (Annahme des Beispiels). Wird der Wert unterschritten, so werden in der Geschäftsleitung Maßnahmen diskutiert und entschieden. Alternativ hätte man F-RZF2 verwenden können.

P-SVX (Verfügbarkeit): Man betrachtet den Servicegrad für die Kategorie Verfügbarkeit (vgl. 5.4). Für eine Realisierung im Kennzahlensystem gibt es verschiedene Ansätze. Einerseits könnte man für ausgewählte, besonders geschäftskritische Systeme die jeweiligen Einzelsystemverfügbarkeiten angeben. Andererseits könnte man für eine Gruppe ausgewählter Systeme eine Kennzahl in Form des Produkts der Einzelverfügbarkeiten bilden. Auch hier gibt man einen Sollwert vor (z. B. für Einzelsysteme 99,5 % oder für das Produkt der Einzelverfügbarkeiten 98 %) und muss bei Unterschreitung dieses Wertes Maßnahmen einleiten.

P-SVX (Termineinhaltung): Man wird hier eine definierte Gruppe von (täglichen) Terminarbeiten zugrunde legen (vgl. 5.4). Für jeden einzelnen Termin wird man die Einhaltung des Termins mit dem Wert 1 und die Nichteinhaltung mit dem Wert 0 belegen. Die Summe dieser Einzelwerte dividiert man durch die Anzahl der ausgewählten Terminarbeiten. Diese Kennzahlbildung kann man analog zur Verfügbarkeit so abwandeln, dass die Termineinhaltung nach wie vor mit dem Wert 1 belegt wird, eine Terminüberschreitung je nach Ausmaß der Verspätung aber mit Werten zwischen 0 und 1 belegt wird. Eine Zusammenfassung zu einer Gesamt-Termineinhaltung könnte dann wieder in Form eines Produkts erfolgen. Der Sollwert muss 1 sein.

P-ARX (Störungen): Die Anfragenrate der Kategorie »Störungen« bezieht die Anzahl der eingehenden Störungsmeldungen auf die Anzahl der betreuten Benutzer (vgl. 5.4). Sollwert könnte 0,1 sein, das entspricht einer Störungsmeldung täglich pro 10 Benutzern.

M-KHR: Die Krankheitsrate bezieht die Krankheitstage auf die Anzahl der Arbeitstage (vgl. 5.6). Da der Zeitraum einen Tag umfasst, ist es der Anteil der aktuell erkrankten Mitarbeiter. Die Sollwerte beziehen sich auf Erfahrungswerte, die sich aus den üblichen Personalstatistiken ableiten lassen. Alternativ könnte man hier Krankheits- und Urlaubstage betrachten und hätte dann die Rate der nicht verfügbaren Mitarbeiterkapazitäten.

Monatsstatus Betrieb

F-BAG: Der Budgetausschöpfungsgrad ist zentrale Kenngröße der Budgetkontrolle (vgl. 5.2). Sofern sich der Budgetverbrauch im Jahresverlauf gleichmäßig entwickelt, kann man die Grundform der Kennzahl nehmen. Bei starken saisonalen Schwankungen sollte man besser mit F-RBAG arbeiten.

F-ARX (RFC): Die Anfragenrate der Kategorie »change requests« bezieht sich auf die Anzahl der betreuten Benutzer. Diese Rate sollte relativ niedrig sein, z. B. 0,01. Veränderungen dieser Kennzahl deuten auf Schwachstellen in den Systemen oder Veränderungen auf Fachbereichsseite hin.

I-AVI: Der Anteil IT-bezogener Verbesserungsinitiativen im betrieblichen Vorschlagswesen wird aufmerksam verfolgt. Hier gibt es keinen definierten Sollwert, jedoch werden Schwankungen intensiv untersucht, denn es hat sich herausgestellt, dass diese Kenngröße ein guter Frühindikator für zukünftige Anforderungen ist.

M-AMX (Betrieb): Der Anteil der Mitarbeiter im Betrieb (vgl. 5.6) soll kontinuierlich gesenkt werden und bezogen auf alle IT-Mitarbeiter unter 35 % liegen. Damit ist nicht die organisatorische Zuordnung zum Betrieb gemeint, sondern der Einsatz für betriebliche Daueraufgaben.

M-USA: Der Überstundenanteil wird hier bezogen auf interne und externe Kräfte, die für betriebliche Aufgaben eingesetzt werden (vgl. 5.6), und soll den Wert von 15 % in der Regel nicht überschreiten. Hohe Werte und starke Schwankungen dieser Kennzahl deuten auf Probleme im Bereich der Personalkapazität hin.

M-SBG (externe Mitarbeiter): Der Stellenbesetzungsgrad mit externen Kräften (vgl. 5.6) zeigt die Unterdeckung mit eigenen personellen Kapazitäten im betrieblichen Bereich. Er soll den Wert von 5 % nicht überschreiten.

K-KPG: Der Komplexitätsgrad des Kunden (vgl. 5.3) wird hier auf die gesamte betreute Installation bezogen. Dieser Wert hat sich als Frühindikator für die Kostenentwicklung bewährt. Man hat die Erfahrung gemacht, dass eine Veränderung (Zuwachs) um mehr als 10 % zu organisatorischen Änderungen zwingt.

F-VRG: Beim Verrechnungsgrad (vgl. 5.2) wird nach konzerninternen und konzernexternen Kunden unterschieden. Bei Letzteren soll er mindestens bei 115 % liegen. Für konzerninterne Kunden soll er schrittweise erhöht werden; aktuell soll ein Wert von 90 % erreicht werden. Die Differenz wird als Konzernumlage verrechnet.

Monatsstatus Projekte

PJ-FGX (Kosten): Der Fortschrittsgrad für die Projektkosten (vgl. 5.9) wird hier bezogen auf den Fortschrittsgrad der fachlichen Fertigstellung. Es wird der Mittelwert dieser Kennzahl über zwei Gruppen von Projekten, gewichtet mit dem geplanten Projektvolumen, berechnet. Die erste Gruppe umfasst alle Projekte mit einem Kennzahlwert größer als 1, die zweite Gruppe alle Projekte mit einem Kennzahlwert kleiner als 1. Die Gruppenzusammensetzung kann sich von Monat zu Monat verändern und muss jedes Mal neu ermittelt werden. Der Grad der fachlichen Fertigstellung wird als Quotient aus der Anzahl der bereits geleisteten Personentage (Zähler) und der Summe aus den bereits geleisteten und dem geschätzten Volumen der noch zu leistenden Personentage (Nenner) definiert.

PJ-FGX (Zeit): Analog zu PJ-FGX (Kosten)

PJ-FGX (Qualität): Analog PJ-FGX (Kosten). Ein Arbeitspaket gilt dann als qualitätsmäßig fertig, wenn seine Ergebnisse im Projekt freigegeben worden sind. Insofern entfällt hier die Gruppenbildung, denn die Kennzahl ist für alle Projekte stets kleiner als 1. Als unterer Toleranzwert gilt 0,9.

PJ-AUA: Der Anteil der übernommenen Anforderungen (vgl. 5.9) gilt als Frühindikator für Veränderungen in der Projektabwicklung (Termine und Kosten) und auch auf der Auftraggeberseite. Da in jedem Projekt Reserven kalkuliert wurden, soll der Wert der Kennzahl 25 % nicht überschreiten. Alternativ könnte die Anzahl der übernommenen Anforderungen ausgewiesen werden.

M-AMX (Projekte): Der Anteil an Mitarbeitern in Projekten (vgl. 5.6) muss entsprechend dem sinkenden Anteil von Mitarbeitern im Betrieb steigen.

M-USA: Der Überstundenanteil wird hier bezogen auf interne und externe Kräfte, die in Projekten eingesetzt werden (vgl. 5.6), und soll den Wert von 15 % in der Regel nicht überschreiten. Hohe Werte und starke Schwankungen dieser Kennzahl deuten auf Probleme in den Projekten hin.

MP-EXA: Der Anteil an externer Kapazität (vgl. 5.10) soll im Mittel aller Projekte nicht größer als 35 % sein. Bei höheren Anteilen sieht man die optimale Steuerung der externen Kräfte nicht mehr als gegeben an. Man könnte diese Kennzahl auch für einzelne Projekte oder Gruppen von Projekten ausweisen – dann eventuell mit spezifischen Sollwerten.

MP-ALG: Der Auslastungsgrad (vgl. 5.10) zeigt, ob die in Projekten eingesetzten Mitarbeiter optimal ausgelastet sind. Sollwert ist 95 %. Sinkt der Istwert unter 90 %, so wird das Thema explizit in der Geschäftsleitung diskutiert. Sinkende Auslastungsgrade der Mitarbeiter verschlechtern die Deckungsbeiträge der Projekte.

MP-ARW: Die Auftragsreichweite (vgl. 5.10) zeigt die Dringlichkeit vertrieblicher Maßnahmen. Sie soll zwischen 6 und 9 Monaten liegen. Liegt sie höher als 9 Monate, wird über Kapazitätserweiterungen entschieden. Sinkt sie unter 6 Monate, werden die vertrieblichen Aktivitäten intensiviert.

Quartalsstatus

I-NPA: Hier wird der Umsatzanteil neuer Produkte (vgl. 5.8) ausgewiesen. Als neue Produkte bezeichnet man Leistungen, die nicht älter als 2 Jahre sind. Eine neue Version eines bestehenden Systems gilt als neues Produkt. Es soll ein Wert von mindestens 50 % erreicht werden.

I-BFE: Die IT-Organisation versteht sich als »business enabler« und betreibt daher unabhängig von konkreten Projektaufträgen die Erprobung neuer Technologien und Produkte sowie die Suche nach geeigneten Einsatzmöglichkeiten. Der angestrebte Budgetanteil (vgl. 5.8) liegt bei 5 %.

MP-PAX (Volumen): Hier wird der Anteil der Projekte am gesamten Projektvolumen ausgewiesen, die weniger als 1000 Personentage groß sind (vgl. 5.10). Die Projekte werden mit der Anzahl der geplanten Personentage gewichtet. Der Anteil soll mindestens 50 % betragen. Dahinter steht das Ziel, die Anzahl großvolumiger Projekte zu begrenzen.

MP-PAX (Dauer): Hier wird der Anteil der Projekte am gesamten Projektvolumen ausgewiesen, die höchstens 6 Monate dauern (vgl. 5.10). Die Projekte werden mit der Anzahl der geplanten Personentage gewichtet. Der Anteil soll mindestens 50 % betragen. Dahinter steht das Ziel, die Anzahl lang laufender Projekte zu begrenzen.

M-QFI: Mit dem Qualifikationsindex (vgl. 5.6) wird die Qualifikationsstruktur der Mitarbeiter gemessen. Dazu wurde ein vierstufiges Bewertungsschema entwickelt, das für alle Mitarbeiter anwendbar ist. Es umfasst die Ausprägung fachlicher Qualifikationen sowie Berufs- und Firmenerfahrung. Für jeden Mitarbeiter muss mindestens einmal pro Halbjahr eine Überprüfung und ggf. Aktualisierung durchgeführt werden.

M-MZR: Die Mitarbeiterzugangsrate (vgl. 5.6) wird in zwei Ausführungen geführt; zugehende und abgehende Fluktuation werden separat ausgewiesen. Die abgehende Fluktuation soll einen Wert von 10 % pro Quartal nicht überschreiten. Wird ein Wert von 5 % im Quartal erreicht oder überschritten, wird das Thema in der Geschäftsleitung behandelt.

K-MAK: Der Marktanteil beim Kunden (vgl. 5.3) wird separat für den Konzern als Ganzes sowie für die Drittkunden ausgewiesen. Für den Konzern steht die Datenbasis in Form der IT-Kosten der einzelnen Beteiligungsgesellschaften über das Konzerncontrolling zur Verfügung. Hier ist ein Sollwert von 85 % vorgegeben. Bei den konzernfremden Kunden soll aktuell ein Marktanteil von durchschnittlich 10 % erreicht werden. Das Marktvolumen, also das Gesamtvolumen der IT-Kosten dieser Unternehmen, wird geschätzt.

6 Verzeichnisse

6.1 Literatur

[Baumöl 1998]	Ulrike Baumöl: Die (R-)Evolution im Informationsmanagement, Wiesbaden 1998
[Baumöl/ Reichmann 1996]	Ulrike Baumöl, Thomas Reichmann: Kennzahlengestütztes IV-Controlling, Controlling 4/1996, S. 204–211
[Becker/Schütte 1996]	Jörg Becker, Reinhardt Schütte: Handelsinformationssysteme, Landsberg/Lech 1996
[Becker/Kugeler/ Rosemann 2001]	Jörg Becker, Martin Kugeler, Michael Rosemann (Hrsg.): Prozessmanagement, Berlin/Heidelberg/New York 2001 (3. Auflage)
[Benchmarking-Methodology 2003]	American Productivity and Quality Center: Benchmarking-Methodology, *www.apqc.org*, 17.3.2003
[Blazek/Zillmer 2001]	Alfred Blazek, Detlev Zillmer: Projekt-Controlling, Offenburg 2001
[Brabandt 2000]	Mark Brabandt: Programmcontrolling. In: Leonhardt von Dobschütz u. a.: IV-Controlling, Wiesbaden 2000, S. 135–154
[Brogli 1996]	Martin Brogli: Steigerung der Performance von Informatikprozessen, Braunschweig/Wiesbaden 1996
[CobiT 2000]	IT Governance Institute: CobiT Management Guidelines, *www.itgovernance.org* 2000 (3rd edition)
[CW 31/2000]	Abrechnung von IT-Diensten: Der Kunde bestimmt den Preis, Computerwoche Nr. 31 vom 4.8.2000, S. 39–41
[CW 27/2002]	Warum viele Projekte scheitern, Computerwoche Nr. 27 vom 5.7.2002, S. 36–37
[CZ 42/2002]	Mit Benchmarking sinken die IT-Kosten um 30 Prozent, Computerzeitung Nr. 42 vom 14.10.2002, S. 16

[Controller-Leitbild 2002] Das Controller-Leitbild nach der IGC, *www.controllerverein.de*, 17.3.2003

[Diebold 1984] Diebold Deutschland GmbH (Hrsg.): Diebold Kennzahlensystem (DKS), Frankfurt (Main) 1984 (3. Auflage)

[Dietrich/Schulze 2003] Edgar Dietrich, Alfred Schulze: Statistische Verfahren zur Maschinen- und Prozessqualifikation, München/Wien 2003 (4. Auflage)

[Dieudonné 1972] Jean Dieudonné: Grundzüge der modernen Analysis, Braunschweig 1972

[Etzel/Heilmann 2003] Hans-Joachim Etzel, Heidi Heilmann: Ein Management-Leitfaden zur Führung von IT-Projekten. In: Heidi Heilmann, Hans-Joachim Etzel, Reinhard Richter (Hrsg.): IT-Projektmanagement – Fallstricke und Erfolgsfaktoren, Heidelberg 2003 (2., überarbeitete und erweiterte Auflage), S. 57–74

[Fiedler 2001] Rudolf Fiedler: Controlling von Projekten, Braunschweig/Wiesbaden 2001

[Gabler 2001] Gabler Wirtschaftslexikon, Wiesbaden 2001 (15. Auflage)

[Hans/Warschburger 1997] Lothar Hans, Volker Warschburger: Controlling in der Datenverarbeitung (Teil II), in: WISU, 1997, S. 1048–1054

[Haufs 1989] Paulo Haufs: DV-Controlling/Konzeption eines operativen Instrumentariums aus Budgets – Verrechnungspreisen – Kennzahlen, Heidelberg 1989

[Hauschildt 1997] Jürgen Hauschildt: Innovationsmanagement, München 1997 (2. Auflage)

[Heinrich 2002] Lutz J. Heinrich: Informationsmanagement, München/Wien 2002 (7., vollständig überarbeitete und ergänzte Auflage)

[Horváth 1998] Péter Horváth: Controlling, München 1998 (7. Auflage)

[Horváth 2002] Péter Horváth: Controlling, München 2002 (8. Auflage)

[Horváth/Reichmann 2003] Péter Horváth, Thomas Reichmann (Hrsg.): Vahlens Großes Controllinglexikon, München 2003 (2., neu bearbeitete und erweiterte Auflage)

[Hossenfelder/Schreyer 1996] Wolfgang Hossenfelder, Frank Schreyer: DV-Controlling bei Finanzdienstleistern, Wiesbaden 1996

[IM&C 4/2002]	Balanceakt zwischen IT-Kosten und Servicequalität, Information Management & Consulting 4/2002, S. 116–118
[itSMF 2001]	itSMF (Hrsg.): IT-Service-Management, Reading (GB) 2001
[Jäger-Goy 2002]	Heidi Jäger-Goy: Führungsinstrumente für das IV-Management, Frankfurt (Main) 2002
[Kaplan/Norton 1997]	Robert S. Kaplan, David P. Norton: Balanced Scorecard (deutsch), Stuttgart 1997
[Kargl 1990]	Herbert Kargl: Kennzahlen zur Datenverarbeitung. In: Peter Mertens u. a. (Hrsg.): Lexikon der Wirtschaftsinformatik, Berlin 1990 (2. Auflage), S. 241 f.
[Kargl 1996]	Herbert Kargl: Controlling im DV-Bereich, München/Wien 1996 (3. Auflage)
[Kargl 1999]	Herbert Kargl: DV-Controlling, München/Wien 1996 (4. Auflage)
[Krystek/Müller-Stewens 1992]	Ulrich Krystek, Günter Müller-Stewens: Grundzüge einer strategischen Frühaufklärung. In: D. Hahn, B. Taylor (Hrsg.): Strategische Unternehmensplanung/Strategische Unternehmensführung, Heidelberg 1992 (6. Auflage)
[Lachnit 1979]	Laurenz Lachnit: Systemorientierte Jahresabschlussanalyse, Wiesbaden 1979
[Lippold 1985]	Heiko Lippold: Kennzahlensysteme zur Steuerung und Analyse des DV-Einsatzes, HMD – Praxis der Wirtschaftsinformatik 121/1985, S. 109–121
[Macdonald/Tanner 1997]	John Macdonald, Steve Tanner: Erfolgreiches Benchmarking, Landsberg/Lech 1997
[Prause 2002]	Gunnar Prause: Zeitreihenanalyse als Controlling-Werkzeug, Der Controlling-Berater, Heft 4/2002, S. 105–136
[Reichmann 1997]	Thomas Reichmann: Controlling mit Kennzahlen und Managementberichten, München 1997 (5. Auflage)
[Reichmann 2001]	Thomas Reichmann: Controlling mit Kennzahlen und Managementberichten, München 2001 (6. Auflage)
[Rubin 1991]	H. Rubin: Using Readiness to Guide CASE Implementations, CASE Trends, January-February 1999, S. 37–41
[Sachs 1984]	Lothar Sachs: Angewandte Statistik, Berlin/Heidelberg/New York/Tokyo 1984 (6. Auflage)

[Skelton 2003]	Melissa Skelton: The continuing Value of Benchmarking, *www.apqc.org*, DOC-ID 107555, 17.3.2003
[Stickel/ Groffmann/Rau 1997]	Eberhard Stickel, Hans-Dieter Groffmann, Karl-Heinz Rau: Gabler Wirtschaftsinformatik-Lexikon, Wiesbaden 1997
[SVD 1980]	Schweizerische Vereinigung für Datenverarbeitung (Hrsg.): EDV-Kennzahlen, Bern/Stuttgart 1980
[Thaller 1994]	Georg Erwin Thaller: Software-Metriken einsetzen, bewerten, messen, Hannover 1994
[van der Zee 1996]	Han van der Zee: In Search of the Value of Information Technology, Driebergen (NL) 1996, Dissertation an der Katholischen Universität Brabant
[Vogt 2002]	Walter Vogt: Fit for Benefit – IT Service Management in der Praxis, Basel 2002
[Weber 1999]	Jürgen Weber: Einführung in das Controlling, Stuttgart 1999 (8. Auflage)
[Weber/Schäffer 2000]	Jürgen Weber, Utz Schäffer: Balanced Scorecard & Controlling, Wiesbaden 2000 (3. Auflage)
[Wies/Lohmann/Picot 1997]	René Wies, Jürgen Lohmann, Arnold Picot: Technische Kennzahlen für das IV- und Service-Controlling, IM Information Management 2/1997, S. 49–58
[Witt 1997]	Frank-Jürgen Witt: Lexikon des Controlling, München 1997
[Wucknitz 2002]	Uwe D. Wucknitz: Handbuch Personalbewertung, Stuttgart 2002
[Zilahi-Szabó 1988]	Miklós G. Zilahi-Szabó: Leistungs- und Kostenrechnung für Rechenzentren, Wiesbaden 1988

6.2 Abkürzungen

ACD	Automatic Call Distribution
APQC	American Productivity and Quality Center
ASP	Application Service Providing
AN	Arbeitsnachbereitung
AV	Arbeitsvorbereitung
BDE	Betriebsdatenerfassung
BSC	Balanced Scorecard
CAD	Computer Aided Design
CBT	Computer Based Training
CCTA	Central Computer and Telecommunications Agency
CIO	Chief Information Officer
CMM	Capability Maturity Model
CobiT	Control Objectives for Information and related Technology
CPI	Cost Performance Index
CPU	Central Processing Unit
CRM	Customer Relationship Management
cROI	Cumulated Return on Investment
CTI	Computer Telephone Integration
DFÜ	Datenfernübertragung
DIN	Deutsche Industrie-Norm
DV	Datenverarbeitung
EDV	Elektronische Datenverarbeitung
EIS	Executive Information System
ERP	Enterprise Resource Planning
EVA	Economic Value Added
F&E	Forschung und Entwicklung
FFG	Fachlicher Fertigstellungsgrad
FLS	First Level Support
GUI	Graphical User Interface
HW	Hardware
IDV	Individuelle Datenverarbeitung
IEC	International Electrotechnical Commission
IGC	International Group of Controlling
IRR	Internal Rate of Return
ISACA	Information Systems Audit and Control Association
ISO	International Organization for Standardization
IT	Informationstechnologie
ITIL	IT Infrastructure Library
itSMF	IT Service Management Forum
KPI	Key Performance Indicator

KVP	Kontinuierlicher Verbesserungsprozess
LAN	Local Area Network
LE	Leistungseinheit
LOC	Lines of Code
MB	Megabyte
MIPS	Million Instructions per Second
MIS	Management-Informationssystem
MTBF	Mean Time between Failure
MTTR	Mean Time to Repair
NAS	Network Attached Storage
NPV	Net Present Value
OCR	Optical Character Recognition
OGC	Office of Government Commerce
OP	Operating
PIN	Persönliche Identifikationsnummer
PLA	Projektlenkungsausschuss
POS	Point of Service
PSP	Projektstrukturplan
PT	Personentag
QM	Qualitätsmanagement
RFC	Request for Change
ROA	Return on Assets
ROI	Return on Investment
ROS	Revenues on Sales
RZ	Rechenzentrum
SAN	Storage Area Network
SE	Serviceeinheit
SLA	Service-Level-Agreement
SLS	Second Level Support
SPEC	Standard Performance Evaluation Corporation
SPI	Schedule Performance Index
SW	Software
TK	Telekommunikation
TLS	Third Level Support
TPC	Transaction Processing Council
TSO	Time Sharing Option
UHD	User Help Desk
VZA	Vollzeit-Äquivalent
WAN	Wide Area Network
WE	Währungseinheit
ZE	Zeiteinheit

6.3 Autoren

Peter Bachmann, Detecon International GmbH,
Oberkasseler Str. 2, D-53227 Bonn
E-Mail: peter.bachmann@detecon.com

Peter Bachmann leitet das Beratungsfeld IT Service Management bei der Detecon International GmbH. Er verfügt über eine langjährige Erfahrung im IT- und Projektmanagement auf der Anwenderseite und war in der Beratung auch als Interimsmanager tätig.

Dr. Dirk Buchta, A.T. KEARNEY GmbH,
Jan-Wellem-Platz 3, D-40212 Düsseldorf
E-Mail: dirk.buchta@atkearney.com

Dr. Dirk Buchta ist Vice President bei A.T. Kearney und leitet die europäische Strategic IT Practice. Er berät Unternehmen langjährig in Strategie-, IT- und Organisationsfragen. Zu seinen Themen gehören u. a. IT-Strategien, Großprojektmanagement, Auslagerung von IT-Bereichen, Restrukturierung und Neuausrichtung von IT-Dienstleistern.

Dr. Marcus Eul, A.T. KEARNEY GmbH,
Jan-Wellem-Platz 3, D-40212 Düsseldorf
E-Mail: marcus.eul@atkearney.com

Dr. Marcus Eul ist Principal der europäischen Strategic IT Practice bei A.T. Kearney und berät Unternehmen in strategischen IT-Fragestellungen. In seinen Beratungsprojekten kann er eine langjährige Erfahrung im IT-Management bei Industrieunternehmen nutzen.

Alfred Hesselschwerdt, EnBW Service GmbH,
Durlacher Allee 93, D-76131 Karlsruhe
E-Mail: a.hesselschwerdt@enbw.com

Alfred Hesselschwerdt ist Prozessmanager für den ITIL-Prozess »Financial-Management«. Er hat eine langjährige Praxiserfahrung und war als Anwendungsentwickler, Methodenexperte und IT-Controller tätig.

Friedemann Jaeger,
Stockäckerring 28, D-85551 Kirchheim
E-Mail: friedemann.jaeger@t-online.de

Friedemann Jaeger ist Senior Project Manager im Ruhestand. Er war bei der Plaut Consulting GmbH tätig und neben seiner Arbeit in Beratungsprojekten auch Produktmanager für Beratungsangebote im Bereich des IT-Controllings. Er verfügt über eine langjährige Erfahrung bei der Entwicklung und Einführung von Controllingsystemen in Privatwirtschaft und öffentlicher Verwaltung. Seine Erfahrungen gibt er in Veröffentlichungen und Seminaren weiter.

Dr. Heidi Jäger-Goy, ZDF, D-55100 Mainz
E-Mail: jaeger-goy.h@zdf.de

Dr. Heidi Jäger-Goy ist Leiterin des Installationsmanagements in der IT des ZDF. Zuvor war sie im ZDF als IT-Controllerin tätig. Vor ihrem Wechsel zum ZDF hat sie nach mehrjähriger praktischer Erfahrung in den Bereichen Controlling und Logistik eines internationalen Unternehmens wissenschaftlich gearbeitet und über »Führungsinstrumente für das IV-Management« promoviert.

Stefan Jugel, 3wBox GmbH & Co. KG,
Chilehaus A, Fischertwiete 2, D-20095 Hamburg
E-Mail: stefan.jugel@3wbox.de

Stefan Jugel ist geschäftsführender Gesellschafter der 3wBox GmbH & Co. KG und Leiter des Geschäftsfelds IT-Controlling. Er verfügt über mehrjährige Erfahrungen als Geschäftsfeldleiter und Key Account Manager bei einem führenden IT-Dienstleister.

Dr. Martin Kütz, TESYCON GMBH,
Postfach 15 29, D-65765 Kelkheim (Taunus)
E-Mail: kuetz.martin@tesycon.de

Dr. Martin Kütz ist geschäftsführender Gesellschafter der TESYCON GMBH und Fachberater für IT-Controlling und Projektmanagement. Er verfügt über langjährige Erfahrungen im IT-Management bei Anwenderunternehmen sowie im Management- und IT-Consulting. Seine Erfahrungen gibt er nicht nur in Beratungsprojekten, sondern auch in Veröffentlichungen, Vorträgen und Seminaren weiter.

Jochen Michels, Unternehmensberatung für DV,
Konrad-Adenauer-Ring 74, D-41464 Neuss
E-Mail: jomi1000@compuserve.com

Jochen Michels ist langjährig als selbstständiger Unternehmensberater tätig und befasst sich vor allem mit Kosten- und Preisstrukturen für IT-Infrastruktur und SAP-Dienste. Er ist Initiator und Koordinator einer IT-Benchmarking-Initiative. Seine Erfahrungen und Benchmarking-Ergebnisse publiziert er regelmäßig in Fachaufsätzen und Vorträgen.

Sertac Son, Siemens AG, ICN VD 2 M CCS IS,
Rödelheimer Landstr. 5–9, D-60487 Frankfurt (Main)
E-Mail: sertac.son@ffm.siemens.de

Sertac Son ist Berater bei der Siemens AG. Seine Schwerpunkte sind IT-Controlling, TCO, Service-Level-Management und IT-Projektmanagement. Neben seiner Beratungstätigkeit arbeitet er wissenschaftlich und engagiert sich im E-Finance Lab (*www.efinancelab.de*).

Frank Stark, BMW Financial Services, BMW Bank GmbH,
Heidemannstr. 164, D-80788 München
E-Mail: frank.stark@bmw.de

Frank Stark ist verantwortlich für das IT-Controlling bei der BMW Bank GmbH und baut dort ein übergreifendes IT-Controlling für die gesamte Finanzgruppe auf. Er hat eine mehrjährige Erfahrung im Aufbau von Controllingsystemen. Nebenberuflich ist er als Berater tätig und gibt seine Erfahrungen in Fachaufsätzen, Seminaren und Vorträgen weiter.

Heinz-Theo Wagner, Siemens AG, ICN VD CCS IS Mitte,
Rödelheimer Landstr. 5–9, D-60487 Frankfurt (Main)
E-Mail: heinz-theo.wagner@ffm.siemens.de

Heinz-Theo Wagner ist Leiter einer Consulting Unit für Business-, Technology- und Operations-Consulting bei der Siemens AG. Er hat eine langjährige Beratungs- und Projekterfahrung mit einem Branchenschwerpunkt in der Finanzwirtschaft.

Rainer Waldbauer, Metro MGI Informatik GmbH,
Metrostr. 12, D-40235 Düsseldorf
E-Mail: rainer.waldbauer@mgi.de

Rainer Waldbauer ist Bereichsleiter und zuständig für Service-Level-Management, Organisation, Process Management, IT Security Management und Risk Management. Er verfügt über eine langjährige praktische Erfahrung in Beratung und Entwicklung sowie dem Management von internationalen Projekten.

6.4 Kapitel nach Autoren

Bachmann	3.8
Buchta	3.9
Eul	3.9
Hesselschwerdt	3.2, 5.2
Jaeger	5.4, 5.5
Jäger-Goy	2.1, 4.8
Jugel	1.4, 3.7, 5.3
Kütz	1.1, 1.2, 1.3, 2.2, 2.3, 2.4, Kap. 4, 5.1, 5.6, 5.7, 5.8, 5.10, 5.11
Michels	3.3, 3.4, 3.5
Son	2.5
Stark	3.10
Wagner	2.5
Waldbauer	1.2, 3.1, 3.6, 5.9

6.5 Autoren nach Kapiteln

1.1	Kütz
1.2	Waldbauer, Kütz
1.3	Kütz
1.4	Jugel
2.1	Jäger-Goy
2.2	Kütz
2.3	Kütz
2.4	Kütz
2.5	Son, Wagner
3.1	Waldbauer
3.2	Hesselschwerdt
3.3	Michels
3.4	Michels
3.5	Michels
3.6	Waldbauer
3.7	Jugel
3.8	Bachmann
3.9	Eul, Buchta
3.10	Stark
4.1	Kütz
4.2	Kütz
4.3	Kütz
4.4	Kütz
4.5	Kütz
4.6	Kütz
4.7	Kütz
4.8	Jäger-Goy, Kütz
4.9	Kütz
4.10	Kütz
5.1	Kütz
5.2	Hesselschwerdt
5.3	Jugel
5.4	Jaeger
5.5	Jaeger
5.6	Kütz
5.7	Kütz
5.8	Kütz
5.9	Waldbauer
5.10	Kütz
5.11	Kütz

Index

Z